职业教育"十四五"规划系列教材

Adobe Dreamweaver CS6 网页设计与制作

主　编　陈迎春　李　扣　魏　华
副主编　陈　上　宋钦煜　艾军民
参　编　杨艳聪　梅书骅　解晓华
孔晶晶　宋　威

U0362821

华中科技大学出版社
http://press.hust.edu.cn
中国·武汉

图书在版编目(CIP)数据

Adobe Dreamweaver CS6 网页设计与制作/陈迎春,李扣,魏华主编. —武汉:华中科技大学出版社,2023.10
ISBN 978-7-5772-0151-1

Ⅰ. ① A… Ⅱ. ① 陈… ② 李… ③ 魏… Ⅲ. ① 网页制作工具 Ⅳ. ① TP393.092.2

中国国家版本馆 CIP 数据核字(2023)第 196200 号

Adobe Dreamweaver CS6 网页设计与制作　　陈迎春　李　扣　魏　华　主编
Adobe Dreamweaver CS6 Wangye Sheji yu Zhizuo

策划编辑:胡天金
责任编辑:周怡露
封面设计:旗语书装
版式设计:赵慧萍
责任监印:朱　玢
出版发行:华中科技大学出版社(中国·武汉)　　电话:(027)81321913
武汉市东湖新技术开发区华工科技园　　邮编:430223
录　　排:华中科技大学出版社美编室
印　　刷:武汉市籍缘印刷厂
开　　本:889mm×1194mm　1/16
印　　张:15.75
字　　数:455 千字
版　　次:2023 年 10 月第 1 版第 1 次印刷
定　　价:54.00 元

华中出版

本书若有印装质量问题,请向出版社营销中心调换
全国免费服务热线:400-6679-118　竭诚为您服务

PREFACE 前　言

Dreamweaver CS6 是由 Adobe 公司开发的一款网页设计与制作软件。它功能强大，易学易用，深受网页设计师的喜爱，已经成为这一领域广泛应用的软件。目前，我国很多职业院校的数字艺术类专业都将 Dreamweaver CS6 列为一门重要的专业课程。为了帮助院校的教师全面、系统地讲授这门课程，使学生能够熟练使用 Dreamweaver CS6 进行网页设计，我们几位长期在院校从事 Dreamweaver CS6 教学的教师与专业网页设计公司经验丰富的设计师合作，共同编写了本书。

根据现代职业院校的教学方向和教学特色，我们对本书的编写体系做了精心的设计。全书根据 Dreamweaver CS6 在网页设计领域的应用方向来组织内容，每个项目分为多个任务，各任务涉及任务分析、设计理念、任务实施、知识讲解、课堂演练中的不同板块。学生通过这些板块可以快速熟悉网页设计理念和制作方法。

在内容编写方面，我们力求细致全面、重点突出；在文字叙述方面，我们注意言简意赅、通俗易懂；在案例选取方面，我们注重案例的针对性和实用性。

由于编者水平有限，书中难免存在疏漏和不妥之处，敬请广大读者批评指正。

编　者

CONTENTS 目录

项目一　初识 Dreamweaver CS6 …… 1

任务一　操作界面　/　1
任务二　创建网站框架　/　4
任务三　管理站点　/　8
任务四　网页文件头设置　/　13

项目二　文本与文档 …… 17

任务一　青山别墅网页　/　17
任务二　电器城网店　/　25
任务三　休闲度假网页　/　35

项目三　图像和多媒体 …… 44

任务一　节能环保网页　/　44
任务二　现代木工网页　/　50

项目四　超链接 …… 58

任务一　建筑模型网页　/　58
任务二　狮立地板网页　/　65

项目五　使用表格 …… 75

任务一　租车网页 / 75
任务二　典藏博物馆网页 / 88

项目六　使用框架 …… 100

任务一　牛奶饮品网页 / 100
任务二　建筑规划网页 / 109

项目七　使用层 …… 122

任务一　联创网络技术网页 / 122
任务二　耐磨轮胎网页 / 134

项目八　CSS 样式 …… 141

任务一　环境保护网页 / 141
任务二　爱越野网页 / 153
任务三　爱插画网页 / 164

项目九　模板和库 …… 172

任务一　水果慕斯网页 / 172
任务二　老年生活频道网页 / 185

项目十　表单与行为 …… 195

任务一　人力资源网页 / 195
任务二　婚戒网页 / 214

项目十一　网页代码 …… 232

任务一　商业公司网页 / 232
任务二　土特产网页 / 238

项目一

初识 Dreamweaver CS6

网页是网站的基本组成部分。网站之间并不是没的，它们通过各种链接相互关联，从而描述相关的主题或实现相同的目标。本项目讲述 Dreamweaver CS6 的操作界面、创建网站框架、管理站点、网页文件头设置等内容。

项目目标

- 熟悉 Dreamweaver CS6 的操作界面
- 创建网站框架
- 管理站点
- 网页文件头设置

任务一 操作界面

任务目标

执行打开文件和弹出属性面板命令，熟悉菜单栏的操作。通过链接选项改变链接文字的状态，熟悉链接(CSS)功能的应用方法。

任务实施

STEP 1 选择“文件>打开”命令，在弹出的“打开”对话框中，选择资源包中的“素材文件\项目一\基础操作素材\西式餐厅网页\index. html”文件，单击“打开”按钮打开文件，如图 1-1 所示。

STEP 2 选择“修改>页面属性”命令，弹出“页面属性”对话框。在对话框左侧的“分类”列表中选择“链接(CSS)”选项，将“链接颜色”选项设置为白色(＃FFF)，在“下划线样式”选项的下拉列表中选择“始终无下划线”选项，如图 1-2 所示。

图 1-1

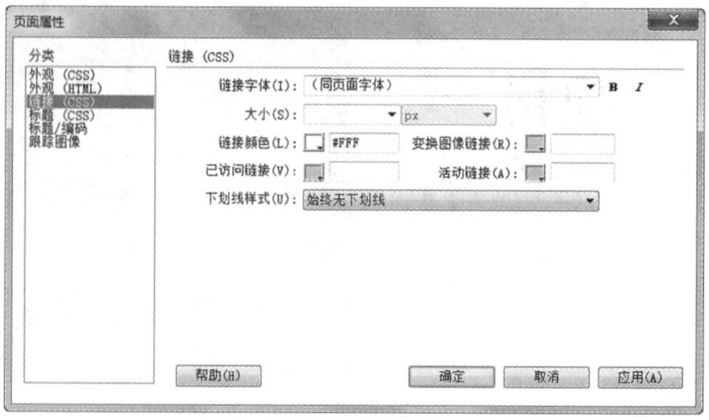

图 1-2

STEP 3 单击“确定”按钮，链接文字发生变化，效果如图 1-3 所示。保存文档，按 F12 键预览效果，如图 1-4 所示。

图 1-3

图 1-4

知识讲解

1. 开始页面

启动 Dreamweaver CS6 后首先看到的画面是开始页面。开始页面供用户选择新建文件的类型或打开已有的文档等，如图 1-5 所示。

如果不想显示开始页面，可选择“编辑>首选参数”命令，或按 Ctrl+U 组合键，在弹出的“首选参数”对话框中取消选择“显示欢迎屏幕”复选框，如图 1-6 所示。单击“确定”按钮完成设置。当用户再次启动 Dreamweaver CS6 时，将不再显示开始页面。

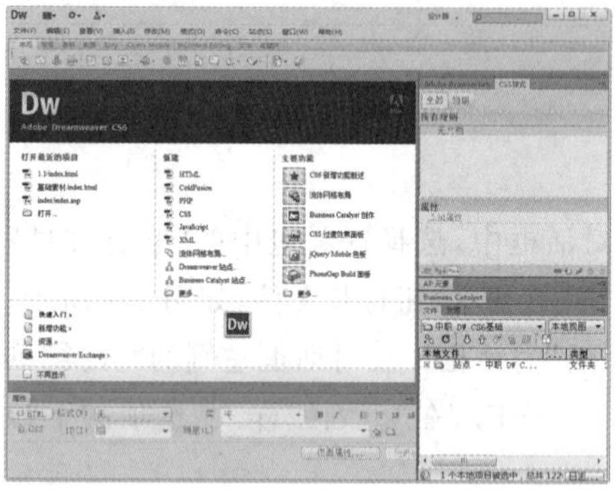

图 1-5

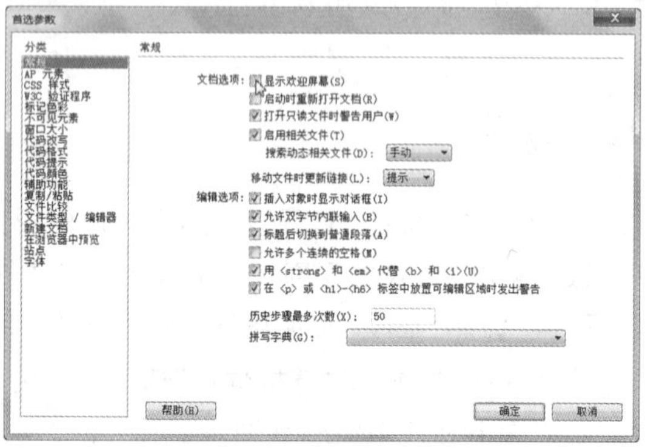

图 1-6

2. 不同风格的界面

Dreamweaver CS6 的操作界面清新淡雅，布局紧凑，为用户提供了一个轻松、愉悦的使用环境。

若用户想更换操作界面的风格，切换到自己熟悉的开发环境，可选择“窗口>工作区布局”命令，弹出其子菜单，如图 1-7 所示。在子菜单中选择一种界面风格，界面会发生相应的改变。

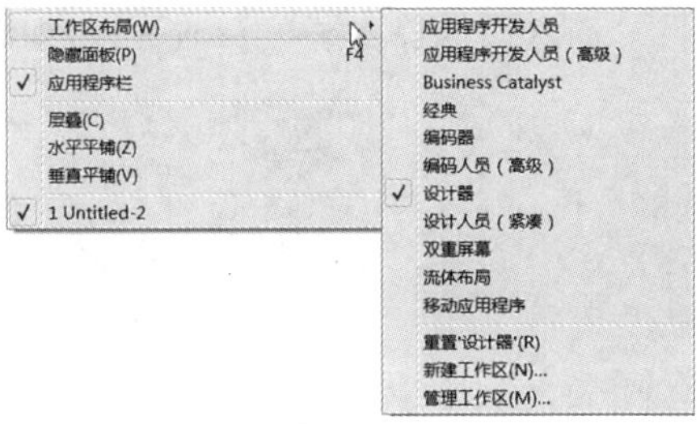

图 1-7

3. 伸缩自如的功能面板

在浮动面板的右上角单击▾☰按钮，可以隐藏或展开面板，如图 1-8 所示。

如果用户觉得工作区不够大，可以将鼠标指针放在文档编辑窗口右侧与面板交界的框线处，当鼠标指针呈双向箭头时拖曳鼠标指针，调整工作区的大小，如图 1-9 所示。若用户需要更大的工作区，可以选择将面板隐藏。

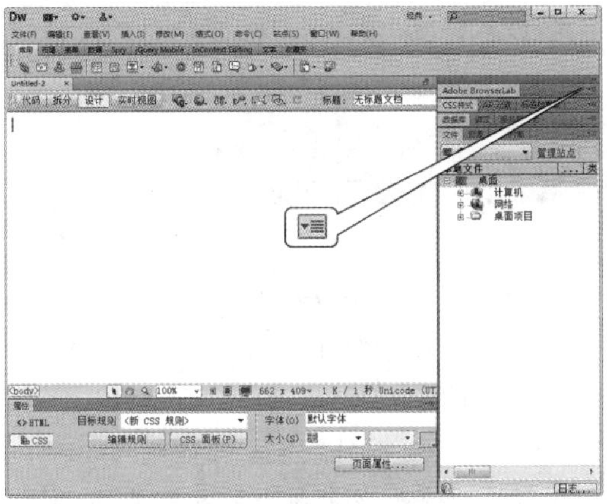
图 1-8

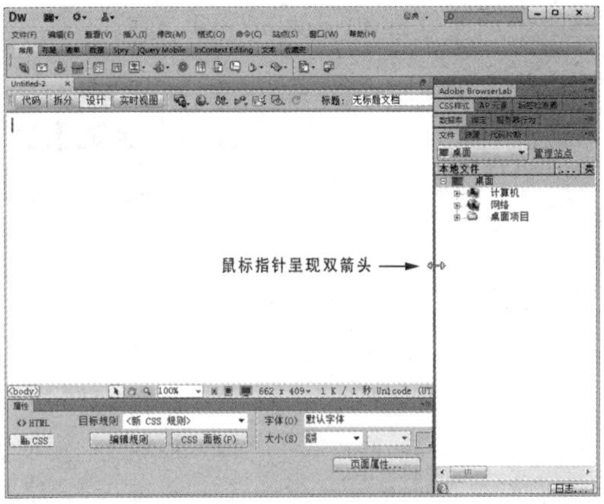

图 1-9

4. 多文档的编辑界面

Dreamweaver CS6 提供了多文档的编辑界面，可将多个文档整合在一起，方便用户在各文档之间切换，如图 1-10 所示。用户可以单击文档编辑窗口上方的标签，切换到相应的文档。通过多文档的编辑界面，用户可以同时编辑多个文档。

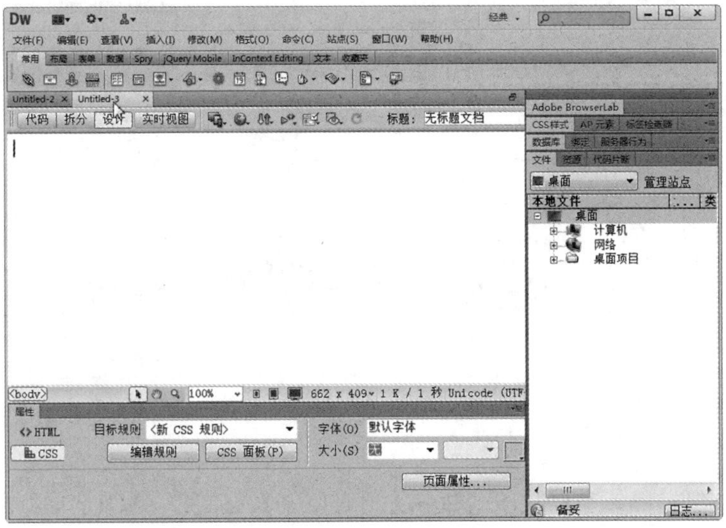

图 1-10

5. 插入面板

插入面板位于菜单栏的下方，如图 1-11 所示。

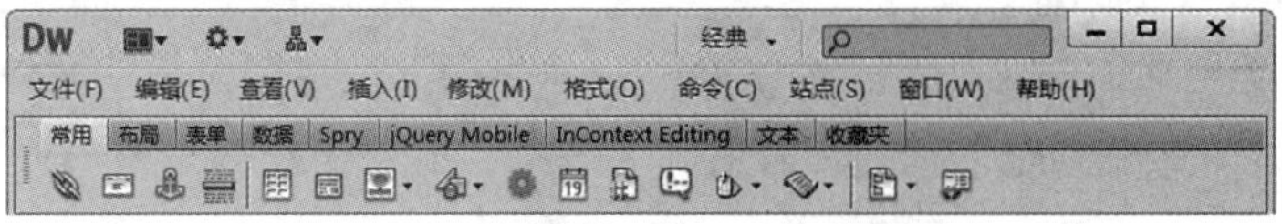

图 1-11

6. 更完整的 CSS 功能

传统的 HTML 所提供的样式及排版功能非常有限，因此，现在复杂的网页版面主要靠 CSS 样式来实现。CSS 样式的功能较多，语法比较复杂，需要一个很好的工具软件有条不紊地整理复杂的 CSS 源代码，并实时地提供辅助说明。Dreamweaver CS6 就能提供方便、有效的 CSS 功能。

Dreamweaver CS6 的"属性"面板提供了 CSS 功能。用户可以通过"属性"面板中"类"选项的下拉列表对所选的对象应用样式或创建和编辑样式，如图 1-12 所示。若某些文字应用了自定义样式，当用户调整这些文字的属性时，会自动生成新的 CSS 样式。

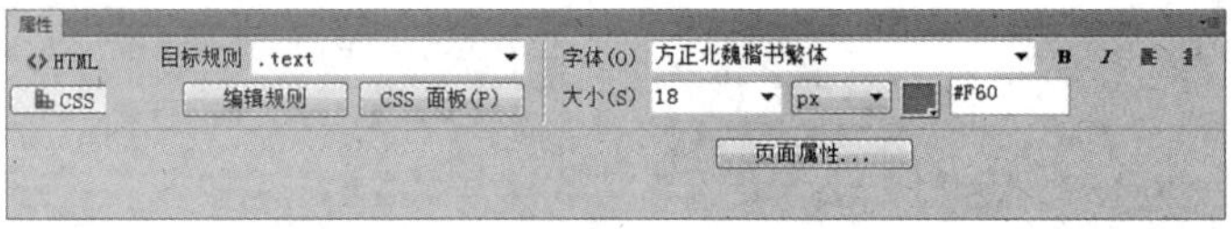

图 1-12

"页面属性"按钮也提供了 CSS 功能。单击"页面属性"按钮，弹出"页面属性"对话框，如图 1-13 所示。用户可以在"分类"列表框中选择"链接(CSS)"选项，在"下划线样式"选项的下拉列表中设置超链接的样式，这个设置会自动转换成 CSS 样式，如图 1-14 所示。

Dreamweaver CS6 除了提供如图 1-15 所示的"CSS 样式"面板外，还提供如图 1-16 所示的"CSS 样式"面板，用户可轻松地查看规则的属性设置，并可快速修改嵌入在当前文档或通过附加的样式表链接的 CSS 样式。可编辑的网格使用户可以更改显示的属性值，对用户所做的更改，系统将立即应用，用户可以在操作的同时预览效果。

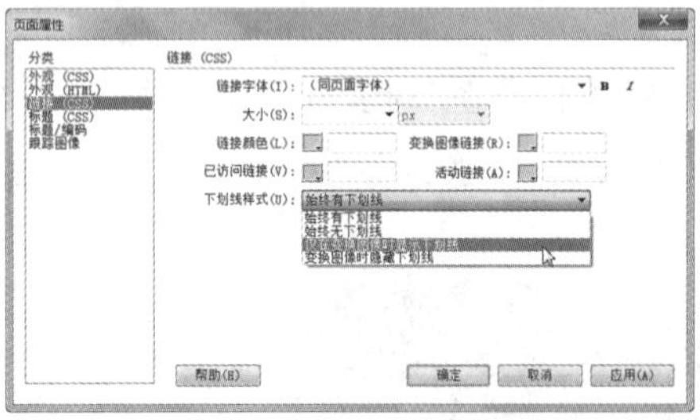
图 1-13

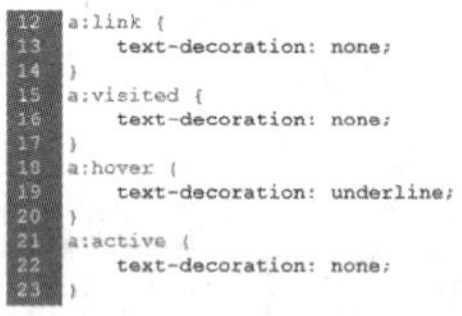

图 1-14

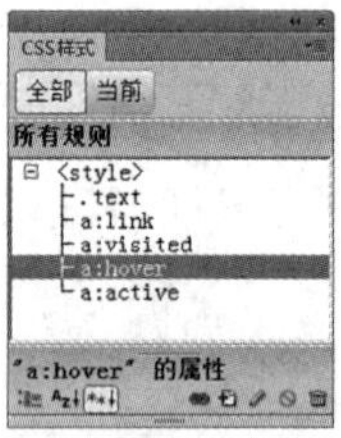

图 1-15

图 1-16

任务二 创建网站框架

任务目标

通过打开素材文件，熟练掌握"打开"命令。通过复制素材文件，熟练掌握"新建"命令。通过关闭新建文件，熟练掌握"保存"和"关闭"命令。

任务实施

图 1-17

STEP 1 打开 Dreamweaver CS6，选择“文件>打开”命令，弹出“打开”对话框，选择资源包中的“素材文件\项目一\基础操作素材\有机果蔬网页\index.html”文件，如图 1-17 所示。单击“打开”按钮打开文件，如图 1-18 所示。

STEP 2 按 Ctrl+A 组合键，选择网页全部元素，如图 1-19 所示。按 Ctrl+C 组合键复制网页元素。选择“文件>新建”命令，在弹出的“新建文档”对话框中进行设置，如图 1-20 所示。

图 1-18

图 1-19

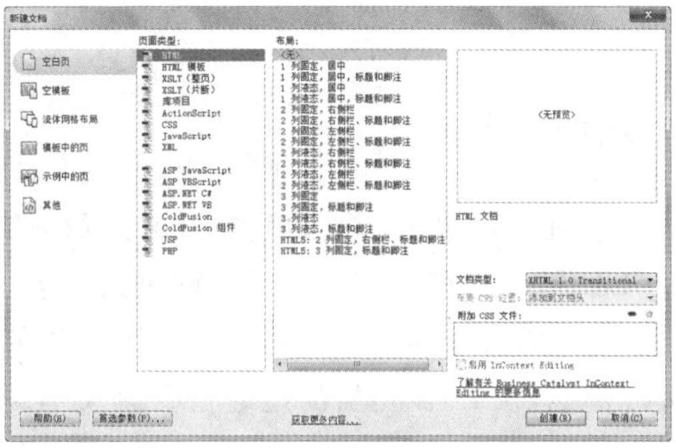

图 1-20

STEP 3 单击“创建”按钮，创建一个空白文档，如图 1-21 所示。选择“文件>保存”命令，弹出“另存为”对话框，在“文件名”文本框中输入名称，如图 1-22 所示。单击“保存”按钮保存文件。

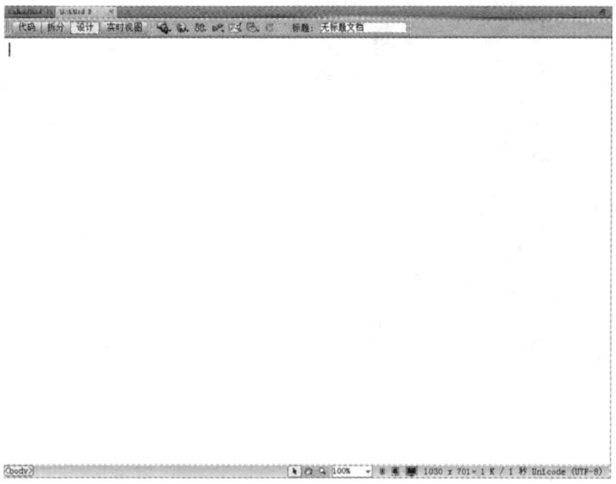

图 1-21

图 1-22

STEP 4 按 Ctrl＋V 组合键，将网页元素粘贴到新建的空白文档中，效果如图 1-23 所示。单击页面标题右上角的按钮，弹出提示对话框，如图 1-24 所示。单击“是”按钮关闭窗口。再次单击页面标题右上角的按钮，关闭打开的“index. html”文件。单击标题栏右上角的“关闭”按钮 ×，即可关闭软件。

图 1-23

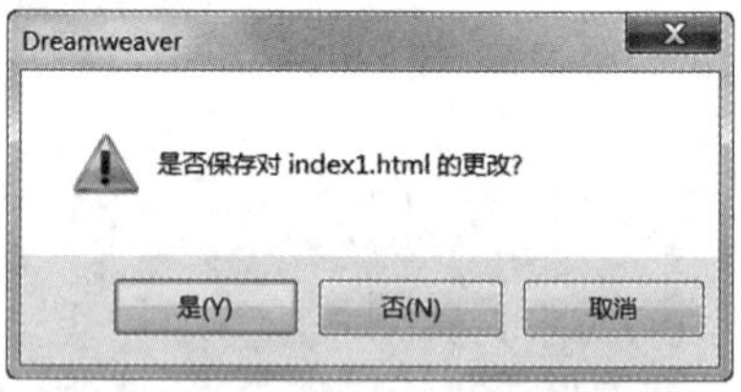

图 1-24

知识讲解

创建站点后，用户需要创建网页来组织要展示的内容。合理的网页名称非常重要，一般网页文件的名称应容易理解，能直观反映网页的内容。

每个网站都必须有一个首页。当访问者在浏览器的地址栏中输入网站地址后会打开相应站点首页。例如，在 IE 浏览器的地址栏中输入“www. sina. com. cn”时会自动打开新浪网的首页。一般情况下，首页的文件名为“index. htm”“index. html”“index. asp”“default. asp”“default. htm”或“default. html”等。

在标准的 Dreamweaver CS6 环境下，建立和保存网页的具体操作步骤如下。

STEP 1 选择“文件>新建”命令，弹出“新建文档”对话框，选择“空白页”选项，在“页面类型”列表中选择 HTML 选项，在“布局”列表中选择“无”选项，如图 1-25 所示。

STEP 2 单击“创建”按钮，弹出“文档”窗口，创建新的空白文档并在该窗口中打开，如图 1-26 所示。根据需要，在“文档”窗口中选择不同的视图设计网页。

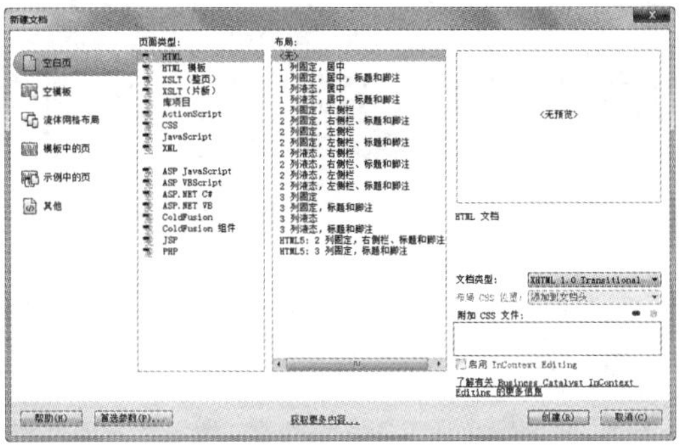

图 1-25

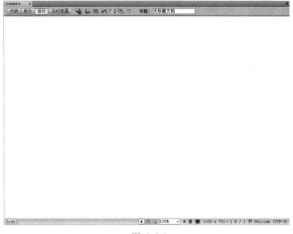

图 1-26

提示

“文档”窗口中有 3 种视图方式，这 3 种视图方式的作用介绍如下。

- “代码”视图：有编程经验的网页设计用户可在“代码”视图中查看、修改和编写网页代码，以实现特殊的网页效果。“代码”视图的效果如图 1-27 所示。
- “设计”视图：以所见即所得的方式显示所有网页元素。“设计”视图的效果如图 1-28 所示。

图 1-27

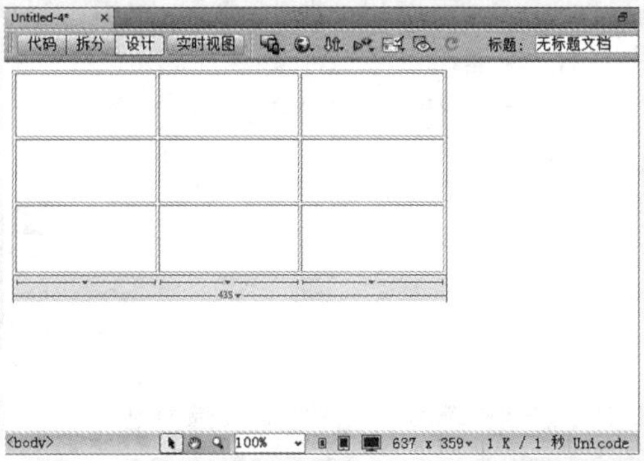

图 1-28

- “拆分”视图：将文档窗口分为左右两部分，左侧是代码部分，显示代码；右侧是设计部分，显示网页元素及其在页面中的布局。在此视图中，用户通过在设计部分单击网页元素的方式，快速定位到要修改的网页元素代码的位置修改代码，或在“属性”面板中修改网页元素的属性。“拆分”视图的效果如图 1-29 所示。

STEP 3 网页设计完成后，选择“文件>保存”命令，弹出“另存为”对话框，在“文件名”文本框中输入网页的名称，如图 1-30 所示。单击“保存”按钮，将该文档保存到站点文件夹中。

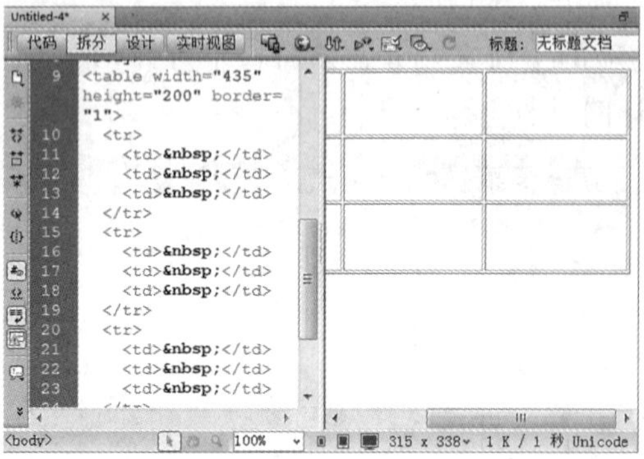

图 1-29

图 1-30

任务三 管理站点

任务目标

通过学习站点管理命令，熟练掌握创建站点的方法。通过新建站点，熟练掌握创建站点根目录的过程。

任务实施

STEP 1 选择“窗口>文件”命令，弹出“文件”面板，如图 1-31 所示。在“管理站点”选项的下拉列表中选择“管理站点”选项，如图 1-32 所示。弹出“管理站点”对话框，单击“新建站点”按钮，弹出“站点设置对象 创建站点”对话框，在左侧列表中选择“站点”选项，在“站点名称”文本框中输入站点名称，如图 1-33 所示。

图 1-31

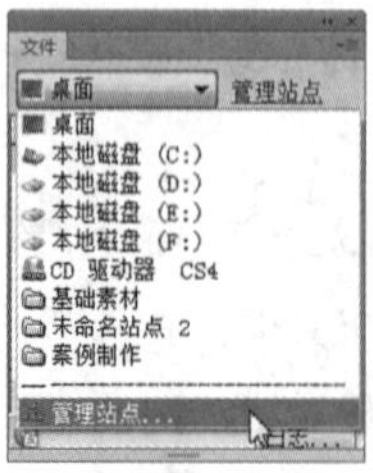

图 1-32

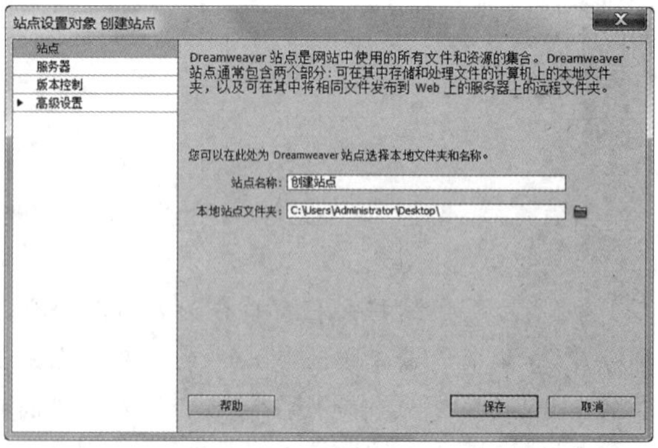

图 1-33

STEP 2 单击“本地站点文件夹”选项右侧的“浏览文件”按钮，在弹出的对话框中选择需要设定本地站点的存储文件，单击“选择”按钮，返回原对话框，如图 1-34 所示。单击“保存”按钮，返回“管理站点”对话框，如图 1-35 所示。

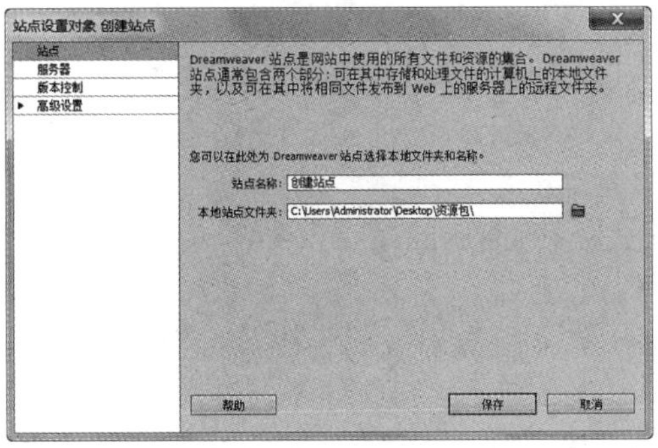

图 1-34

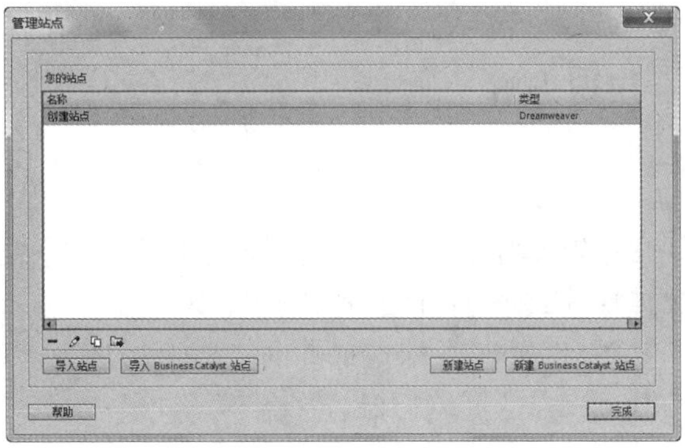

图 1-35

STEP③ 单击“完成”按钮，站点定义完成，“文件”面板如图 1-36 所示。在站点中选择资源包中的“素材文件\项目一\基础操作素材\宠物之家网页\index. html”文件，如图 1-37 所示，双击鼠标打开文件，如图 1-38 所示。

图 1-36

图 1-37

图 1-38

STEP④ 按 Ctrl+J 组合键，在弹出的“页面属性”对话框中进行设置，如图 1-39 所示。单击“确定”按钮，保存文档。按 F12 键预览效果，如图 1-40 所示。

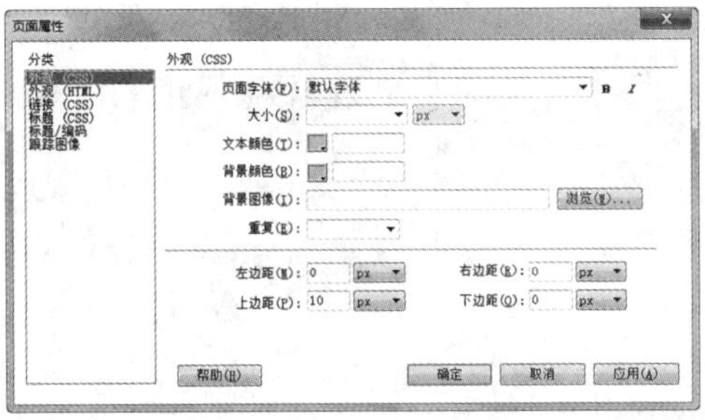

图 1-39

图 1-40

知识讲解

1. 站点管理器

站点管理器的主要功能包括新建站点、编辑站点、复制站点、删除站点及导入或导出站点。若要管理站点，必须打开“管理站点”对话框。

打开“管理站点”对话框有以下几种方法。

(1)选择“站点>管理站点”命令。

(2)选择“窗口>文件”命令，或按 F8 键，弹出“文件”面板，在其中选择要打开的站点名，打开站点，如图 1-41 和图 1-42 所示。

在“管理站点”对话框中，通过“新建站点”“编辑当前选定的站点”“复制当前选定的站点”和“删除当前选定的站点”按钮，可以新建站点、修改选定的站点、复制选定的站点、删除选定的站点。通过该对话框中的“导出当前选定的站点”“导入站点”按钮，用户可以将站点导出为. ste 格式文件，然后将其导入 Dreamweaver CS6 中。这样用户就可以在不同的计算机和软件版本之间移动站点，或者与其他用户共享站点，如图 1-43 所示。

图 1-41

图 1-42

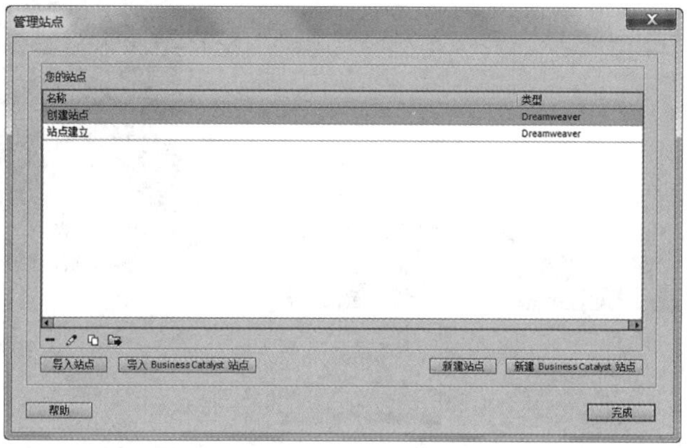

图 1-43

在“管理站点”对话框中，选择一个具体的站点，然后单击“完成”按钮，“文件”面板的“文件”选项卡中会出现站点管理器的缩略图。

1)编辑站点

有时用户需要修改站点的一些设置，此时需要编辑站点。例如，修改站点默认图像文件夹的路径，其具体操作步骤如下。

STEP 1 选择“站点>管理站点”命令，弹出“管理站点”对话框。

STEP 2 在对话框中，选择要编辑的站点名，单击“编辑当前选定的站点”按钮，弹出“站点设置对象 Dreamweaver CS6 基础”对话框，选择“高级设置”选项下的“本地信息”选项，此时可根据需要进行修改，如图 1-44 所示。单击“保存”按钮完成设置，返回“管理站点”对话框。

STEP 3 如果不需要修改其他站点，可单击“完成”按钮，关闭“管理站点”对话框。

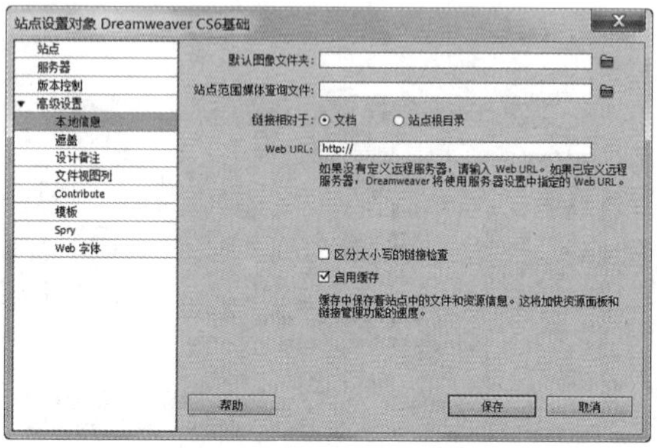

图 1-44

2)复制站点

复制站点可省去重复建立多个结构相同站点的操作步骤，提高用户的工作效率。在“管理站点”对话框中可以复制站点，其具体操作步骤如下。

STEP 1 在“管理站点”对话框的站点列表中选择要复制的站点，单击“复制当前选定的站点”按钮进行复制。

STEP 2 双击复制的站点，在弹出的“站点设置对象”对话框中设置新站点的名称。

3)删除站点

删除站点只是删除 Dreamweaver CS6 同本地站点的关系，而本地站点包含的文件和文件夹仍然保存在磁盘原来的位置上。换句话说，删除站点后，虽然站点文件夹保存在计算机中，但在 Dreamweaver CS6 中已经不存在此站点了。例如，按下列步骤删除站点后，在“管理站点”对话框中不存在该站点的名称。

在“管理站点”对话框中删除站点的具体操作步骤如下。

STEP 1 在“管理站点”对话框的站点列表中选择要删除的站点。

STEP 2 单击“删除当前选定的站点”按钮，即可删除选择的站点。

4)导出站点

导出站点的具体操作步骤如下。

STEP 1 选择“站点>管理站点”命令，弹出“管理站点”对话框。在对话框中选择要导出的站点，单击“导出当前选定的站点”按钮，弹出“导出站点”对话框。

STEP 2 在该对话框中浏览并选择保存该站点的路径，如图 1-45 所示。单击“保存”按钮，保存扩展名为.ste 的文件。

STEP 3 单击“完成”按钮，关闭“管理站点”对话框，完成导出站点的设置。

图 1-45

5)导入站点

导入站点的具体操作步骤如下。

STEP 1 选择“站点>管理站点”命令，弹出“管理站点”对话框。

STEP 2 在对话框中单击“导入站点”按钮 导入站点 ，弹出“导入站点”对话框，浏览并选择要导入的站点，如图 1-46 所示。单击“打开”按钮，站点被导入，如图 1-47 所示。

STEP 3 单击“完成”按钮，关闭“管理站点”对话框，完成导入站点的设置。

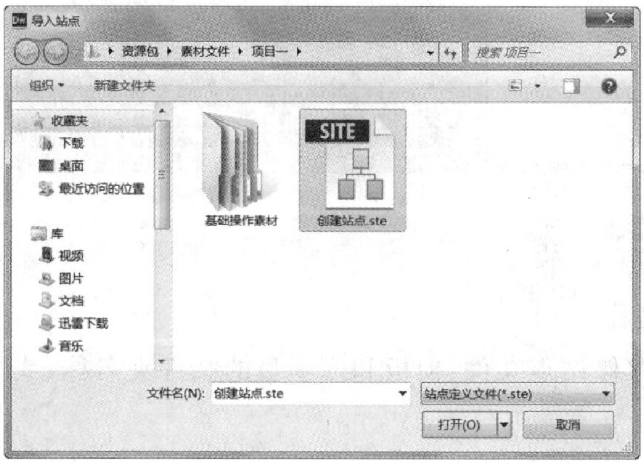

图 1-46

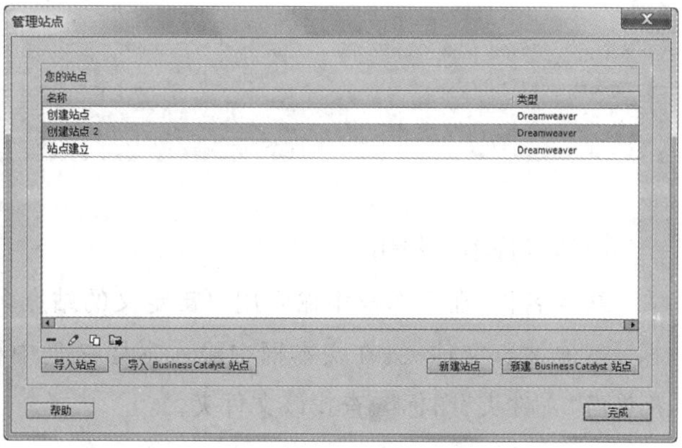

图 1-47

2.创建文件夹

建立站点前，要先在站点管理器中创建站点文件夹。

创建站点文件夹的具体操作步骤如下。

STEP 1 在本地磁盘中选择要建立站点的位置。

STEP 2 通过以下两种方法新建文件夹。

(1)选择“文件>新建>文件夹”命令。

(2)右击鼠标，在弹出的快捷菜单中选择“新建>文件夹”命令。

STEP 3 输入新文件夹的名称。

一般情况下，若站点不复杂，可直接将网页存放在站点的根目录下，并在站点根目录中按照资源的种类建立不同的文件夹存放不同的资源。例如，image 文件夹存放站点中的图像文件，media 文件夹存放站点中的多媒体文件等。若站点比较复杂，则需要根据实现不同功能的板块，在站点根目录中按板块创建子文件夹存放不同的网页，以便网站设计者修改网站。

3.定义新站点

建立好站点文件夹后，用户就可以定义新站点了。在 Dreamweaver CS6 中，站点通常包含两部分，即本地站点和远程站点。本地站点是指本地计算机上的一组文件，远程站点是指远程 Web 服务器上的一个位置。在 Dreamweaver CS6 中创建 Web 站点，通常要先在本地磁盘上创建本地站点，然后创建远程站点，再将这些网页的副本上传到一个远程 Web 服务器，使公众可以访问它们。

1)创建本地站点的步骤

STEP 1 选择“站点>管理站点”命令，弹出“管理站点”对话框，如图 1-48 所示。

STEP 2 在对话框中单击“新建站点”按钮，弹出“站点设置对象 未命名站点 2”对话框。在对话框中，通过“高级设置”选项可建立不同的站点，对于操作熟练的设计者，通常在“站点”选项中设置站点。用户根据个人需要设置站点，如图 1-49 所示。

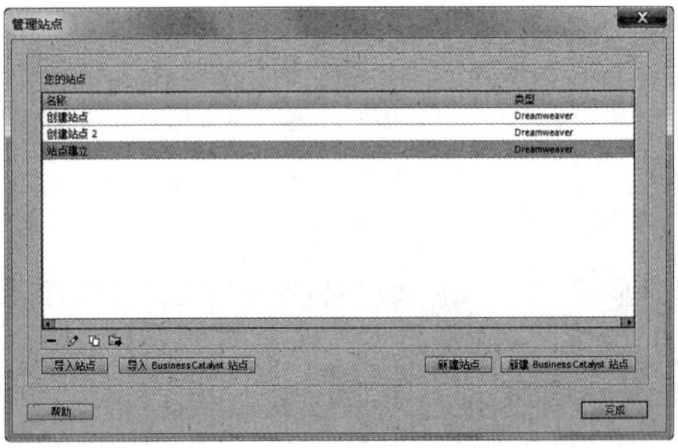

图 1-48

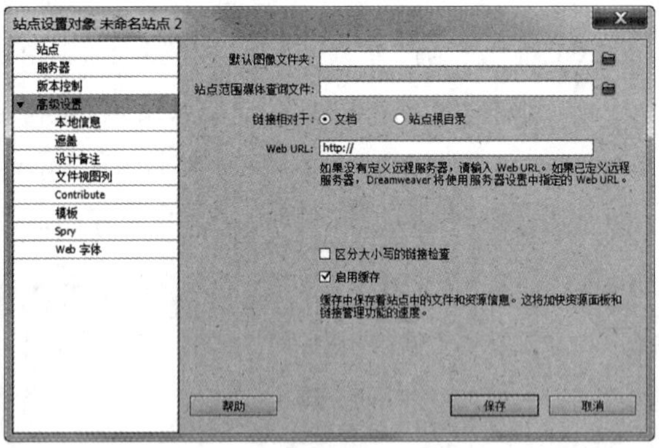

图 1-49

2)站点选项的作用

站点名称：在文本框中输入用户自定义的站点名称。

本地站点文件夹：在文本框中输入本地磁盘中存储站点文件、模板和库项目的文件夹名称，或者单击“文件夹”图标查找该文件夹。

任务四　网页文件头设置

任务目标

通过“刷新”命令，熟练掌握如何使用该命令制作网页自动刷新效果。

任务实施

STEP 1 选择“文件>打开”命令，在弹出的“打开”对话框中，选择资源包中的“素材文件\项目一\基础操作素材\有机蔬果网页\index.html”文件，单击“打开”按钮打开文件，如图 1-50 所示。

STEP 2 选择“插入>HTML>文件头标签>刷新”命令，弹出“刷新”对话框，将“延迟”选项设置为 60s，在“操作”选项组中选择“刷新此文档”单选按钮，如图 1-51 所示。

图 1-50

图 1-51

STEP 3 单击“确定”按钮，在“代码”视图中的显示如图 1-52 所示。保存文档，按 F12 键预览效果，每过 60s 后，页面会自动刷新一次，如图 1-53 所示。

```
</style>
<meta http-equiv="refresh" content="60">
</head>
```

图 1-52

图 1-53

知识讲解

1.插入搜索关键字

在网上通过搜索引擎查找资料时，搜索引擎会自动读取网页中<meta>标签的内容，所以网页中的搜索关键字非常重要，它可以间接地宣传网站，提高访问量。但搜索关键字并不是数量越多越好，因为有些搜索引擎限制索引的关键字或字符的数目。当超过限制的数目时，它将忽略所有的关键字，所以最好只使用几个精选的关键字。一般情况下，关键字是对网页的主题、内容、风格或作者等内容的概括。

设置网页搜索关键字的具体操作步骤如下。

STEP 1 选择"插入>HTML>文件头标签>关键字"命令，弹出"关键字"对话框，如图 1-54 所示。

STEP 2 在"关键字"对话框中输入相应的中文或英文关键字，但注意多个关键字之间要用半角的逗号分隔。设定关键字为"绿色植物"，单击"确定"按钮完成设置，如图 1-55 所示。

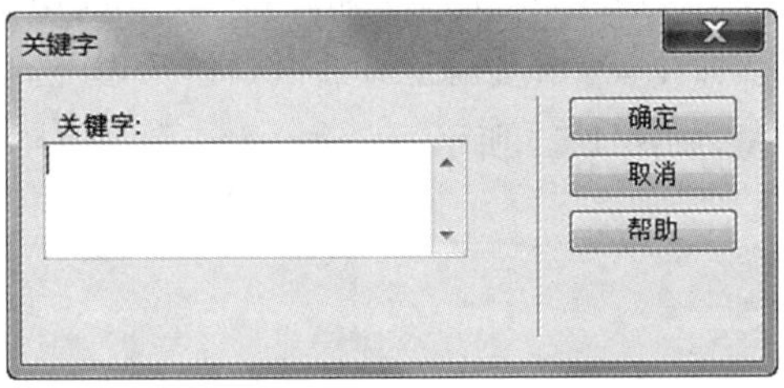

图 1-54

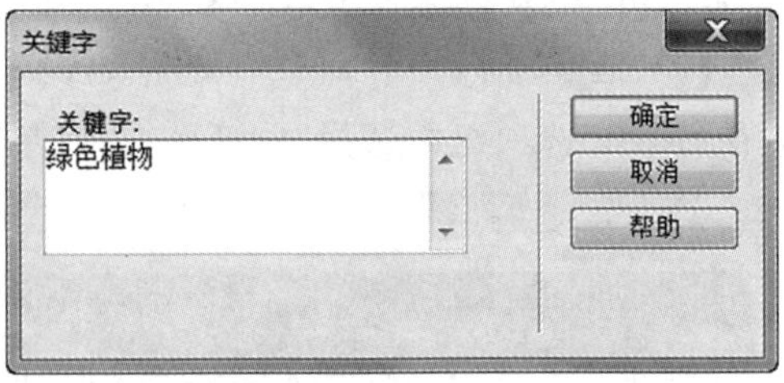

图 1-55

STEP 3 此时，观察"代码"视图，发现<head>标签内多了下述代码：<meta name="keywords" content="绿色植物">。

同样，<meta>标签还可以实现设置搜索关键字，具体操作步骤如下。

选择"插入>HTML>文件头标签>Meta"命令，弹出 META 对话框。在"属性"选项的下拉列表中选择"名称"，在"值"文本框中输入"keywords"，在"内容"文本框中输入关键字信息，如图 1-56 所示。设置完成后单击"确定"按钮，可在"代码"视图中查看相应的 HTML 标记。

2.插入作者和版权信息

要设置网页中的作者和版权信息，可选择"插入>HTML>文件头标签>Meta"命令，弹出 META 对话框。在"值"文本框中输入"/x. Copyright"，在"内容"文本框中输入作者名称和版权信息，单击"确定"按钮，如图 1-57 所示。

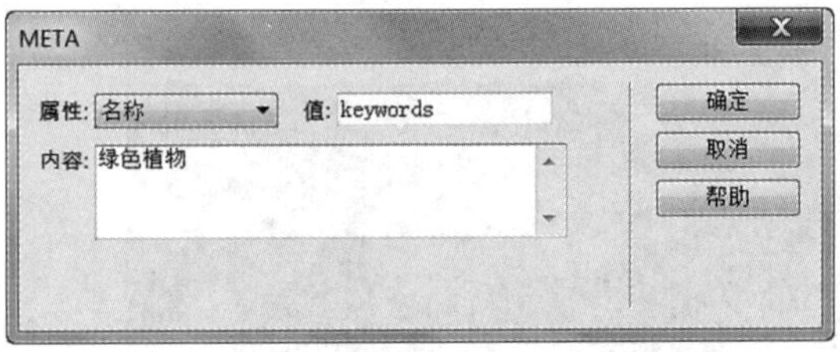

图 1-56

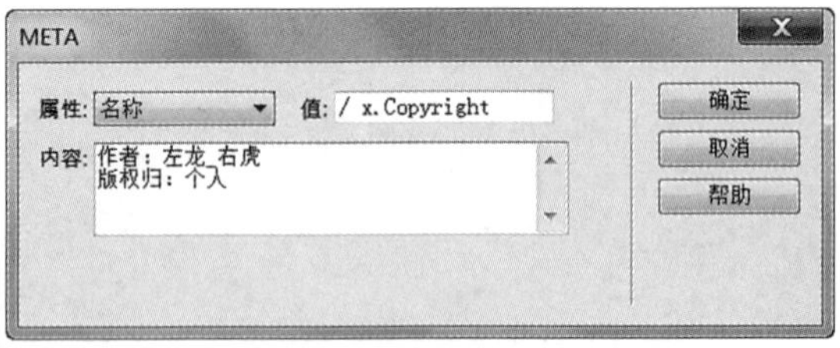

图 1-57

此时，在"代码"视图中的<head>标签内可以看到相应的 HTML 标记：<meta name="/ x. Copyright" content="作者:左龙_右虎 版权归:个人">。

3.设置刷新时间

要指定页面刷新或者跳转到其他页面的时间，可设置文件头部的刷新时间项，具体操作步骤如下。

STEP 1 选择“插入>HTML>文件头标签>刷新”命令，弹出“刷新”对话框，如图 1-58 所示。

“刷新”对话框中各选项的作用如下。

● 延迟：设置浏览器刷新页面之前需要等待的时间，以秒为单位。若要浏览器在完成载入后立即刷新页面，则在该文本框中输入“0”。

● “操作”选项组：指定在规定的延迟时间后，浏览器是跳转到另一个 URL 统一资源定位器，还是刷新当前页面。若要打开另一个 URL 统一资源定位器而不刷新当前页面，则应单击“浏览”按钮，选择要载入的页面。

如果想显示在线人员列表或浮动框架中的动态文档，可以指定浏览器定时刷新当前打开的网页，实时地反映在线或离线用户，以及动态文档实时改变的信息。

STEP 2 在“刷新”对话框中设置刷新时间。

例如，将网页设定为每隔 60s 自动刷新，如图 1-59 所示。

此时，在“代码”视图中的<head>标签内可以看到相应的 HTML 标记：<meta http-equiv="refresh" content="60;URL=">。

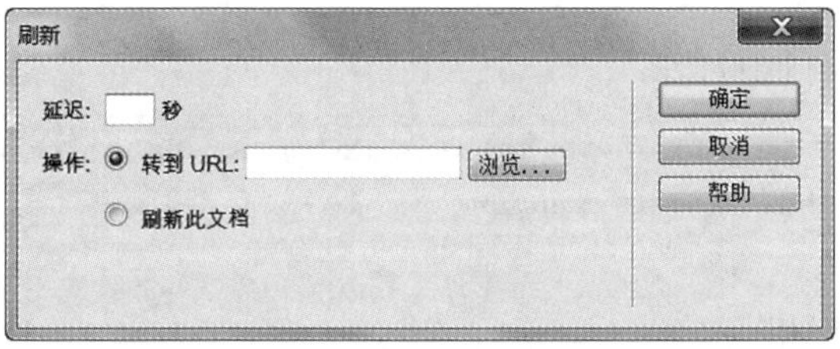

图 1-58

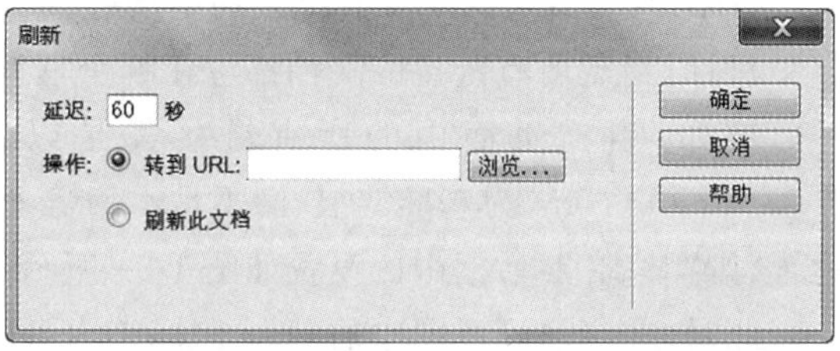

图 1-59

同样，还可以通过<meta>标签实现对刷新时间的设置，如图 1-60 所示。

如果想设置浏览引导主页 10s 后自动打开主页，可在引导主页的“刷新”对话框中进行如图 1-61 所示的设置。

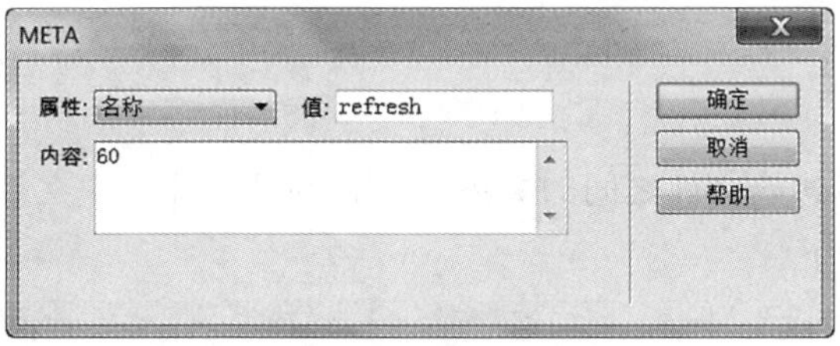

图 1-60

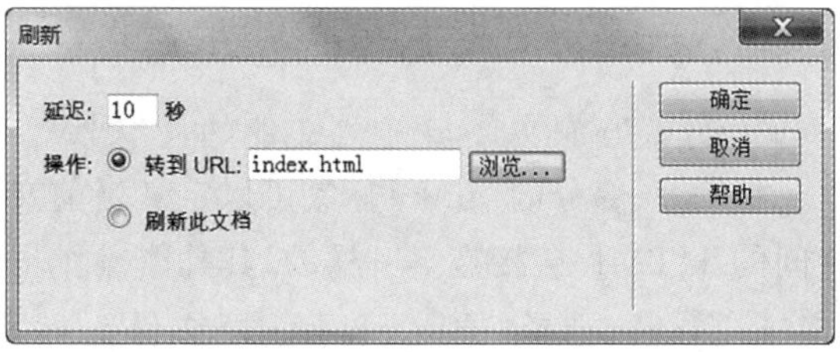

图 1-61

4. 设置描述信息

搜索引擎也可通过读取<meta>标签的说明内容来查找信息，但说明信息主要是设计者对网页内容的详细说明，而关键字可以让搜索引擎尽快搜索到该网页。设置网页说明信息的具体操作步骤如下。

STEP 1 选择“插入>HTML>文件头标签>说明”命令，弹出“说明”对话框。

STEP 2 在“说明”对话框中设置说明信息。

例如，在网页中设置为网站设计者提供“利用 PHP 脚本，按用户需求进行查询”的说明信息，如图 1-62 所示。

此时，在“代码”视图中的<head>标签内可以看到相应的 HTML 标记：<meta name="description" content="利用 PHP 脚本，按用户需求进行查询">。

同样，还可以通过<meta>标签实现对描述信息的设置，如图 1-63 所示。

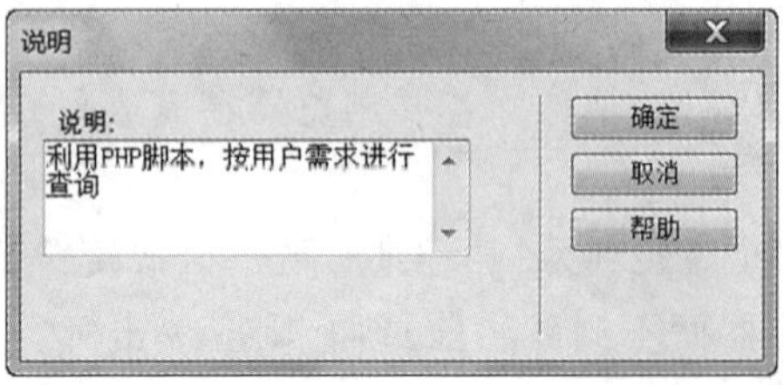

图 1-62

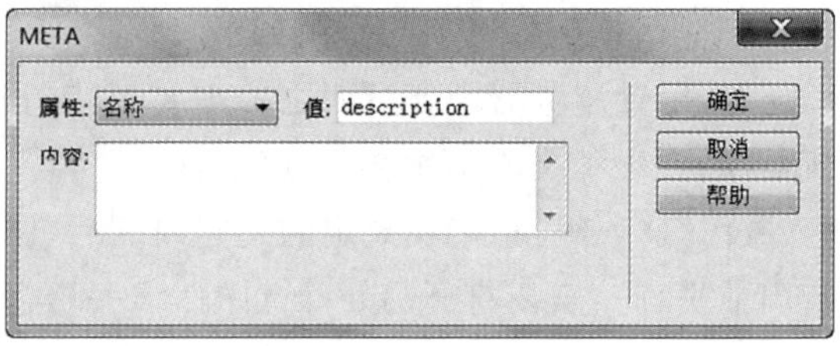

图 1-63

5.设置页面中所有链接的基准链接

基准链接类似于相对路径，若要设置网页文档中所有链接都以某个链接为基准，可添加一个基准链接，但其他网页的链接与此页的基准链接无关。设置基准链接的具体操作步骤如下。

STEP❶ 选择"插入>HTML>文件头标签>基础"命令，弹出"基础"对话框。

STEP❷ 在"基础"对话框中设置"HREF"和"目标"两个选项。

HREF：设置页面中所有链接的基准链接。

目标：指定所有链接的文档都应在哪个框架或窗口中打开。

例如，当前页面中的所有链接都是以"http://www.baidu.com"为基准链接，而不是本服务器的 URL 地址，则"基础"对话框中的设置如图 1-64 所示。

图 1-64

此时，在"代码"视图中的<head>标签内可以看到相应的 HTML 标记：<base href="http://www.baidu.com">。

一般情况下，在网页的头部插入基准链接不带有普遍性，只是针对个别网页而言。当个别网页需要临时改变服务器域名和 IP 地址时，才在其文件头部插入基准链接。当需要大量、长久地改变链接时，最好在站点管理器中完成。

6.设置当前文件与其他文件的关联性

<head>部分的<link>标签可以定义当前文档与其他文件之间的关系，它与<body>部分中文档之间的 HTML 链接是不一样的，其具体操作步骤如下。

STEP❶ 选择"插入>HTML>文件头标签>链接"命令，弹出"链接"对话框，如图 1-65 所示。

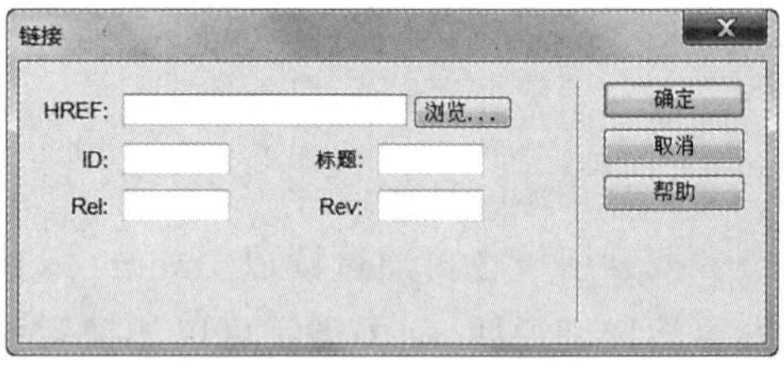

图 1-65

STEP❷ 在"链接"对话框中设置相应的选项。

● HREF：用于定义与当前文件相关联文件的 URL。它并不表示通常 HTML 意义上的链接文件，链接元素中指定的关系更复杂。

● ID：为链接指定一个唯一的标识符。

● 标题：用于描述关系。该属性与链接的样式表有特别的关系。

● Rel：指定当前文档与 HREF 选项中文档之间的关系。其值包括替代、样式表、开始、下一步、上一步、内容、索引、术语、版权、章、节、小节、附录、帮助和书签。若要指定多个关系，则用空格将各个值隔开。

● Rev：指定当前文档与 HREF 选项中文档之间的相反关系，与 Rel 选项相对。其值与 Rel 选项的值相同。

项目二

文本与文档

不管网页内容多么丰富，文本自始至终都是网页的基本元素。文本具有包含的信息量大，输入、编辑方便，并且生成的文件小，容易被浏览器下载，不会占用太多的等待时间等优点，因此，掌握文本的使用对于制作网页来说是最基本的要求。

项目目标

- 设置文本属性
- 设置项目符号和编号列表
- 设置水平线、网格与标尺

任务一　青山别墅网页

任务分析

家是每个人的避风港，一个好的居住环境可以让人身心愉悦。本任务为制作青山别墅网页，设计风格要表现出居住环境的特色，让受众产生归属感。

设计理念

在网页设计和制作过程中，使用住宅和周边风景照作为背景，使视觉效果开阔、清晰，突出绿意生活的主题。右上方的区域为内容显示区域，使用绿色的横条在背景上突出显示，便于浏览。品牌标志放置在网页的左上角，与周围的空白区域形成对比，使标志更加突出。最终效果参看资源包中的“源文件\项目二\任务一　青山别墅网页\index. html”，如图 2-1 所示。

图 2-1

★ 微视频

青山别墅网页

任务实施

1.设置页面属性

STEP 1 选择“文件>打开”命令，在弹出的“打开”对话框中，选择资源包中的“素材文件\项目二\任务一 青山别墅网页\index.html”文件，单击“打开”按钮打开文档，如图 2-2 所示。

STEP 2 选择“修改>页面属性”命令，弹出“页面属性”对话框。在左侧的“分类”列表中选择“外观(CSS)”选项，将右侧的“页面字体”选项设置为“微软雅黑”，“大小”选项设置为 15，“文本颜色”选项设置为白色(#FFF)，“左边距”“右边距”“上边距”“下边距”选项均设置为 0，如图 2-3 所示。

图 2-2

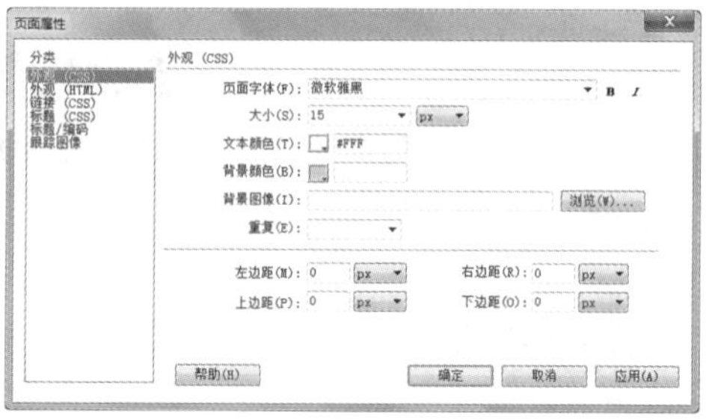

图 2-3

STEP 3 在左侧的“分类”列表中选择“标题/编码”选项，在“标题”文本框中输入“青山别墅网页”，如图 2-4 所示。单击“确定”按钮，完成页面属性的修改，效果如图 2-5 所示。

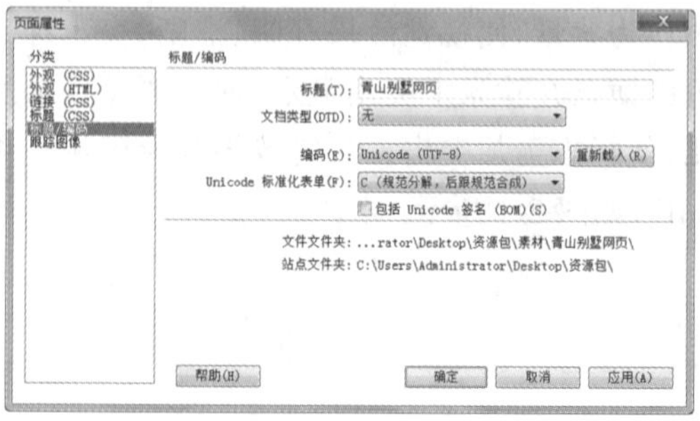

图 2-4

图 2-5

2. 输入空格和文字

STEP 1 选择“编辑>首选参数”命令，弹出“首选参数”对话框。在左侧的“分类”列表中选择“常规”选项，在右侧的“编辑选项”选项组中勾选“允许多个连续的空格”复选框，如图 2-6 所示。单击“确定”按钮，完成设置。将光标置于如图 2-7 所示的单元格中。

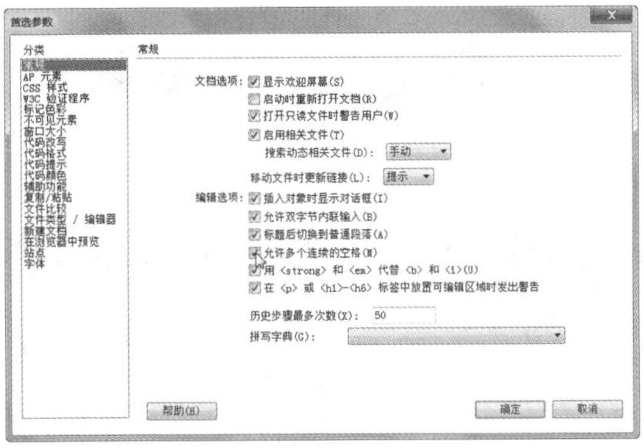

图 2-6

图 2-7

STEP 2 在光标所在位置输入文字“首页”，如图 2-8 所示。按 6 次 Space 键输入空格，如图 2-9 所示。在光标所在位置输入文字“关于我们”，如图 2-10 所示。用相同的方法输入其他文字，效果如图 2-11 所示。

图 2-8

图 2-9

图 2-10

图 2-11

STEP 3 选择“编辑>首选参数”命令，弹出“首选参数”对话框。在左侧的“分类”列表中选择“不可见元素”选项，勾选“换行符”复选框，如图 2-12 所示。单击“确定”按钮，完成设置。将光标置于如图 2-13 所示的单元格中。

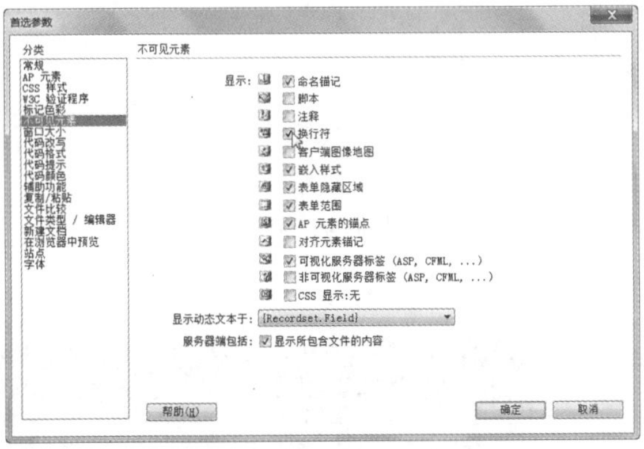

图 2-12

图 2-13

STEP 4 在光标所在位置输入文字“一次令人心跳加速的神秘约会即将来临!”，如图 2-14 所示。按 Shift+Enter 组合键，将光标切换至下一行，输入文字“精装修外销公寓，直接入住!”，如图 2-15 所示。

STEP 5 按 Enter 键，将光标切换至下一段，如图 2-16 所示。输入文字“家在风景里”，如图 2-17 所示。按 Shift+Enter 组合键，将光标切换至下一行，输入文字“绿意生活即时上演”，如图 2-18 所示。

图 2-14

图 2-15

图 2-16

图 2-17

图 2-18

STEP 6 选择“窗口>CSS 样式”命令，或按 Shift+F11 组合键，弹出“CSS 样式”面板，单击“CSS 样式”面板下方的“新建 CSS 规则”按钮，在弹出的“新建 CSS 规则”对话框中进行设置，如图 2-19 所示。单击“确定”按钮，在弹出的“. text1 的 CSS 规则定义”对话框中进行设置，如图 2-20 所示。单击“确定”按钮，完成样式的创建。

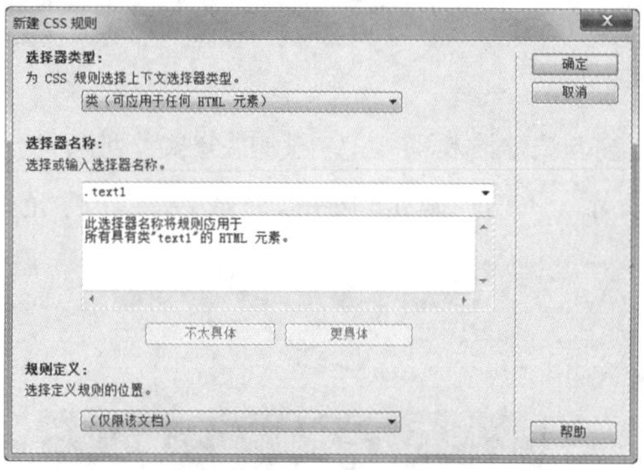

图 2-19

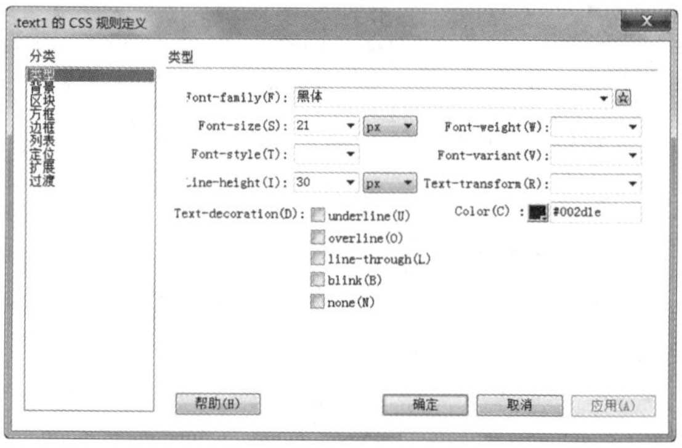

图 2-20

STEP 7 选中如图 2-21 所示的文字，在“属性”面板的“类”下拉列表中选择 text1 选项，应用样式，效果如图 2-22 所示。

图 2-21

图 2-22

STEP 8 单击“CSS 样式”面板下方的“新建 CSS 规则”按钮，在弹出的“新建 CSS 规则”对话框中进行设置，如图 2-23 所示。单击“确定”按钮，在弹出的“. text2 的 CSS 规则定义”对话框中进行设置，如图 2-24 所示。单击“确定”按钮，完成样式的创建。

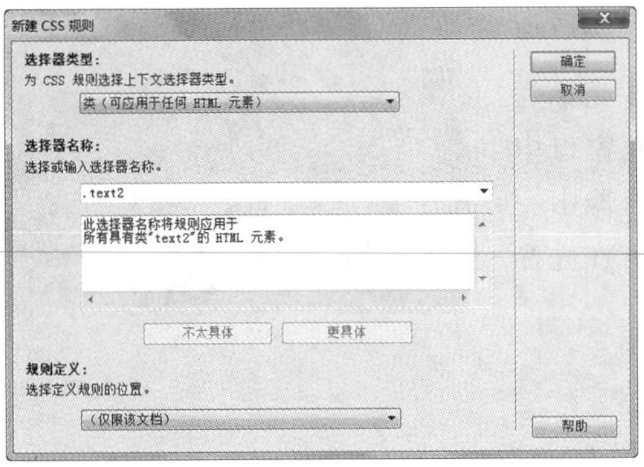

图 2-23

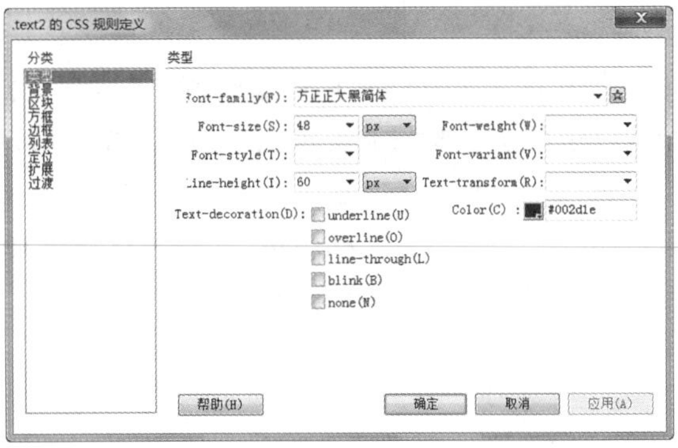

图 2-24

STEP 9 选中如图 2-25 所示的文字，在“属性”面板的“类”下拉列表中选择 text2 选项，应用样式，效果如图 2-26 所示。

图 2-25

图 2-26

STEP 10 保存文档，按 F12 键预览效果，如图 2-27 所示。

图 2-27

知识讲解

1.输入文本

应用 Dreamweaver CS6 编辑网页时，在文档窗口中光标为默认显示状态。要添加文本，首先应将光标移动到文档窗口中的编辑区域，然后直接输入文本，就像在其他文本编辑器中一样：打开一个文档，在文档中单击，将光标置于其中，然后在光标后面输入文本，如图 2-28 所示。

图 2-28

提示

除了直接输入文本，也可将其他文档中的文本复制后，粘贴到当前的文档中。需要注意的是，将文本粘贴到 Dreamweaver CS6 的文档窗口后，该文本不会保持原有的所有格式，但是会保留原来文本中的段落格式。

2.设置文本属性

利用设置文本属性可以方便地修改选中文本的字体、字号、样式、对齐方式等，以达到预期的效果。

选择“窗口>属性”命令，或按 Ctrl+F3 组合键，弹出“属性”面板，在 HTML 和 CSS 属性面板中都可以设置文本的属性，如图 2-29 和图 2-30 所示。

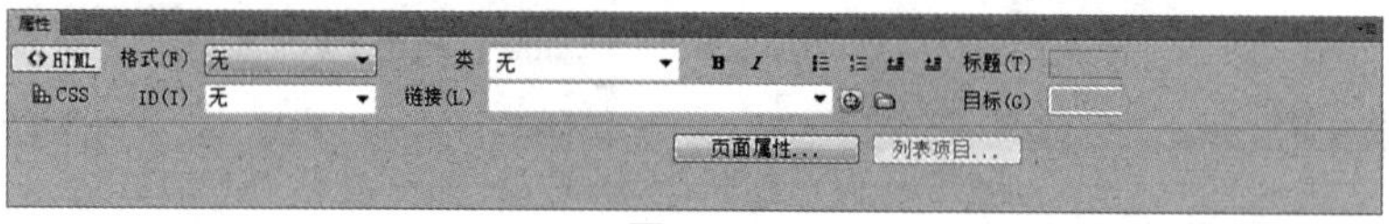

图 2-29

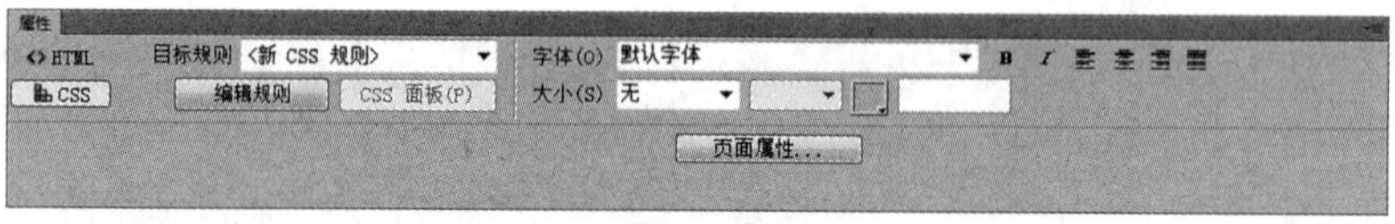

图 2-30

“属性”面板中各选项的含义如下。

- “项目列表”按钮、“编号列表”按钮：设置段落的项目符号或编号。
- “删除内缩区块”按钮、“内缩区块”按钮：设置段落文本向右凸出或向左缩进一定距离。
- “目标规则”选项：设置已定义的或引用的 CSS 样式为文本的样式。
- “字体”选项：设置文本的字体组合。
- “大小”选项：设置文本的字号。
- “文本颜色”按钮：设置文本的颜色。
- “粗体”按钮、“斜体”按钮：设置文字格式。
- “左对齐”按钮、“居中对齐”按钮、“右对齐”按钮、“两端对齐”按钮：设置段落在网页中的对齐方式。

3.输入连续的空格

在默认状态下，Dreamweaver CS6 只允许输入一个空格，要输入连续多个空格则需要进行设置或通过特定操作才能实现。

1)设置“首选参数”对话框

STEP 1 选择“编辑>首选参数”命令，弹出“首选参数”对话框。

STEP 2 在“首选参数”对话框左侧的“分类”列表框中选择“常规”选项，在右侧的“编辑选项”选项组中勾选“允许多个连续的空格”复选框，如图 2-31 所示，单击“确定”按钮完成设置。此时，用户可连续按 Space 键在文档编辑区内输入多个空格。

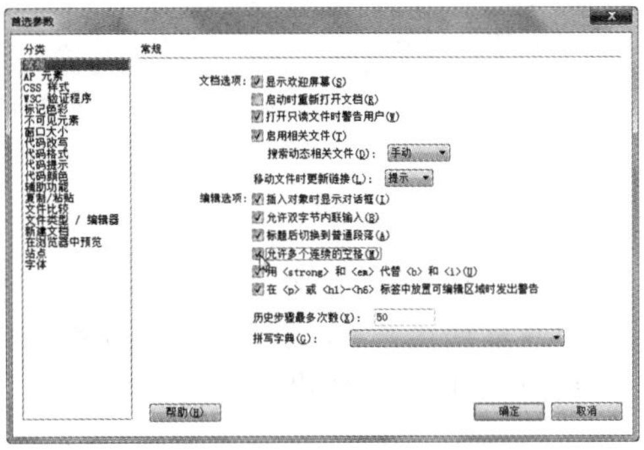

图 2-31

2)直接插入多个连续空格

在 Dreamweaver CS6 中插入多个连续空格，有以下几种方法。

(1)在“插入”面板“文本”选项卡中，单击“字符”展开式按钮，选择“不换行空格”按钮。

(2)选择“插入>HTML>特殊字符>不换行空格”命令，或按 Ctrl+Shift+Space 组合键。

(3)将输入法转换到中文的全角状态下。

4.设置是否显示不可见元素

在网页的“设计”视图中，有一些元素仅用来标志该元素的位置，而在浏览器中是不可见的。例如，脚本图标是用来标志文档正文中的 JavaScript 或 VBScript 代码的位置，换行符图标是用来标志每个换行符
的位置等。在设计网页时，为了快速找到这些不可见元素的位置，通常需要改变这些元素在设计视图中的可见性。

显示或隐藏某些不可见元素的具体操作步骤如下。

STEP 1 选择“编辑>首选参数”命令，弹出“首选参数”对话框。

STEP 2 在“首选参数”对话框左侧的“分类”列表中选择“不可见元素”选项，根据需要选择或取消选择右侧“显示”选项组中的多个复选框，以实现不可见元素的显示或隐藏，如图 2-32 所示，单击“确定”按钮完成设置。

最常用的不可见元素是命名锚记、脚本、换行符、AP 元素的锚记和表单隐藏区域，一般将它们设置为可见。

虽然在“首选参数”对话框中设置某些不可见元素为显示的状态，但在网页的“设计”视图中却看不见这些不可见元素。为了解决这个问题，还必须选择“查看>可视化助理>不可见元素”命令，显示不可见元素，效果如图 2-33 所示。

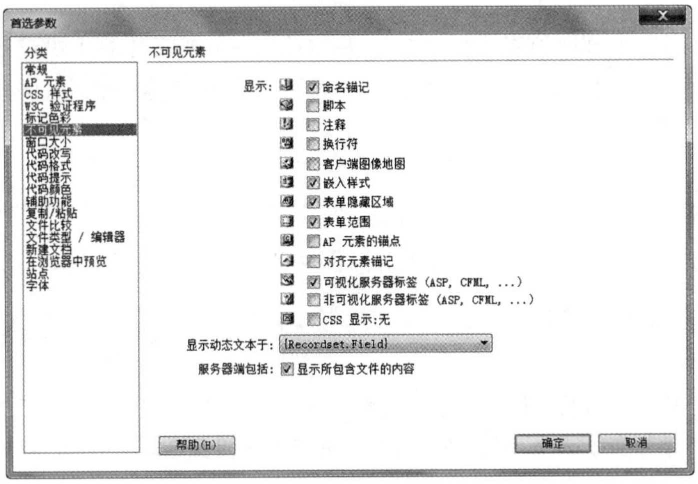

图 2-32

图 2-33

提示

要在网页中添加换行符不能只按 Enter 键，而要按 Shift＋Enter 组合键。

5.设置页边距

按照文章的书写规则，正文与纸的四周需要留有一定的距离，这个距离叫作页边距。网页设计也如此，在默认状态下，文档的上、下、左、右边距均不为零。

修改页边距的具体操作步骤如下。

STEP 1 选择“修改>页面属性”命令或按 Ctrl＋J 组合键，弹出“页面属性”对话框，如图 2-34 所示。

STEP 2 根据需要在对话框“左边距”“右边距”“上边距”“下边距”选项的数值框中输入相应的数值。这些选项的含义如下。

- “左边距”“右边距”：指定网页内容浏览器左、右页边的大小。
- “上边距”“下边距”：指定网页内容浏览器上、下页边的大小。

提示

在“页面属性”对话框左侧选择“外观(HTML)”选项，右侧对话框中显示的边距数值发生改变，如图 2-35 所示。

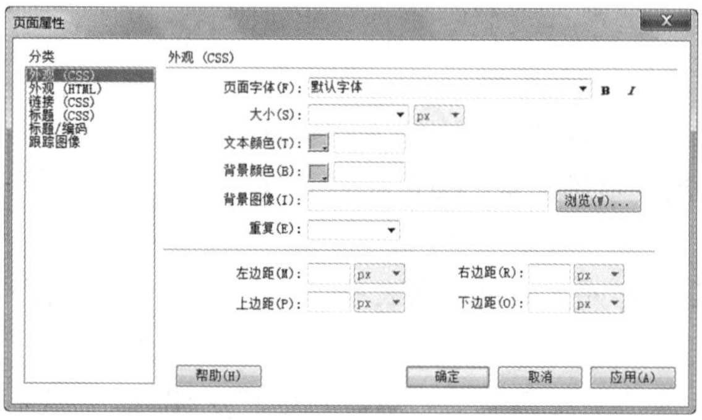

图 2-34

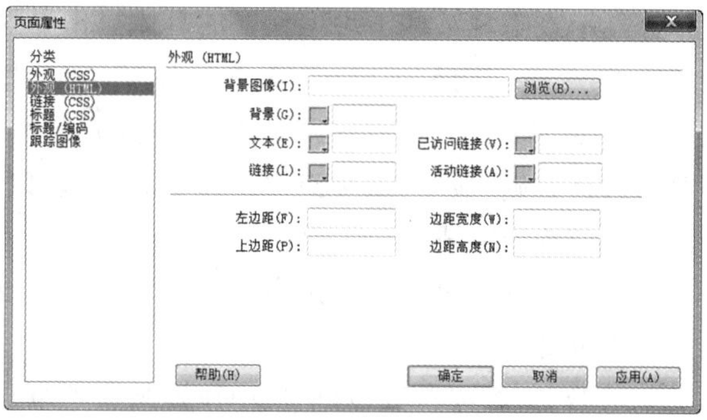

图 2-35

6.设置网页的标题

HTML 页面的标题可以帮助站点浏览者理解所查看网页的主要内容，并在浏览者的历史记录和书签列表中标志页面。文档的文件名是通过“保存文件”命令保存的网页文件名称，而页面标题是浏览者在浏览网页时浏览器标题栏中显示的信息。

更改页面标题的具体操作步骤如下。

STEP 1 选择“修改>页面属性”命令，弹出“页面属性”对话框。

STEP 2 在左侧的“分类”列表中选择“标题/编码”选项，在对话框右侧“标题”文本框中输入页面标题，如图 2-36 所示，单击“确定”按钮完成设置。

7.设置网页的默认格式

用户在制作新网页时，页面都有一些默认的属性，如网页的标题、网页边界、文字编码、文字颜色和超链接的颜色等。若需要修改网页的页面属性，可选择“修改>页面属性”命令，弹出“页面属性”对话框，如图 2-37 所示。

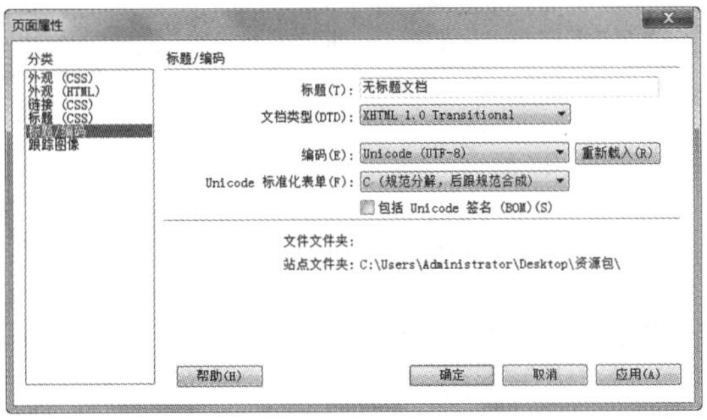

图 2-36

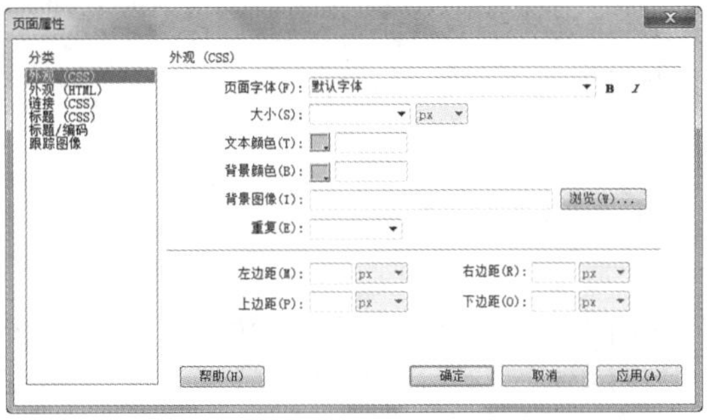

图 2-37

对话框中各选项的作用如下。

● “外观”选项组：设置网页背景色、背景图像以及网页文字的字体、字号、颜色和网页边界。

● “链接”选项组：设置链接文字的格式。

● “标题”选项组：为标题 1 至标题 6 指定标题标签的字体大小和颜色。

● “标题/编码”选项组：设置网页的标题和网页的文字编码。一般情况下，将网页的文字编码设定为简体中文 GB2312 编码。

● “跟踪图像”选项组：一般在复制网页时，若想使原网页的图像作为复制网页的参考图像，可使用跟踪图像的方式实现。跟踪图像仅作为复制网页的设计参考图像，在浏览器中并不显示出来。

课堂演练——天然奶油蛋糕网页

使用“页面属性”命令，设置页面外观、网页标题效果；使用“首选参数”命令，设置允许输入多个连续空格；使用“CSS 样式”命令，设置文字的大小和颜色。最终效果参看资源包中的“源文件\项目二\课堂演练　天然奶油蛋糕网页\index. html”，如图 2-38 所示。

图 2-38

微视频

天然奶油蛋糕网页

任务二　电器城网店

任务分析

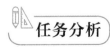

随着人们生活水平的不断提高，电器成为人们日常生活的重要物品，它们为人们的工作和生活

带来便利，提高了生活质量，增加了生活的乐趣。本任务设计某电器城网店网页，在网页设计时要表现出家用电器的特点。

设计理念

在网页设计和制作过程中，网页的背景使用深色调，用来衬托文字和产品的质感。网页使用实物摄影照片作为搭配，体现出网页的主体内容，网页左侧详尽说明了网站活动的具体情况，使浏览者一目了然。整个网页设计整洁大气，用色简洁。最终效果参看资源包中的“源文件\项目二\任务二　电器城网店\index.html”，如图 2-39 所示。

微视频

电器城网店

图 2-39

任务实施

1. 整理列表

STEP 1 选择“文件>打开”命令，在弹出的“打开”对话框中，选择资源包中的“素材文件\项目二\任务二　电器城网店\index.html”文件，单击“打开”按钮打开文件，如图 2-40 所示。

图 2-40

STEP 2 选中如图 2-41 所示的文字，单击“属性”面板中的“编号列表”按钮，列表前生成“1”符号，效果如图 2-42 所示。

图 2-41

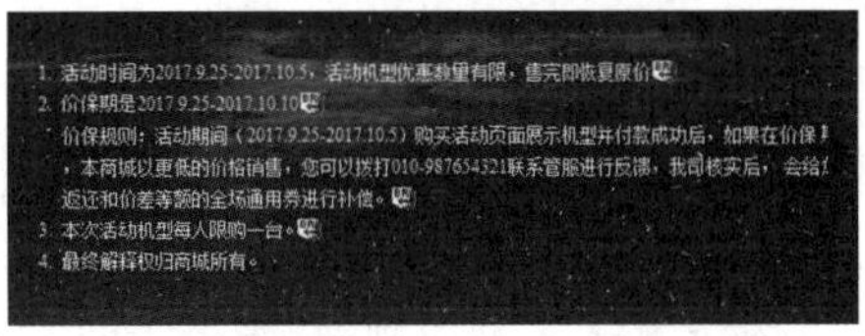

图 2-42

2. 更改文字颜色

STEP 1 选择“窗口>CSS 样式”命令，弹出“CSS 样式”面板，单击“CSS 样式”面板下方的“新建 CSS 规则”按钮，在弹出的“新建 CSS 规则”对话框中进行设置，如图 2-43 所示。单击“确定”按钮，弹出“. text 的 CSS 规则定义”对话框，在左侧的“分类”列表中选择“类型”选项，在 Font-weight 选项的下拉列表中选择 bold 选项，将 Color 选项设置为红色（＃F00），如图 2-44 所示。

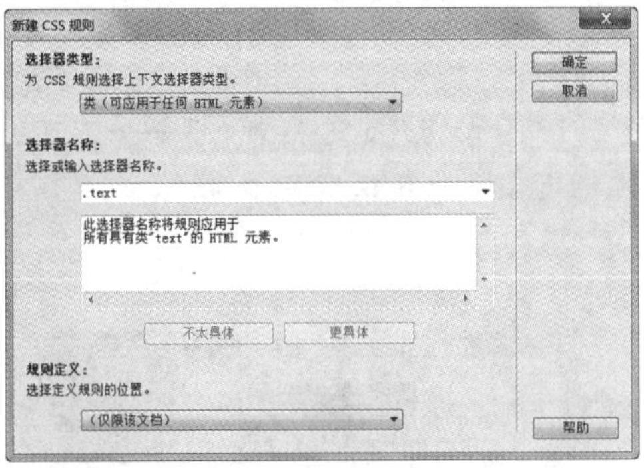

图 2-43

图 2-44

STEP 2 选中如图 2-45 所示的文字，在“属性”面板“类”选项的下拉列表中选择 text 选项，应用样式，效果如图 2-46 所示。用相同的方法为其他文字应用样式，效果如图 2-47 所示。

STEP 3 保存文档，按 F12 键预览效果，如图 2-48 所示。

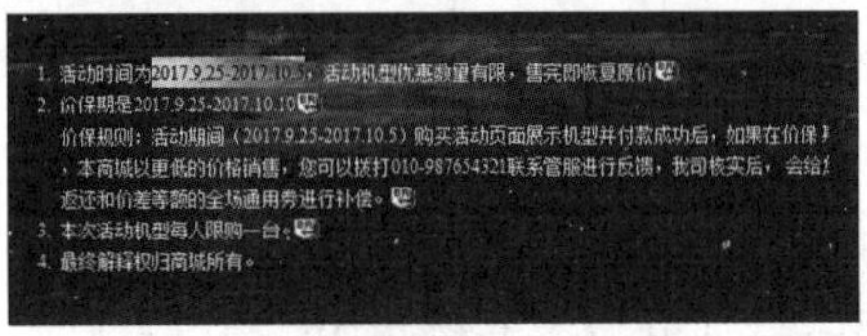

图 2-45

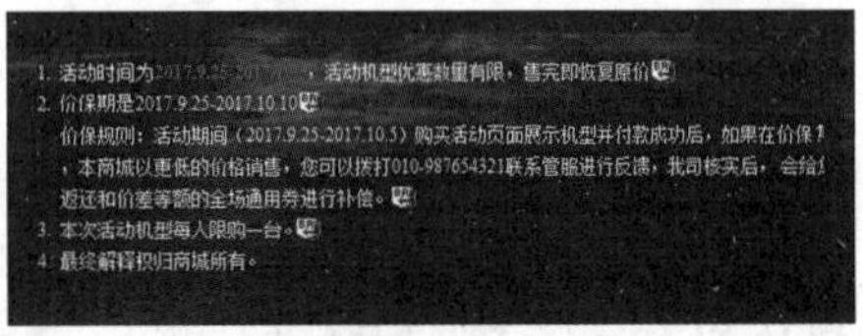

图 2-46

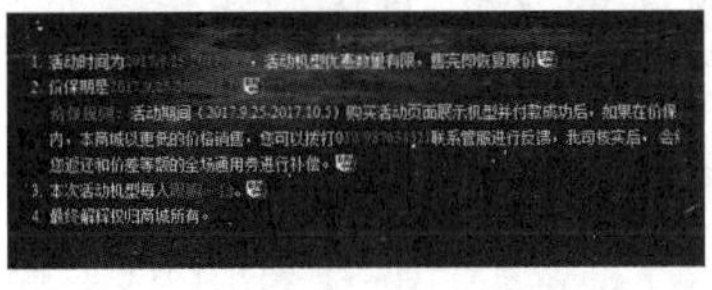

图 2-47

图 2-48

知识讲解

1.改变文本的大小

Dreamweaver CS6 提供了两种改变文本大小的方法：一种是设置文本的默认大小；另一种是设置选中文本的大小。

1)设置文本的默认大小

(1)选择“修改>页面属性”命令，弹出“页面属性”对话框。

(2)在左侧的“分类”列表中选择“外观(CSS)”选项，在右侧的“大小”选项中根据需要选择文本的大小，如图 2-49 所示。单击“确定”按钮完成设置。

2)设置选中文本的大小

在 Dreamweaver CS6 中，可以通过“属性”面板设置选中文本的大小，具体操作步骤如下。

STEP 1 在文档窗口中选中文本。

STEP 2 在“属性”面板中，单击“大小”选项的下拉列表，选择相应的值，如图 2-50 所示。

> **提示**
>
> 在“首选参数”对话框中选择“使用 CSS 而不是 HTML 标签”复选框时，此命令不可用。在“属性”面板的“大小”选项中选择“无”时，文字的大小采用默认设置。

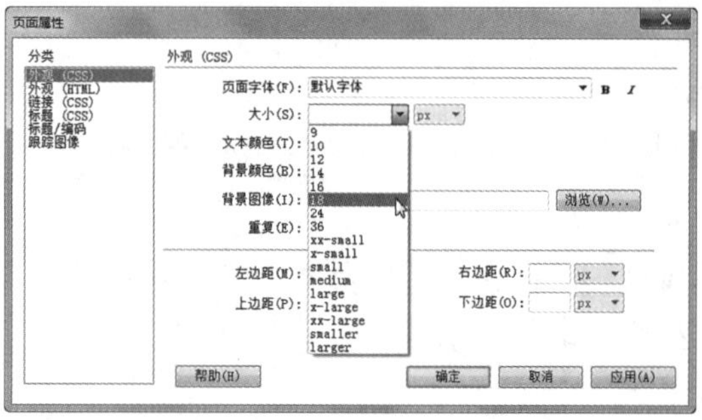

图 2-49

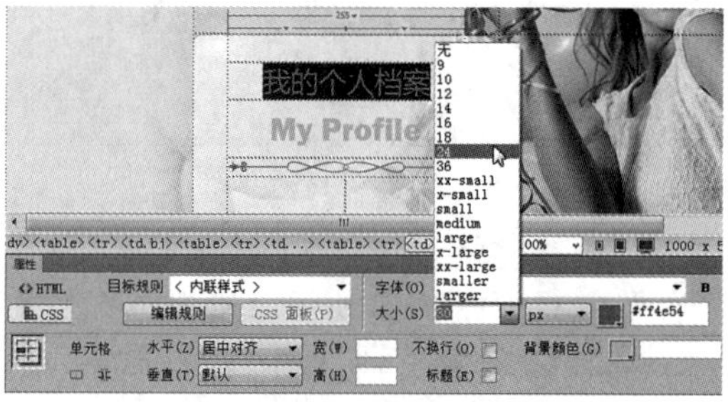

图 2-50

2.改变文本的颜色

丰富的视觉色彩可以吸引用户的注意，网页中的文本不仅可以是黑色的，还可以呈现为其他色彩，最多可达到 16 777 216 种颜色。颜色的种类与显示器的分辨率和颜色值有关，用户通常在 216 种网页色彩中选择文字的颜色。

在 Dreamweaver CS6 中提供了两种改变文本颜色的方法。

1)设置文本的默认颜色

STEP 1 选择“修改>页面属性”命令，弹出“页面属性”对话框。

STEP 2 在左侧的“分类”列表中选择“外观(CSS)”选项，在右侧的“文本颜色”选项中选择具体的文本颜色，如图 2-51 所示，单击“确定”按钮完成设置。

2)设置选中文本的颜色

在 Dreamweaver CS6 中，可以通过“属性”面板设置选中文本的颜色，具体操作步骤如下。

STEP 1 在文档窗口中选中文本。

STEP 2 单击“属性”面板中的“文本颜色”按钮■选择相应的颜色，如图 2-52 所示。

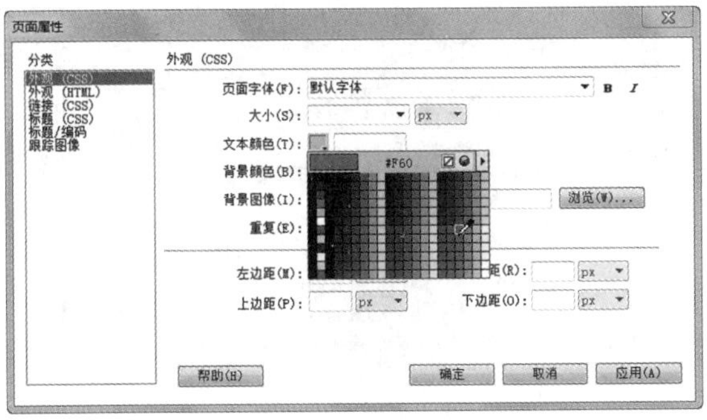

图 2-51

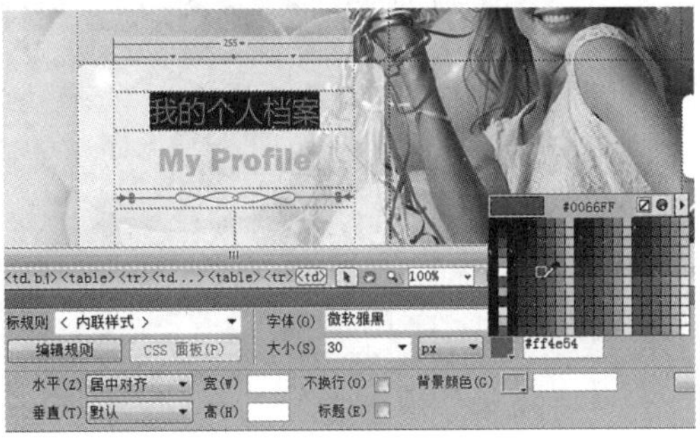

图 2-52

提示

在“文本颜色”选项中选择文本颜色时，可以在颜色按钮右侧的文本框中，直接输入文本颜色的十六进制数值。

通过“颜色”命令设置选中文本的颜色，具体操作步骤如下。

STEP 1 在文档窗口中选中文本。

STEP 2 选择“格式>颜色”命令，弹出“颜色”对话框，如图 2-53 所示。选择相应的颜色，单击“确定”按钮完成设置。

3.改变文本的字体

Dreamweaver CS6 提供了两种改变文本字体的方法：一种是设置文本的默认字体；另一种是设置选中文本的字体。

1）设置文本的默认字体

STEP 1 选择“修改>页面属性”命令，弹出“页面属性”对话框。

STEP 2 在左侧的“分类”列表中选择“外观(CSS)”选项，在右侧选择“页面字体”选项，弹出其下拉列表。如果列表中有合适的字体组合，可直接单击选择该字体组合，否则，需选择“编辑字体列表”选项，如图 2-54 所示。在弹出的“编辑字体列表”对话框中自定义字体组合。

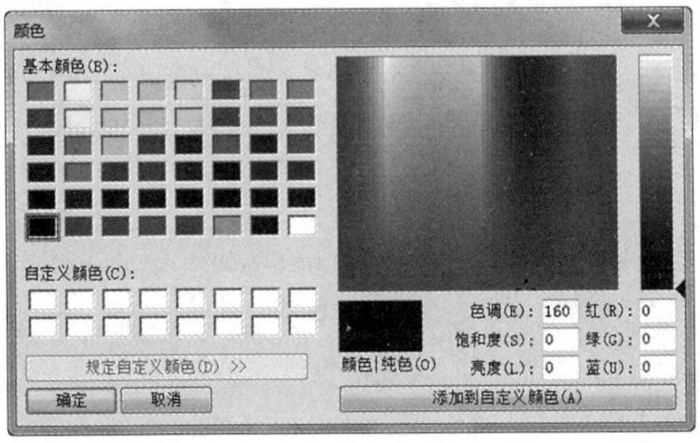

图 2-53

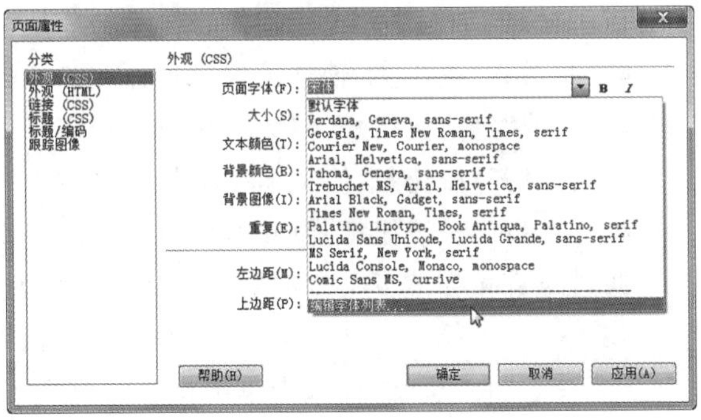

图 2-54

STEP 3 在“可用字体”列表中选择需要的字体，然后单击«按钮，将其添加到“选择的字体”列表中，如图 2-55 和图 2-56 所示。在“可用字体”列表中再选中另一种字体，再次单击«按钮，在“字体列表”中建立字体组合，单击“确定”按钮完成设置。

STEP 4 重新在“页面属性”对话框“页面字体”选项的下拉列表中选择刚建立的字体组合作为文本的默认字体。

图 2-55

图 2-56

2)设置选中文本的字体

为了将不同的文字设定为不同的字体，Dreamweaver CS6 提供了两种改变选中文本字体的方法。

通过“字体”选项设置选中文本的字体，具体操作步骤如下。

STEP 1 在文档窗口中选中文本。

STEP 2 选择“属性”面板，在“字体”选项的下拉列表中选择相应的字体，如图 2-57 所示。

通过“字体”命令设置选中文本的字体，具体操作步骤如下。

STEP 1 在文档窗口中选中文本。

STEP 2 选择“格式>字体”命令，在弹出的子菜单中选择相应的字体，如图 2-58 所示。

图 2-57

图 2-58

4.改变文本的对齐方式

文本的对齐方式是指文字相对于文档窗口或浏览器窗口在水平位置的对齐方式。对齐方式按钮有以下 4 种，如图 2-59 所示。

- “左对齐”按钮：使文本在浏览器窗口中左对齐。
- “居中对齐”按钮：使文本在浏览器窗口中居中对齐。
- “右对齐”按钮：使文本在浏览器窗口中右对齐。
- “两端对齐”按钮：使文本在浏览器窗口中两端对齐。

通过对齐按钮改变文本的对齐方式，具体操作步骤如下。

STEP 1 将插入点放在文本中，或者选择段落。

STEP 2 在“属性”面板中单击相应的对齐按钮。

对段落文本的对齐操作，实际上是对<p>标记的 align 属性进行设置。align 属性值有 3 种选择。其中，left 表示左对齐，center 表示居中对齐，right 表示右对齐。例如，下面的 3 条语句分别设置了段落的左对齐("<p align="left">左对齐</p>")、居中对齐("<p align="center">居中对齐</p>")和右对齐("<p align="right">右对齐</p>")方式。效果如图 2-60 所示。

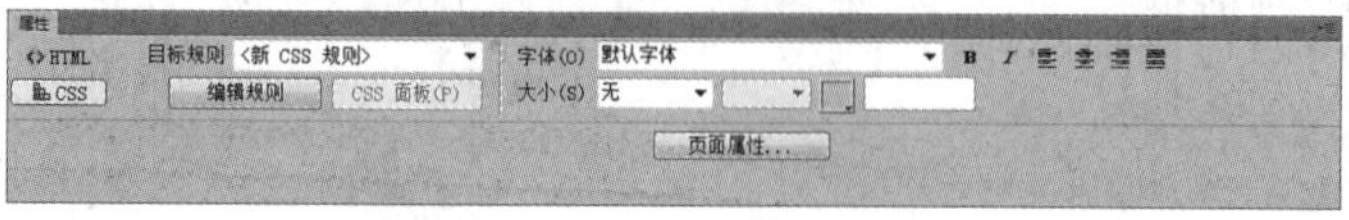

图 2-59

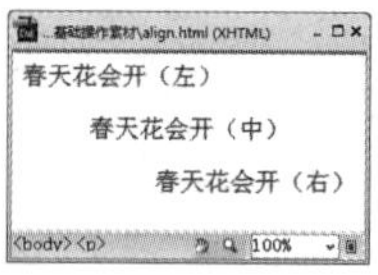

图 2-60

通过对齐命令改变文本的对齐方式，具体操作步骤如下。

STEP 1 将插入点放在文本中，或者选中段落。

STEP 2 选择“格式>对齐”命令，弹出其子菜单，如图 2-61 所示，选择相应的对齐方式。

5.设置文本样式

文本样式是指字符的外观显示方式，如加粗文本、倾斜文本、为文本加下划线等。

1)通过“样式”命令设置文本样式

(1)在文档窗口中选中文本。

(2)选择“格式>样式”命令，在弹出的子菜单中选择相应的样式，如图 2-62 所示。

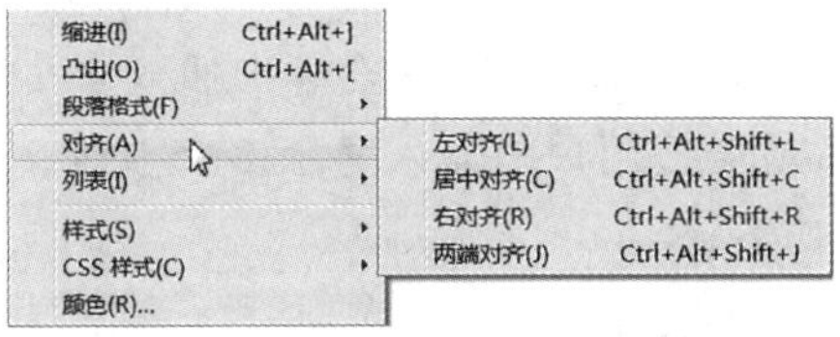

图 2-61

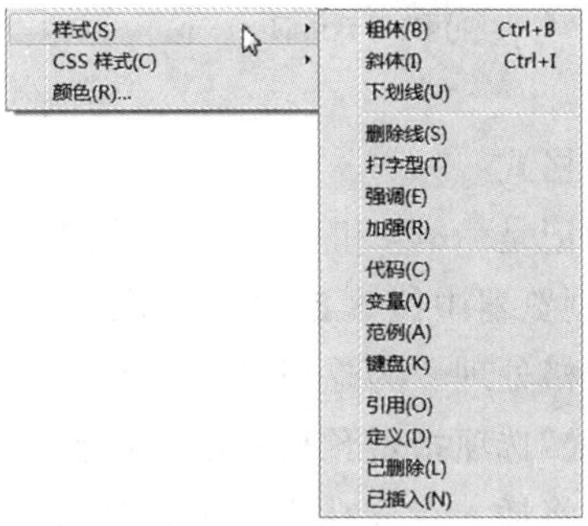

图 2-62

(3)选择需要的选项后，即可为选中的文本设置相应的字符格式，被选中的菜单命令左侧会带有选中标记✓。

> **提示**
>
> 如果要取消设置的字符格式，可以再次打开子菜单，取消对该菜单命令的选择。

2)通过“属性”面板设置文本样式

单击“属性”面板中的“粗体”按钮 B 和“斜体”按钮 I 可快速设置文本的样式，如图 2-63 所示。如果要取消粗体或斜体样式，再次单击相应的按钮即可。

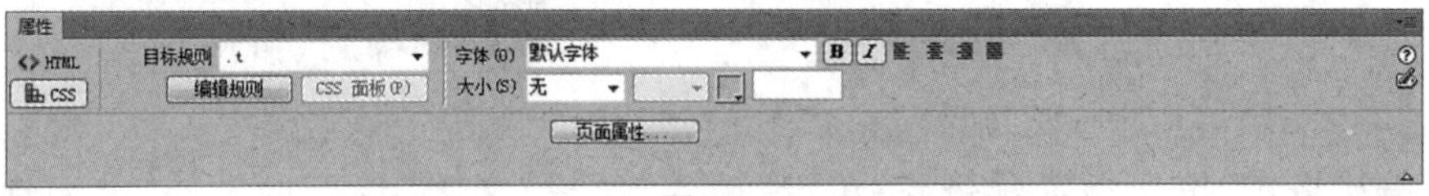

图 2-63

3)使用快捷键快速设置文本样式

按 Ctrl+B 组合键，可以使选中的文本加粗。按 Ctrl+I 组合键，可以使选中的文本倾斜。

6.段落文本

段落是指描述一个主题并且格式统一的一段文字。在文档窗口中，输入一段文字后按 Enter 键，这段文字就显示在<p>……</p>标签中。

1)应用段落格式

通过“格式”选项应用段落格式的具体操作步骤如下。

STEP 1 将插入点放在段落中，或者选中段落中的文本。

STEP 2 选择“属性”面板，在“格式”选项的下拉列表中选择相应的格式，如图 2-64 所示。

通过“段落格式”命令应用段落格式的具体操作步骤如下。

STEP 1 将插入点放在段落中，或者选中段落中的文本。

STEP 2 选择“格式>段落格式”命令，弹出其子菜单如图 2-65 所示，在其中选择相应的段落格式。

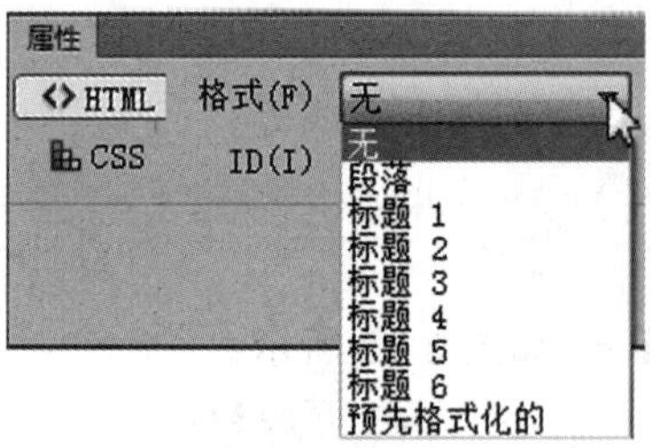

图 2-64

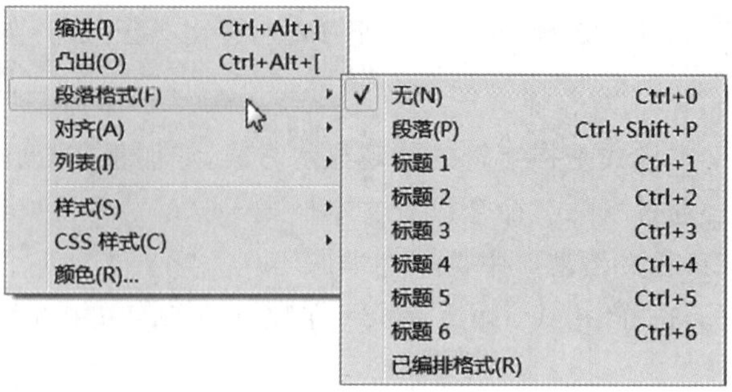

图 2-65

2)指定预格式

预格式标记是<pre>和</pre>。预格式化是指用户预先对<pre>和</pre>之间的文字进行格式化，以便在浏览器中按真正的格式显示其中的文本。例如，用户在段落中插入多个空格，但浏览器却按一个空格处理。为这段文字指定预格式后，就会按用户的输入显示多个空格。

通过“格式”选项指定预格式的具体操作步骤如下。

STEP 1 将插入点放在段落中，或者选中段落中的文本。

STEP 2 选择“属性”面板，在“格式”选项的下拉列表中选择“预先格式化的”选项，如图 2-66 所示。

通过“段落格式”命令指定预格式的具体操作步骤如下。

STEP 1 将插入点放在段落中，或者选中段落中的文本。

STEP 2 选择“格式>段落格式”命令，弹出其子菜单如图 2-67 所示。选择“已编排格式”命令。

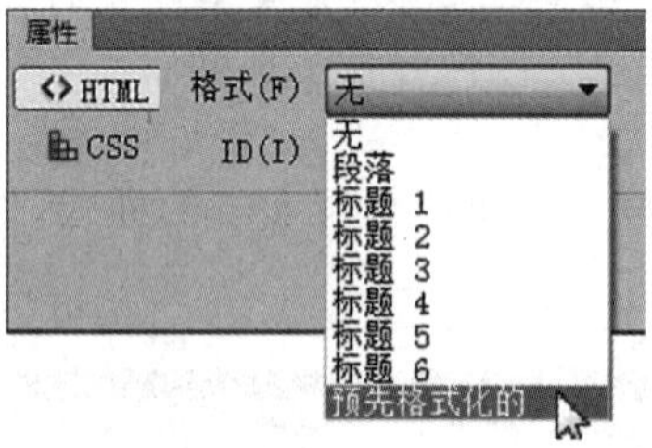

图 2-66

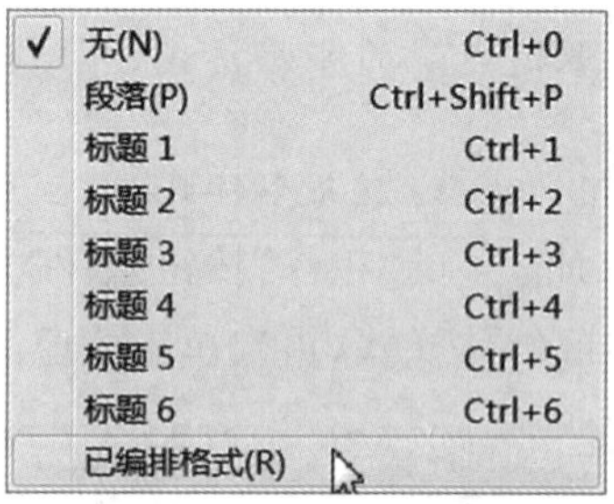

图 2-67

通过“已编排格式”按钮指定预格式：单击“插入”面板“文本”选项卡中的“已编排格式”按钮 PRE，指定预格式。

提示

若想去除文字的格式，可按上述方法将“格式”选项设置为“无”。

7. 插入换行符

为段落添加换行符有以下 3 种方法。

(1)在“插入”面板的“文本”选项卡中，单击“字符”展开式工具按钮 BR，选择“换行符”按钮 BR，如图 2-68 所示。

(2)按 Shift+Enter 组合键。

(3)选择“插入>HTML>特殊字符>换行符”命令。

在文档中插入换行符的具体操作步骤如下。

STEP 1 打开一个网页文件，输入一段文字，如图 2-69 所示。

STEP 2 按 Shift＋Enter 组合键，光标换移到另一个段落，如图 2-70 所示。

图 2-68

图 2-69

图 2-70

STEP 3 按 Shift＋Ctrl＋Space 组合键，输入空格，输入文字，如图 2-71 所示。

STEP 4 使用相同的方法，输入换行符和文字，效果如图 2-72 所示。

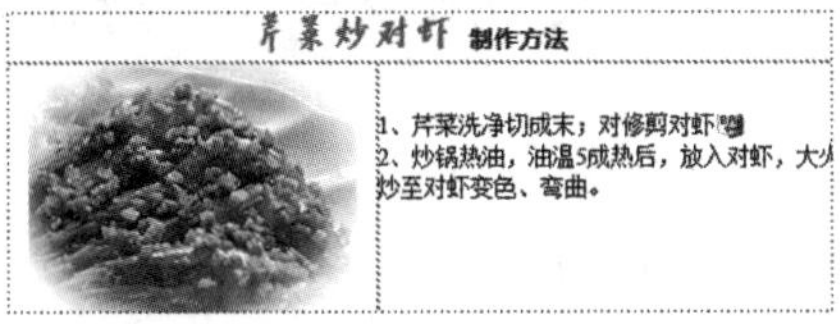

图 2-71

图 2-72

8. 设置项目符号或编号

通过“项目列表”按钮或“编号列表”按钮设置项目符号或编号的具体操作步骤如下。

STEP 1 选择段落。

STEP 2 在“属性”面板中，单击“编号列表”按钮或“项目列表”按钮，为文本添加项目编号或符号。设置项目符号和编号后的段落效果如图 2-73 所示。

通过“列表”命令设置项目符号或编号的具体操作步骤如下。

STEP 1 选择段落。

STEP 2 选择“格式>列表”命令，弹出其子菜单如图 2-74 所示，选择“项目列表”或“编号列表”命令。

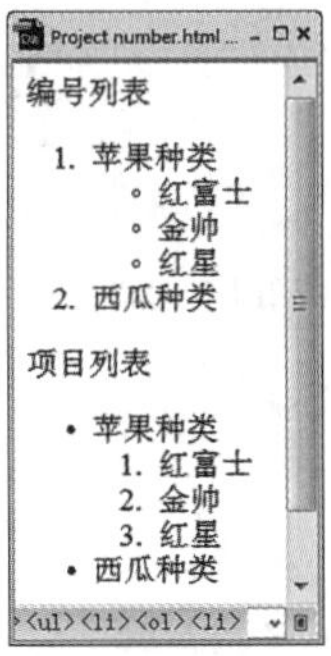

图 2-73

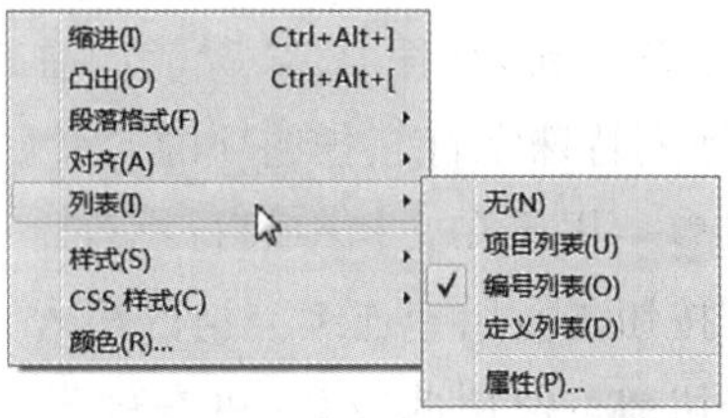

图 2-74

9. 修改项目符号或编号

(1)将插入点放在需要设置项目符号或编号的文本中。

(2)通过以下两种方法打开“列表属性”对话框。

① 单击“属性”面板中的“列表项目”按钮。

② 选择“格式>列表>属性”命令。

(3)在对话框中，先选择“列表类型”选项，确认是要修改项目符号还是编号，如图 2-75 所示。然后在“样式”下拉列表中选择相应的列表或编号的样式，如图 2-76 所示。单击“确定”按钮完成设置。

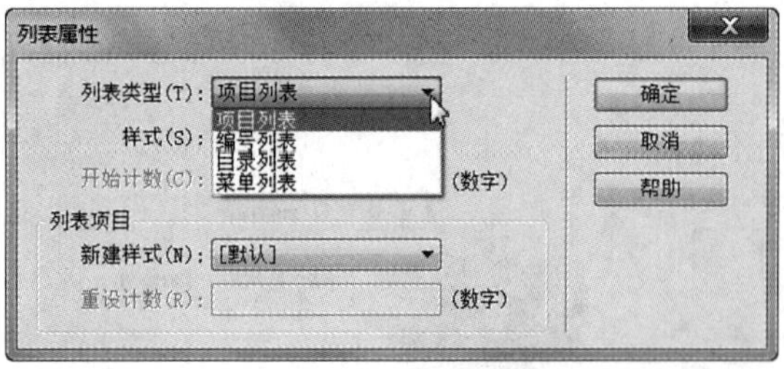

图 2-75

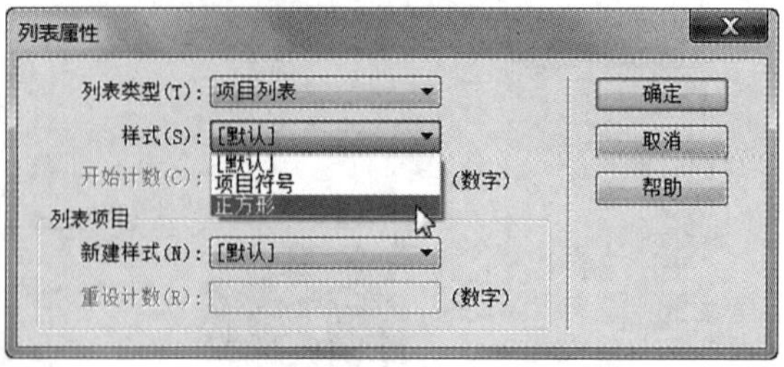

图 2-76

10. 设置文本缩进格式

设置文本缩进格式有以下 3 种方法。

(1)在“属性”面板中,单击“内缩区块”按钮或“删除内缩区块”按钮,使段落向右移动或向左移动。

(2)选择“格式>缩进”命令或“文本>凸出”命令,使段落向右移动或向左移动。

(3)按 Ctrl+Alt+]组合键或按 Ctrl+Alt+[组合键,使段落向右移动或向左移动。

11. 插入日期

(1)在文档窗口中,将插入点放在想要插入对象的位置。

(2)通过以下两种方法打开“插入日期”对话框。

① 在“插入”面板的“常用”选项卡中,单击“日期”按钮。

② 选择“插入>日期”命令。

对话框中包含“星期格式”“日期格式”“时间格式”“储存时自动更新”4 个选项。前 3 个选项用于设置星期、日期和时间的显示格式,后一个选项表示是否按系统当前时间显示日期时间。若选择此复选框,则显示当前的日期时间,否则仅按创建网页时的设置显示日期和时间。

(3)选择相应的日期和时间的格式,单击“确定”按钮完成设置。

12. 特殊字符

在网页中插入特殊字符有以下 4 种方法。

(1)单击“字符”展开式工具按钮。

(2)选择“插入”面板中的“文本”选项卡,单击“字符”展开式工具按钮,弹出 13 个特殊字符按钮,如图 2-77 所示。在其中选择需要的特殊字符工具按钮,即可插入特殊字符。各选项的含义如下。

- “换行符”按钮:用于在文档中强行换行。
- “不换行空格”按钮:用于连续空格的输入。
- “其他字符”按钮:使用此按钮,可在弹出的“插入其他字符”对话框中单击需要的字符,该字符的代码就会出现在“插入”文本框中;也可以直接在该文本框中输入字符代码,单击“确定”按钮,即可将字符插入文档中,如图 2-78 所示。

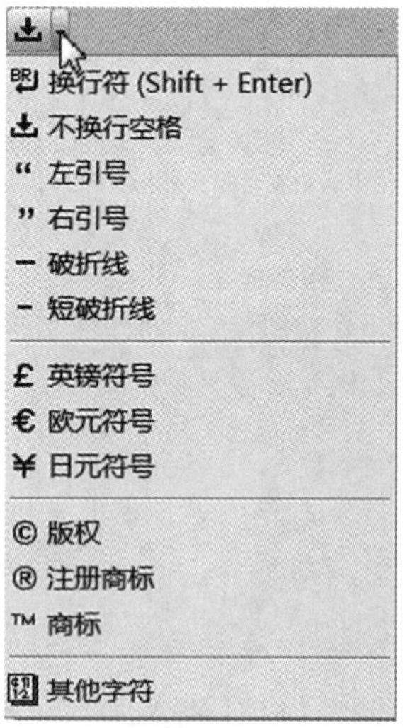

图 2-77

(3)选择“插入>HTML>特殊字符”命令。

(4)选择“插入>HTML>特殊字符”命令,在弹出的子菜单中选择需要的特殊字符,如图 2-79 所示。

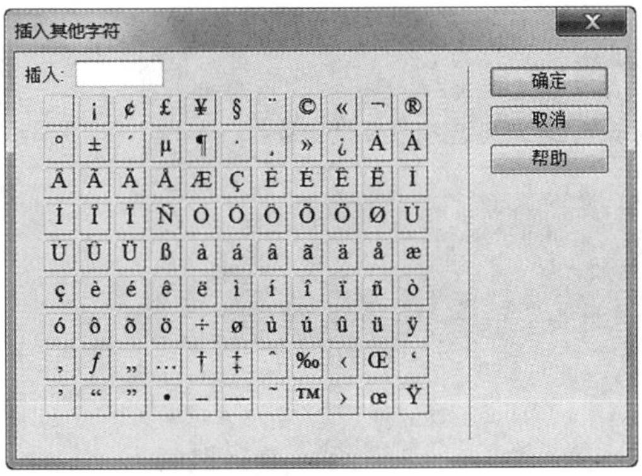

图 2-78

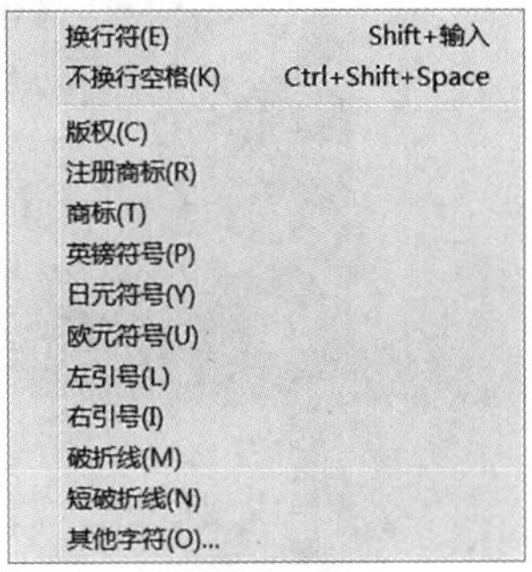

图 2-79

课堂演练——移动客户端网页

使用“项目列表”按钮，创建列表；使用“CSS 样式”命令，设置文字的样式。最终效果参看资源包中的“源文件\项目二\课堂演练　移动客户端网页\index.html”，如图 2-80 所示。

微视频

移动客户端网页

图 2-80

任务三　休闲度假网页

任务分析

度假村可以为大家提供一个亲近大自然的机会，人们在享受一系列贴心服务的同时，能够放松身心。设计本任务的网页时，要注意表现出度假的休闲娱乐项目，以吸引消费者。

设计理念

在网页设计和制作过程中，将沙滩和大海作为网页背景，简单大气，给人舒适休闲的印象。简单的文字介绍和实景图片的排列，为浏览者提供最简单、直观的信息介绍。画面清新，环境整洁，主题突出，使浏览者一目了然。最终效果参看资源包中的“源文件\项目二\任务三　休闲度假网页\index.html”，如图 2-81 所示。

图 2-81

微视频

休闲度假网页

任务实施

1. 插入水平线

STEP 1 选择“文件>打开”命令，在弹出的“打开”对话框中，选择资源包中的“素材文件\项目二\任务三　休闲度假网页\index. html”文件，单击“打开”按钮打开文件，如图 2-82 所示。将光标置于中图 2-83 所示的单元格中。

图 2-82

图 2-83

STEP 2 选择“插入>HTML>水平线”命令，插入水平线，效果如图 2-84 所示。选中水平线，在“属性”面板中，将“高”选项设置为 1，取消选择“阴影”复选框，如图 2-85 所示。水平线效果如图 2-86 所示。

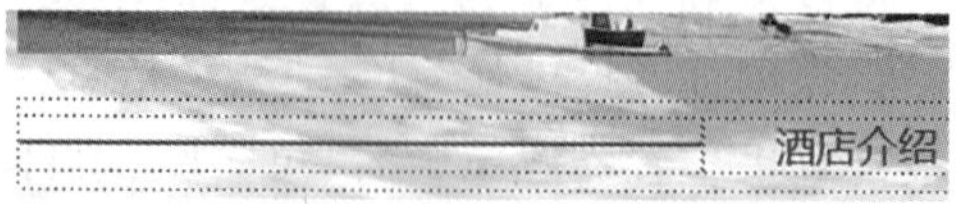

图 2-84

图 2-85

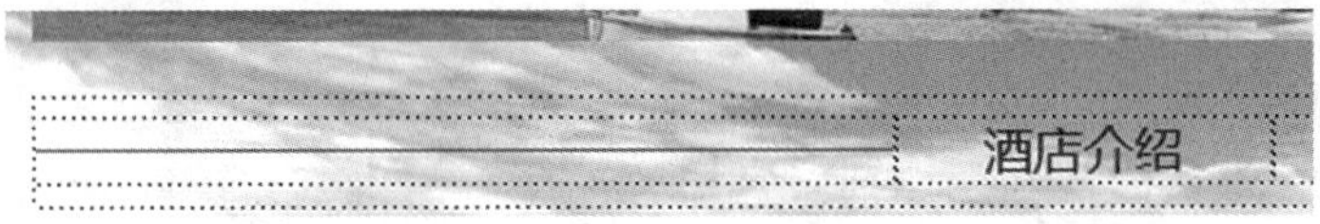

图 2-86

2.改变水平线的颜色

STEP 1 选中水平线，单击文档窗口左上方的“拆分”按钮 拆分 ，在“拆分”视图窗口中的“noshade”代码后面置入光标，按一次空格键，标签列表中出现了该标签的属性参数，在其中选择属性“color”，如图 2-87 所示。

STEP 2 插入属性后，在弹出的颜色面板中选择需要的颜色，如图 2-88 所示。标签效果如图 2-89 所示。

图 2-87

图 2-88

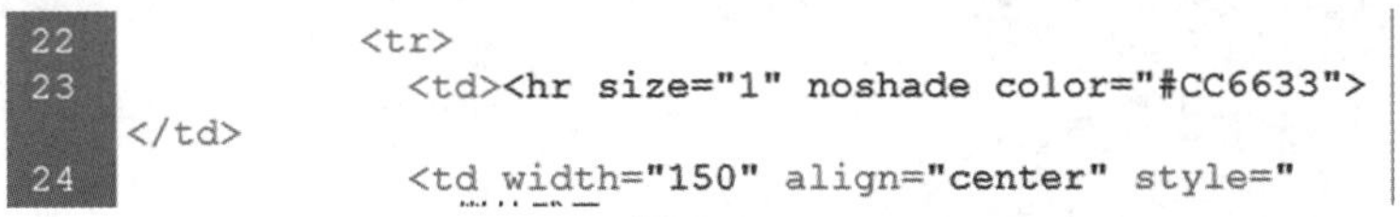

图 2-89

STEP 3 单击文档窗口左上方的“设计”按钮 设计 ，切换到“设计”视图中。用上述的方法制作出如图 2-90 所示的效果。

图 2-90

STEP 4 水平线的颜色不能在 Dreamweaver CS6 界面中确认。保存文档，按 F12 键预览，效果如图 2-91 所示。

图 2-91

知识讲解

1.水平线

分割线又叫作水平线，可以将文字、图像、表格等对象在视觉上分割开。一篇内容复杂的文档，如果合理地设置几条水平线，就会变得层次分明，便于阅读。

1)创建水平线

(1)选择“插入>HTML>水平线”命令。

(2)选择“插入”面板的“常用”选项卡，单击“水平线”按钮。

2)修改水平线

在文档窗口中选中水平线，选择“窗口>属性”命令，弹出“属性”面板，可以根据需要对属性进行修改，如图 2-92 所示。

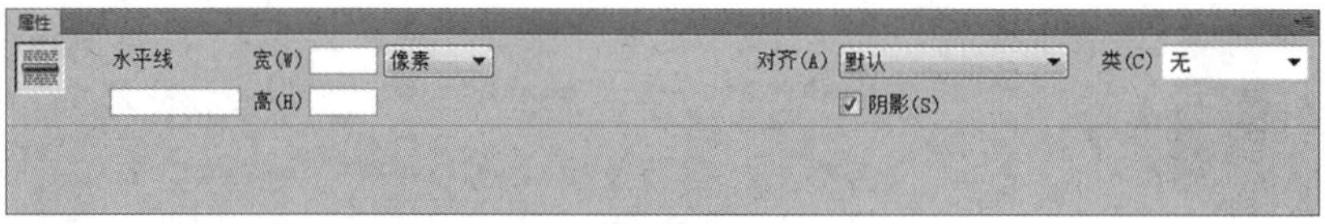

图 2-92

在“水平线”选项下方的文本框中输入水平线的名称。

在“宽”文本框中输入水平线的宽度值，其设置值可以是像素值，也可以是相对页面水平宽度的百分比值。

在“高”文本框中输入水平线的高度值，其设置值只能是像素值。

在“对齐”选项的下拉列表中，可以选择水平线在水平位置上的对齐方式，可以是“左对齐”“右对齐”或“居中对齐”，也可以选择“默认”选项，使用默认的对齐方式，一般为“居中对齐”。

如果勾选“阴影”复选框，水平线被设置为阴影效果。

2.显示和隐藏网格

使用网格可以更加方便地定位网页元素，在网页布局时网格也具有至关重要的作用。

1)显示和隐藏网格

选择“查看>网格设置>显示网格”命令，或按 Ctrl+Alt+G 组合键，此时处于显示网格的状态，网格在“设计”视图中可见，如图 2-93 所示。

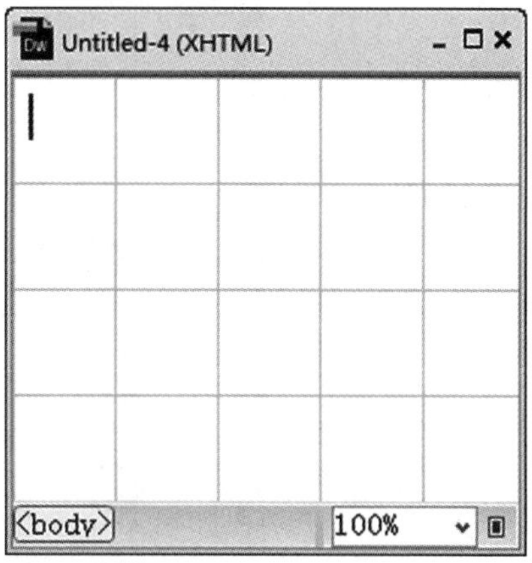

图 2-93

2)设置网页元素与网格对齐

选择“查看>网格设置>靠齐到网格”命令，或按 Ctrl+Alt+Shift+G 组合键，此时，无论网格是否可见，都可以让网页元素自动与网格对齐。

3)修改网格的疏密

选择“查看>网格设置”命令，弹出“网格设置”对话框，如图 2-94 所示。在“间隔”文本框中输入一个数字，并在右侧选项的下拉列表中选择间隔的单位，单击“确定”按钮关闭对话框，完成网格线间隔的修改。

4)修改网格线的形状和颜色

选择“查看>网格设置”命令，弹出“网格设置”对话框，在对话框中，先单击“颜色”按钮并从颜色拾取器中选取一种颜色，或者在文本框中输入一种颜色的十六进制值，然后单击“显示”选项组中的“线”或“点”单选按钮，如图 2-95 所示。最后单击“确定”按钮，完成网格线颜色和线型的修改。

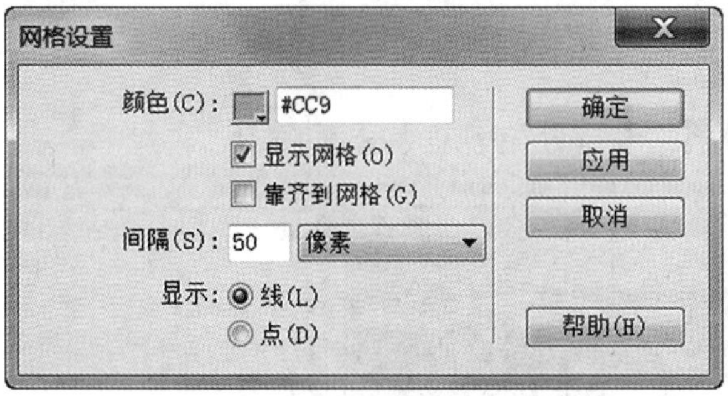

图 2-94

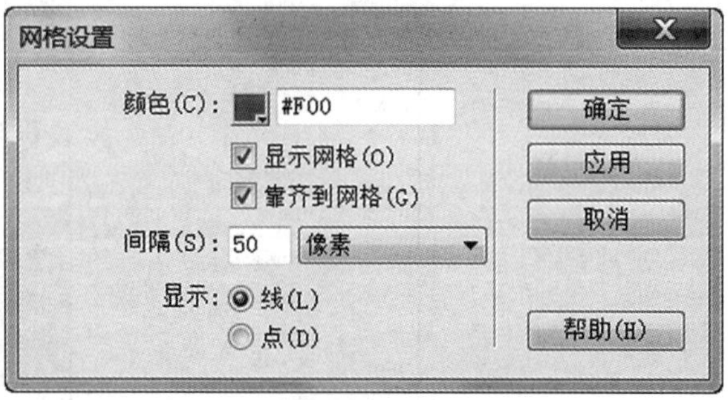

图 2-95

3.标尺

标尺显示在文档窗口的页面上方和左侧，用以标志网页元素的位置。标尺的单位分为像素、英寸和厘米。

1)在文档窗口中显示标尺

选择“查看>标尺>显示”命令，或按 Ctrl+Alt+R 组合键，此时标尺处于显示的状态，如图 2-96 所示。

2)改变标尺的计量单位

选择“查看>标尺”命令，在其子菜单中选择需要的计量单位，如图 2-97 所示。

3)改变坐标原点

单击文档窗口左上方的标尺交叉点，鼠标指针变为“+”形状，按住鼠标左键向右下方拖曳，如图 2-98 所示。在设置新坐标原点的地方释放鼠标，坐标原点将随之改变，如图 2-99 所示。

4)重置标尺的坐标原点

选择“查看>标尺>重设原点”命令，将坐标原点还原成(0,0)点，如图 2-100 所示。

图 2-96

图 2-97

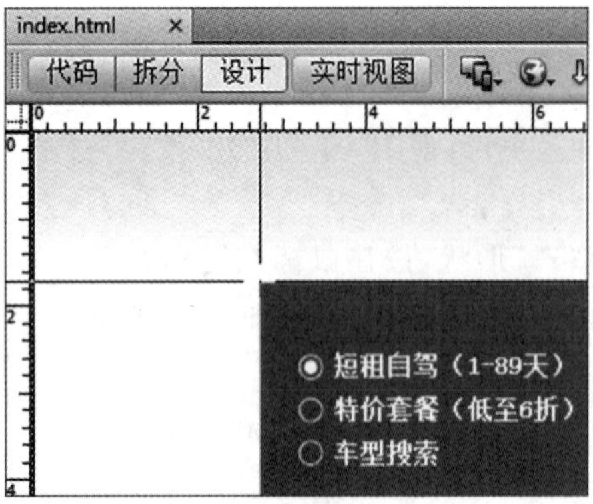

图 2-98

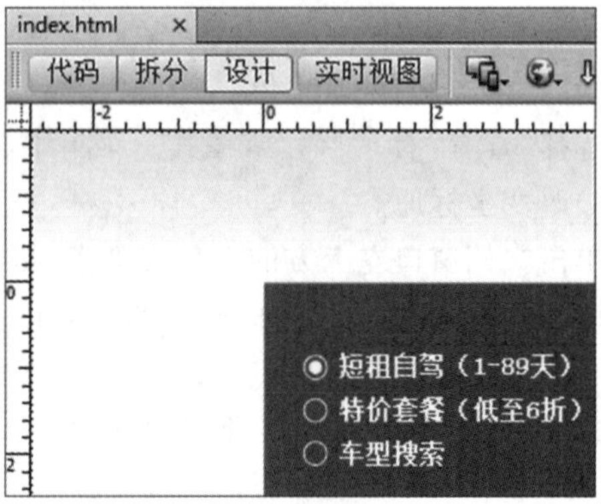

图 2-99

图 2-100

💡**提示**

将坐标原点还原到初始位置，还可以双击文档窗口左上方的标尺交叉点。

课堂演练——摄影艺术网页

★微视频

摄影艺术网页

使用“水平线”命令，在文档中插入水平线；使用“属性”面板，改变水平线的高度；使用代码改变水平线的颜色。最终效果参看资源包中的“源文件\项目二\课堂演练 摄影艺术网页\index.html”，如图 2-101 所示。

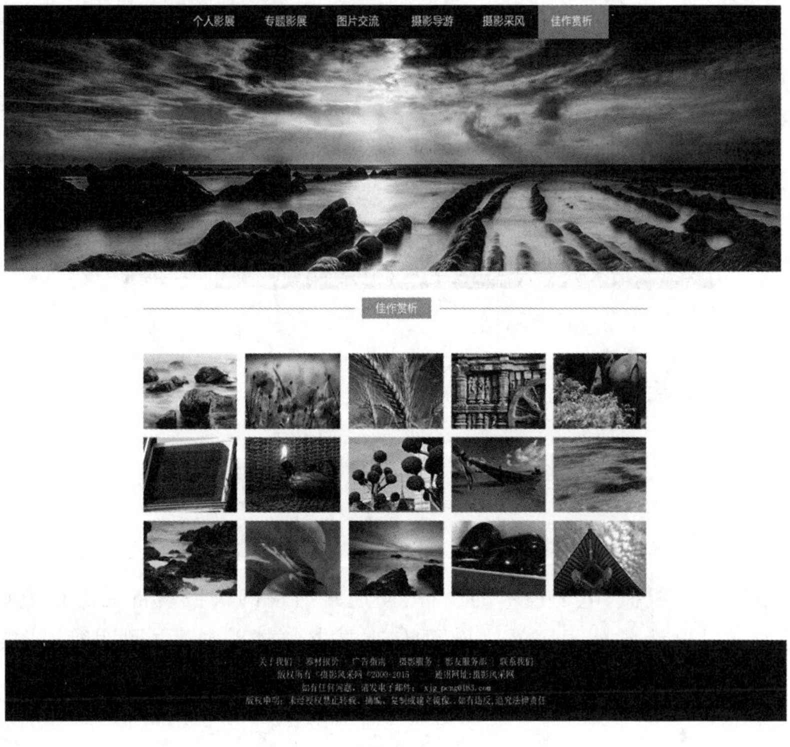

图 2-101

实战演练——电商网页

案例分析

随着人们生活品质的提升，对用户体验的需求越来越高，网站信息页也是用户反馈的途径之一。本案例是设计某电商网页，要求网页为卡通风格，用色简洁，主题明确，能突出其电商的主要信息。

设计理念

在网页设计和制作过程中，以大色块的多边形为装饰，整个画面清新整洁，典雅舒适。黑色的导航设计简洁美观，更方便浏览者查阅。整体设计风格具有卡通手绘的特色，精致并且时尚。

制作要点

使用“页面属性”命令，设置页面的边距、网页标题效果；使用“首选参数”命令，设置允许输入多个连续空格；使用“CSS 样式”命令，设置文字的颜色。最终效果参看资源包中的“源文件\项目二\实战演练　电商网页\index. html”，如图 2-102 所示。

图 2-102

微视频

电商网页

实战演练——机电设备公司网页

案例分析

机电设备是指应用了机械、电子技术的设备，而通常所说的机械设备又是机电设备最重要的组成部分。本例是设计机电设备公司网站。网页设计要求结构简洁，主题明确，能突出其商业化的特点。

设计理念

网页设计使用蓝色的渐变背景体现低调的品质感；网页的中心图片显示了公司的科技感和技术能力，独具创意，并与网页的主题相呼应；简洁明确的白色文字清晰醒目，让人一目了然；整个页面简洁美观，体现了公司人员认真、积极的工作态度。

制作要点

使用“页面属性”命令，设置页面边距和标题；使用输入文本的方法输入文字；使用“CSS 样式”命令，设置文字的大小和颜色。最终效果参看资源包中的“源文件\项目二\实战演练　机电设备网页\index.html”，如图 2-103 所示。

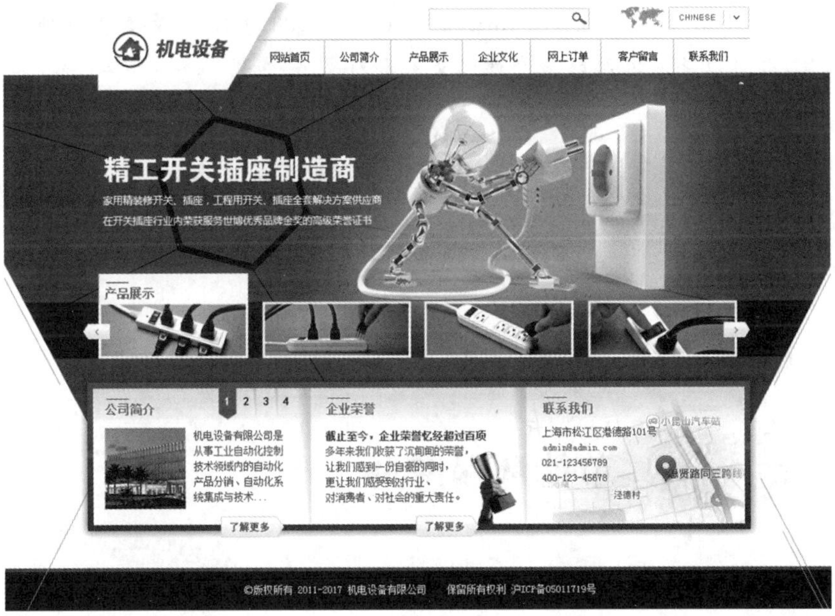

图 2-103

微视频

机电设备网页

项目三

图像和多媒体

图像和多媒体在网页设计中是非常重要的，图像、按钮、标记和多媒体元素的合理使用可以使网页外观更加美观大方，内容更加丰富多彩。在 Dreamweaver CS6 中，用户可以方便快捷地向 Web 站点添加声音和影片媒体，并可以导入和编辑多个媒体文件和对象。

项目目标

- 插入图像
- 熟悉多媒体在网页中的应用
- 插入动画

任务一 节能环保网页

任务分析

倡导节能减排，鼓励新能源开发，是现代生态文明建设的发展趋势。我们要提高节能环保意识，减少能源浪费。网页设计和制作上要表现出节能环保的特色。

设计理念

在网页设计和制作过程中，使用风力发电机和儿童图片，展现网页设计的主题。蓝天和草地的背景，让人心旷神怡，感受大自然的清新，营造出人与自然和谐共处的氛围。上方的导航设计简洁清晰，给人干净利落的印象。下方的色块与文字搭配适宜，让人一目了然。网页整体设计主题突出，让人印象深刻。最终效果参看资源包中的“源文件\项目三\任务一　节能环保网页\index. html”，如图 3-1 所示。

图 3-1

★ 微视频

节能环保网页

任务实施

STEP 1 选择“文件>打开”命令，在弹出的“打开”对话框中，选择资源包中的“素材文件\项目三\任务一　节能环保网页\index.html”文件，单击“打开”按钮打开文件，如图 3-2 所示。

STEP 2 将光标置于如图 3-3 所示的单元格中，单击“插入”面板“常用”选项卡中的“图像”按钮，在弹出的“选择图像源文件”对话框中，选择资源包中的“素材文件\项目三\任务一　节能环保网页\images”文件夹中的“img_1.png”文件，单击“确定”按钮插入图片，如图 3-4 所示。

图 3-2

图 3-3

图 3-4

STEP 3 将光标置于如图 3-5 所示的单元格中，将资源包中的“素材文件\项目三\任务一　节能环保网页\images”文件夹中的图片“img_2.png”插入该单元格中，效果如图 3-6 所示。

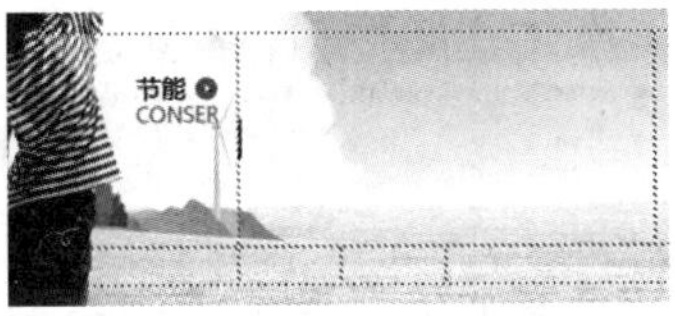

图 3-5

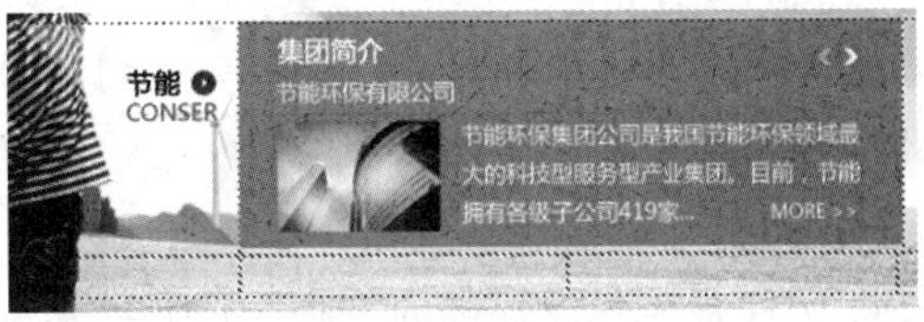

图 3-6

STEP 4 使用相同的方法，将“img_3.png”“img_4.png”“img_5.png”和“img_6.png”图片插入其他单元格中，效果如图 3-7 所示。

STEP 5 保存文档，按 F12 键预览效果，如图 3-8 所示。

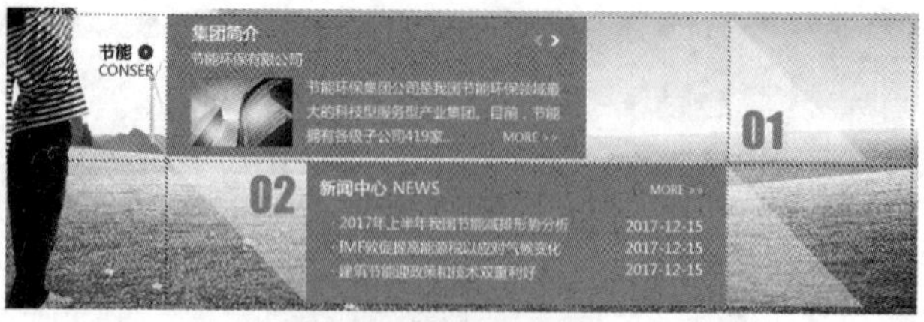

图 3-7

图 3-8

知识讲解

1.网页中的图像格式

网页中通常使用的图像文件有 JPEG、GIF、PNG 三种格式，但大多数浏览器只支持 JPEG、GIF 两种图像格式。因为要保证浏览者下载网页的速度，所以网站设计者也常使用 JPEG 和 GIF 这两种压缩格式的图像。

1)GIF 文件

GIF 文件是网络中常见的图像格式，其具有如下特点。

(1)最多可以显示 256 种颜色，最适合显示色调不连续或具有大面积单一颜色的图像，如导航条、按钮、图标、徽标或其他具有统一色彩和色调的图像。

(2)使用无损压缩方案，图像在压缩后不会有细节的损失。

(3)支持透明的背景，可以创建带有透明区域的图像。

(4)是交织文件格式，在浏览器完成下载图像之前，浏览者即可看到该图像。

(5)图像格式的通用性好，几乎所有的浏览器都支持此图像格式，并且有许多免费软件支持 GIF 图像文件的编辑。

2)JPEG 文件

JPEG 文件是为图像提供的一种“有损耗”压缩的图像格式，其具有如下特点。

(1)具有丰富的色彩，最多可以显示 1 670 万种颜色。

(2)使用有损压缩方案，图像在压缩后会有细节上的损失。

(3)JPEG 格式的图像比 GIF 格式的图像小，因而下载速度更快。

(4)图像边缘的细节损失严重，因而不适合包含鲜明对比的图像或文本的图像。

3)PNG 文件

PNG 文件是专门为网络准备的图像格式，其具有如下特点。

(1)具有丰富的色彩，最多可以显示 1 670 万种颜色。

(2)使用新型的无损压缩方案，图像在压缩后不会有细节上的损失。

(3)图像格式的通用性差。IE4.0 或更高版本和 Netscape 4.04 或更高版本的浏览器都只能部分支持 PNG 图像的显示。因此，只有在为特定的目标用户进行设计时，才使用 PNG 格式的图像。

2.插入图像

在 Dreamweaver CS6 文档中插入的图像必须位于当前站点文件夹或远程站点文件夹内，否则图像不能正确显示。因此在建立站点时，要先创建一个命名为“image”的文件夹，并将需要的图像复制到其中。

在网页中插入图像的具体操作步骤如下。

STEP 1 在文档窗口中，将光标放置在要插入图像的位置。

STEP 2 通过以下两种方法启用“图像”命令，弹出“选择图像源文件”对话框，如图 3-9 所示。

图 3-9

(1)在“插入”面板的“常用”选项卡中，单击“图像”展开式工具按钮上的黑色三角形，在下拉菜单中选择“图像”选项。

(2)选择“插入>图像”命令，或按 Ctrl+Alt+I 组合键。

STEP 3 在对话框中选择图像文件，单击“确定”按钮完成设置。

3.设置图像属性

插入图像后，在“属性”面板中显示该图像的属性，如图 3-10 所示。下面介绍各选项的含义。

图 3-10

- “源文件”选项：指定图像的源文件。
- “链接”选项：指定单击图像时要显示的网页文件。
- “替换”选项：指定文本，在浏览设置为手动下载图像前，用它来替换图像的显示。在某些浏览器中，当鼠标指针滑过图像时也会显示替代文本。
- “编辑”按钮：启动外部图像编辑器，编辑选中的图像。

● “编辑图像设置”按钮：弹出“图像预览”对话框，在对话框中对图像进行设置。

● “裁剪”按钮：修剪图像的大小。

● “重新取样”按钮：对已调整过大小的图像进行重新取样，以提高图片在新的大小和形状下的品质。

● “亮度和对比度”按钮：调整图像的亮度和对比度。

● “锐化”按钮：调整图像的清晰度。

● “宽”和“高”选项：以像素为单位设定图像的宽度和高度。这样做虽然可以缩放图像的显示大小，但不会缩短下载时间，因为浏览器在缩放图像前会下载所有图像数据。

● “类”选项：为图像添加 CSS 样式效果。

● “地图”和“指针热点工具”选项：用于设置图像的热点链接。

● “目标”选项：指定链接页面应该在其中载入的框架或窗口。

● “原始”选项：为了节省浏览者浏览网页的时间，可通过此选项指定在载入主图像之前可快速载入的低品质图像。

4. 插入图像占位符

在网页布局时，网站设计者需要先设计图像在网页中的位置，等设计方案通过后，再将这个位置变成具体图像。Dreamweaver CS6 拥有的“图像占位符”功能，可满足上述需求。

在网页中插入图像占位符的具体操作步骤如下。

STEP 1 在文档窗口中，将光标放置在要插入占位符图形的位置。

STEP 2 通过以下两种方法启用“图像占位符”命令，弹出“图像占位符”对话框，效果如图 3-11 所示。

(1)在“插入”面板的“常用”选项卡中，单击“图像”展开式工具按钮，选择“图像占位符”选项。

(2)选择“插入>图像对象>图像占位符”命令。

STEP 3 在“图像占位符”对话框中，按需要设置图像占位符的大小和颜色，并为图像占位符提供文本标签，单击“确定”按钮完成设置，效果如图 3-12 所示。

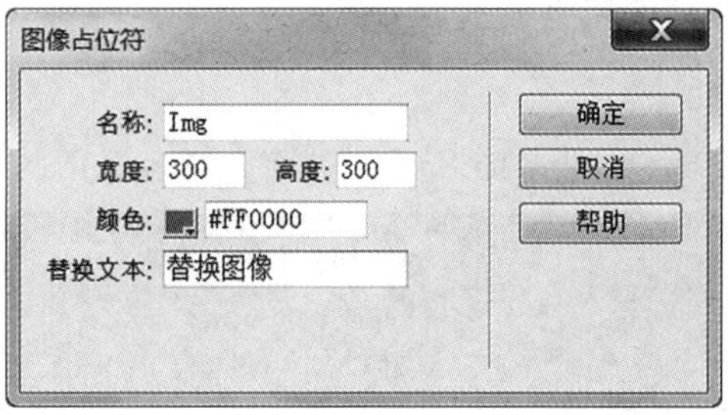

图 3-11

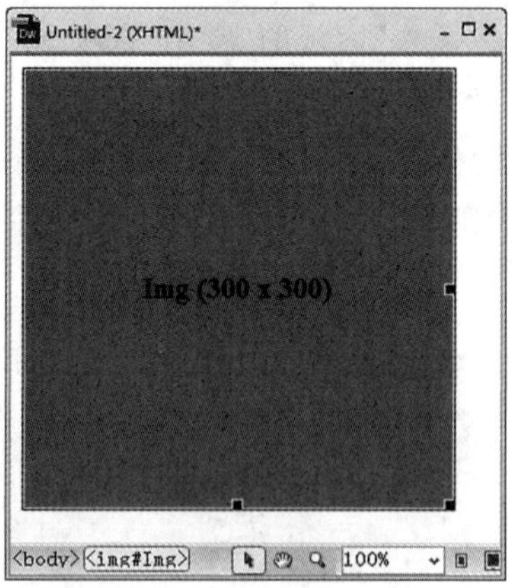

图 3-12

5. 跟踪图像

在工程设计过程中，一般先在图像处理软件中勾画出工程蓝图，然后在此基础上反复修改，最终得到一幅完美的设计图。制作网页时也应采用工程设计中的方法，先在图像处理软件中绘制网页的蓝图，将其添加到网页的背景中，等网页制作完毕后，再将蓝图删除。Dreamweaver CS6 的“跟踪图像”功能可用于实现上述网页设计的方式。

设置网页蓝图的具体操作步骤如下。

STEP 1 在图像处理软件中绘制网页的设计蓝图，如图 3-13 所示。

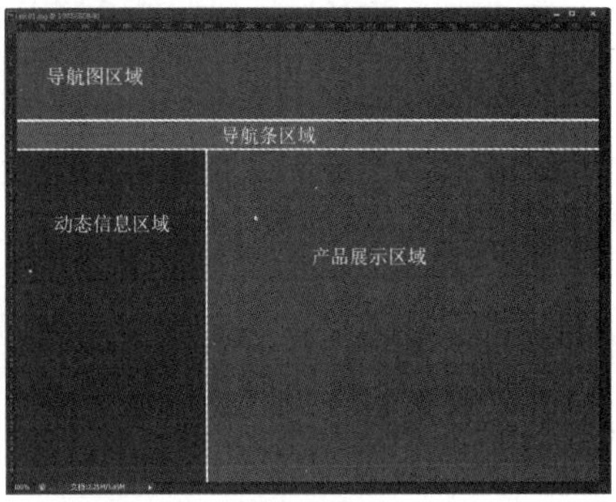

图 3-13

STEP 2 选择“文件>新建”命令，新建文档。

STEP 3 选择“修改>页面属性”命令，弹出“页面属性”对话框，在“分类”列表中选中“跟踪图像”选项，单击“浏览”按钮，在弹出的“选择图像源文件”对话框中找到步骤 1 中设计蓝图的保存路径，如图 3-14 所示。

STEP 4 在“页面属性”对话框中调节“透明度”选项的滑块，使图像呈半透明状态，效果如图 3-15 所示。单击“确定”按钮完成设置。

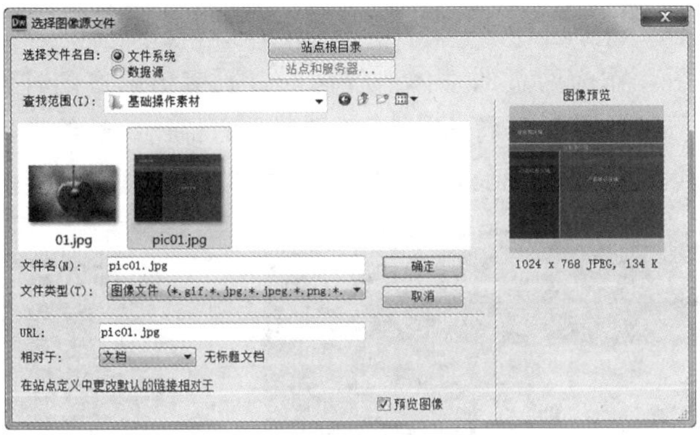

图 3-14

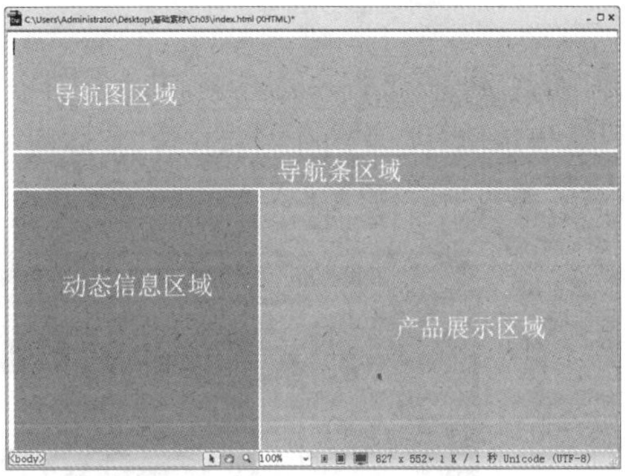

图 3-15

课堂演练——时尚先生网页

使用“图像”按钮，插入图像。最终效果参看资源包中的“源文件\项目三\课堂演练　时尚先生网页\index.html”，如图 3-16 所示。

微视频

时尚先生网页

图 3-16

任务二　现代木工网页

任务分析

木工是一门工艺，也是建筑中常用的技术。在进行网页设计时需将一系列功能有机结合起来以满足用户要求。网页的设计和制作要表现出现代木工的特色。

设计理念

在网页设计和制作过程中，用拍摄的木工图片作为网页的主体。红白的背景突出前方的宣传主体，展示出对行业的介绍和宣传，整体网页设计简洁明快，符合现代木工行业的特色。最终效果参看资源包中的“源文件\项目三\任务二　现代木工网页\index.html”，如图 3-17 所示。

微视频

现代木工网页

图 3-17

任务实施

STEP 1 选择“文件>打开”命令，在弹出的“打开”对话框中，选择资源包中的“素材文件\项目三\任务二　现代木工网页\index.html”文件，单击“打开”按钮打开文件，如图 3-18 所示。将光标置于如图 3-19 所示的单元格中。

STEP 2 单击“插入”面板“常用”选项卡中的“媒体：SWF”按钮，在弹出的“选择文件”对话框中，选择资源包中的“素材文件\项目三\任务二　现代木工网页\images\MG.swf”，单击两次“确定”按钮，完成 Flash 动画的插入，效果如图 3-20 所示。

图 3-18

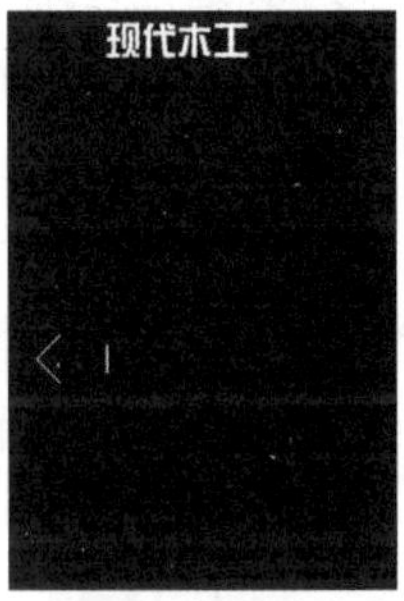

图 3-19

STEP 3 选中插入的 Flash 动画，单击“属性”面板中的“播放”按钮 播放 ，在文档窗口中预览效果，如图 3-21 所示。单击“属性”面板中的“停止”按钮 停止 ，停止播放动画。

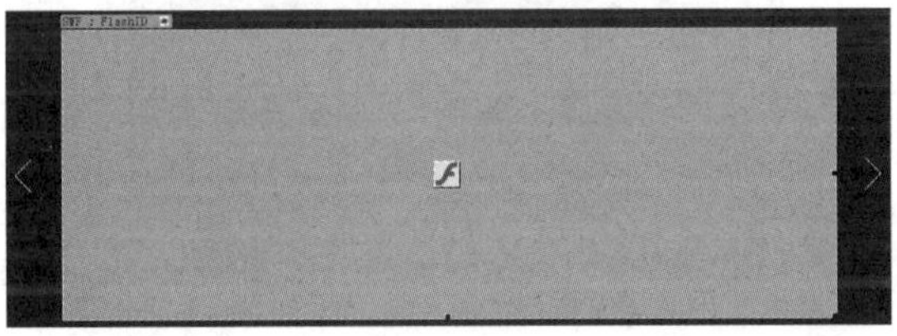

图 3-20

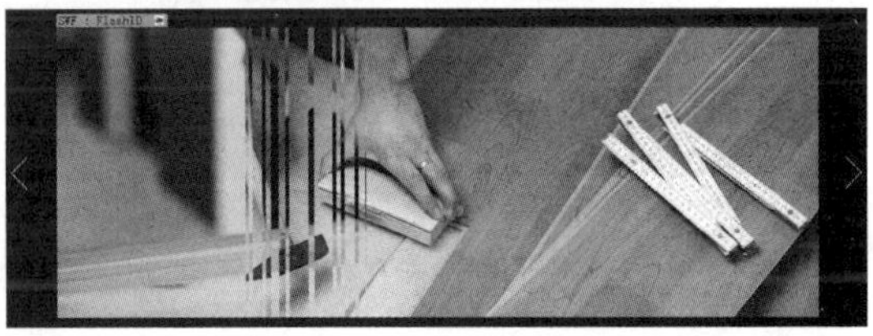

图 3-21

STEP 4 保存文档，按 F12 键预览效果，如图 3-22 所示。

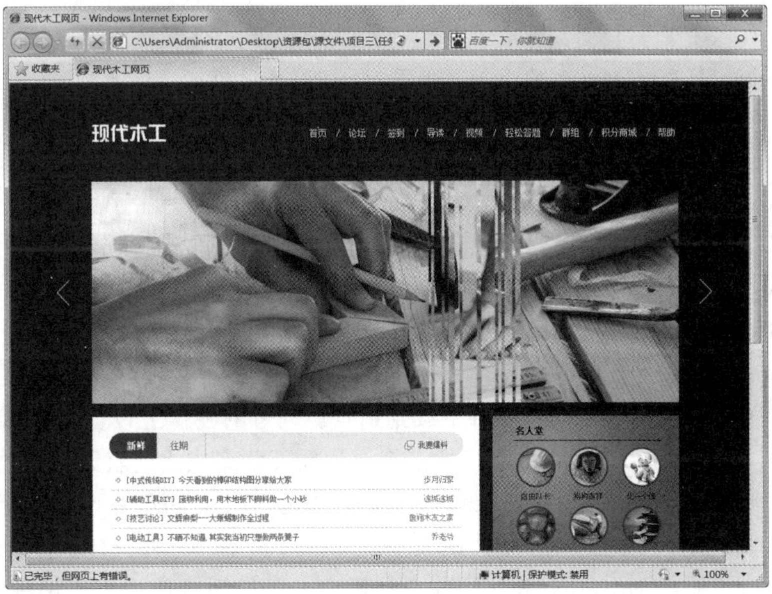

图 3-22

知识讲解

1. 插入 Flash 动画

Dreamweaver CS6 拥有使用 Flash 对象的功能，虽然 Flash 中使用的文件类型有 Flash 源文件(.fla)、Flash SWF 文件(.swf)和 Flash 模板文件(.swt)，但 Dreamweaver CS6 只支持 Flash SWF 文件，因为它是 Flash 文件的压缩版本，已进行了优化，便于在网页查看。

在网页中插入 Flash 动画的具体操作步骤如下。

STEP 1 在文档窗口的“设计”视图中，将光标放置在想要插入影片的位置。

STEP 2 通过以下两种方法启用“Flash”命令。

(1)在“插入”面板的“常用”选项卡中，单击“媒体”展开式工具按钮，选择 Flash 选项。

(2)选择“插入>媒体>SWF”命令，或按 Ctrl+Alt+F 组合键。

STEP 3 弹出“选择 SWF”对话框，选择一个扩展名为.swf 的文件，如图 3-23 所示。单击“确定”按钮完成设置。此时，Flash 占位符出现在文档窗口中，如图 3-24 所示。

图 3-23

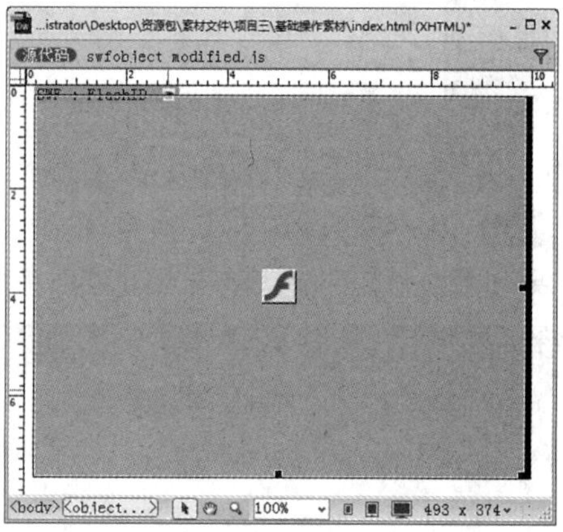

图 3-24

STEP 4 选中文档窗口中的 Flash 对象，在“属性”面板中单击“播放”按钮 播放 ，测试效果。

> **提示**
>
> 当网页中包含两个及以上的 Flash 动画时，要预览所有的 Flash 内容，可以按 Ctrl+Alt+Shift+P 组合键。

2. 插入 FLV

在网页中可以轻松地添加 FLV 视频，而无须使用 Flash 创作工具。但在操作之前必须有一个经过编码的 FLV 文件。使用 Dreamweaver CS6 中插入一个显示 FLV 文件的 SWF 组件，当在浏览器中查看时，此组件显示所选的 FLV 文件以及一组播放控件。

Dreamweaver CS6 提供了以下选项，用于将 FLV 视频传送给站点访问者。

“累进式下载视频”选项：将 FLV 文件下载到站点访问者的硬盘上，然后进行播放。但是，与传统的“下载并播放”视频传送方法不同，累进式下载允许在下载完成之前就开始播放视频文件。

“流视频”选项：对视频内容进行流式处理，并在很短的缓冲时间后在网页上流畅播放该内容。若要在网页上启用流视频，必须具有访问 Adobe Flash Media Server 的权限，必须有一个经过编码的 FLV 文件，然后才能在 Dreamweaver CS6 中使用它。可以插入使用以下两种编解码器(压缩/解压缩技术)创建的视频文件：Sorenson Squeeze 和 On2。

与常规 SWF 文件一样，在插入 FLV 文件时，Dreamweaver CS6 将检测用户是否拥有可查看视频的 Flash Player 正确版本的代码。如果用户没有正确版本的代码，页面将显示替代内容，提示用户下载最新版本的 Flash Player。

若要查看 FLV 文件，用户的计算机上必须安装 Flash Player 10 或更高版本。如果用户没有安装所需的 Flash Player 版本，但安装了 Flash Player 6.0 或更高版本，浏览器将显示 Flash Player 快速安装程序，而非替代内容。如果用户拒绝快速安装，页面会显示替代内容。

在网页中插入 FLV 对象的具体操作步骤如下。

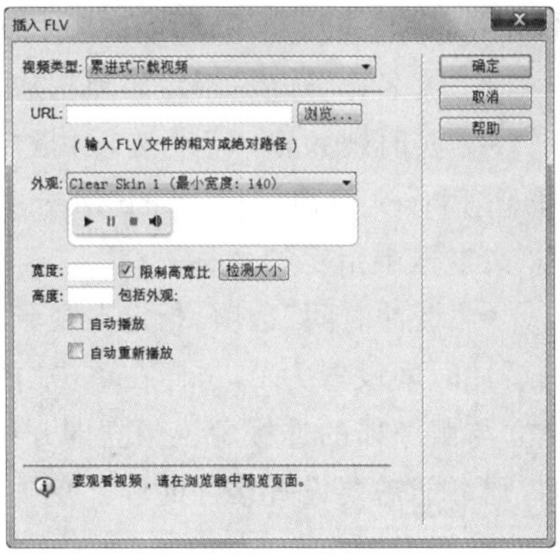

图 3-25

STEP 1 在文档窗口的“设计”视图中，将插入点放置在想要插入 FLV 的位置。

STEP 2 通过以下几种方法启用“FLV”命令，弹出“插入 FLV”对话框，如图 3-25 所示。

(1)在“插入”面板“常用”选项卡中，单击“媒体”展开式工具按钮，选择 FLV 选项。

(2)选择“插入>媒体>FLV”命令。

STEP 3 在“插入 FLV”对话框中，单击“浏览”按钮 浏览...，弹出“选择 FLV”对话框，选择一个扩展名为.flv 的文件，如图 3-26 所示。单击“确定”按钮，返回“插入 FLV”对话框，设置相应的选项，单击“确定”按钮。此时，FLV 占位符出现在文档窗口中，如图 3-27 所示。

图 3-26

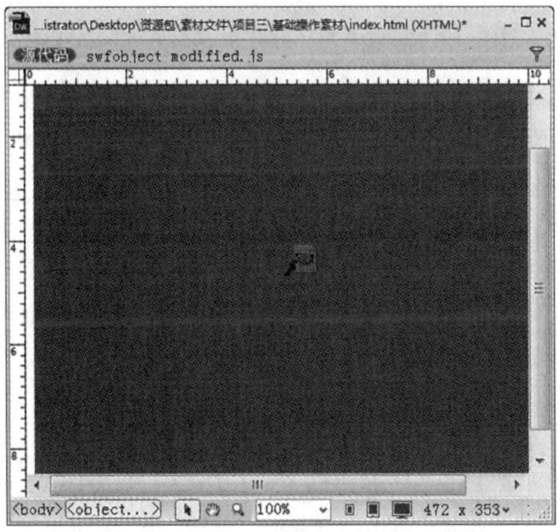

图 3-27

设置“累进式下载视频”选项作用如下。

- “URL”选项：指定 FLV 文件的相对路径或绝对路径。若要指定相对路径（例如，mypath/myvideo.flv），则单击“浏览”按钮，导航到 FLV 文件并将其选定。若要指定绝对路径，则输入 FLV 文件的 URL，如 http://www.example.com/myvideo.flv。
- “外观”选项：指定视频组件的外观。所选外观的预览会显示在“外观”弹出菜单的下方。
- “宽度”选项：以像素为单位指定 FLV 文件的宽度。若要让 Dreamweaver CS6 确定 FLV 文件的准确宽度，则单击“检测大小”按钮。如果 Dreamweaver CS6 无法确定宽度，则必须输入宽度值。
- “高度”选项：以像素为单位指定 FLV 文件的高度。若要让 Dreamweaver CS6 确定 FLV 文件的准确高度，则单击“检测大小”按钮。如果 Dreamweaver CS6 无法确定高度，则必须输入高度值。

提示

“包括外观”是 FLV 文件的宽度和高度与所选外观的宽度和高度相加得出的和。

● “限制高宽比”复选框：保持视频组件的宽度和高度之间的比例不变。默认情况下会选择此选项。

● “自动播放”复选框：指定在页面打开时是否播放视频。

● “自动重新播放”复选框：指定播放控件在视频播放完之后是否返回起始位置。

设置“流视频”选项的作用如下。

● “服务器 URI ”选项：以 rtmp://www.example.com/app_name/instance_name 的形式指定服务器名称、应用程序名称和实例名称。

● “流名称”选项：指定想要播放的 FLV 文件的名称(如 myvideo.flv)。扩展名 .flv 是可选的。

● “实时视频输入”复选框：指定视频内容是否是实时的。如果选择了“实时视频输入”，则 Flash Player 将播放从 Flash Media Server 流入的实时视频流。实时视频输入的名称是在“流名称”文本框中指定的名称。

● “缓冲时间”选项：指定在视频开始播放之前进行缓冲处理所需的时间(以秒为单位)。默认的缓冲时间设置为 0，这样在单击“播放”按钮后视频会立即开始播放(如果选择“自动播放”，则在建立与服务器的连接后视频立即开始播放)。如果要发送的视频比特率高于站点访问者的连接速度，则可能需要设置缓冲时间。例如，如果要在网页播放视频之前将 15s 的视频发送到网页，应将缓冲时间设置为 15s。

3.插入 Shockwave 影片

Shockwave 是网页上用于交互式多媒体的 Macromedia 标准，是一种经压缩的格式。它使得在 Macromedia Director 中创建的多媒体文件能够被快速下载，而且可以在大多数常用浏览器中进行播放。

在网页中插入 Shockwave 影片的具体操作步骤如下。

STEP① 在文档窗口的“设计”视图中，将光标放置在想要插入 Shockwave 影片的位置。

STEP② 通过以下两种方法选择 Shockwave 命令。

(1)在“插入”面板的“常用”选项卡中，单击“媒体”展开式工具按钮，选择 Shockwave 选项。

(2)选择“插入>媒体>Shockwave”命令。

STEP③ 在弹出的“选择文件”对话框中选择一个影片文件，如图 3-28 所示。单击“确定”按钮完成设置。此时，Shockwave 影片的占位符出现在文档窗口中，选择文档窗口中的 Shockwave 影片占位符，在“属性”面板中修改“宽”和“高”的值，来设置影片的宽度和高度。保存文档，按 F12 键预览效果，如图 3-29 所示。

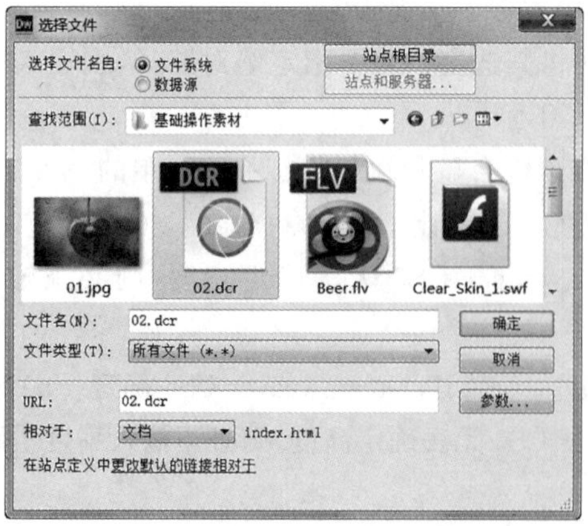

图 3-28

图 3-29

4. 影片插入 Applet 程序

Applet 是用 Java 编程语言开发的、可嵌入网页中的小型应用程序。Dreamweaver CS6 拥有将 Java Applet 插入 HTML 文档中的功能。

在网页中插入 Java Applet 程序的具体操作步骤如下。

STEP 1 在文档窗口的“设计”视图中，将光标放置在想要插入 Applet 程序的位置。

STEP 2 通过以下两种方法选择 Applet 命令。

(1)在“插入”面板的“常用”选项卡中，单击“媒体”展开式工具按钮，选择 Applet 选项。

(2)选择“插入>媒体>Applet”命令。

STEP 3 在弹出的“选择文件”对话框中选择一个 Java Applet 程序文件，单击“确定”按钮完成设置。

5. 插入 ActiveX 控件

ActiveX 控件也称 OLE 控件。它是可以充当浏览器插件的可重复使用的组件，有些像微型的应用程序。ActiveX 控件只在 Windows 系统上的 Internet Explorer 中运行。Dreamweaver CS6 中的 ActiveX 对象可为用户的浏览器中的 ActiveX 控件提供属性和参数。

在网页中插入 ActiveX 控件的具体操作步骤如下。

STEP 1 在文档窗口的“设计”视图中，将光标放置在想要插入 ActiveX 控件的位置。

STEP 2 通过以下两种方法选择 ActiveX 命令，插入 ActiveX 控件。

(1)在“插入”面板的“常用”选项卡中，单击“媒体”展开式工具按钮，选择 ActiveX 选项。

(2)选择“插入记录>媒体>ActiveX”命令。

STEP 3 选中文档窗口中的 ActiveX 控件，在“属性”面板中单击“播放”按钮 播放 测试效果。

课堂演练——五谷杂粮网页

使用 Flash SWF 按钮，为网页文档插入 Flash 动画效果；使用“播放”按钮，在文档窗口中预览效果。最终效果参看资源包中的“源文件\项目三\课堂演练　五谷杂粮网页\index. html”，如图 3-30 所示。

★ 微视频

五谷杂粮网页

图 3-30

实战演练——智慧理财网页

案例分析

理财是针对个人财产或家庭财产的经营，其目的不在于赚很多的钱，而在于使将来的生活有保障或生活得更好，所以正确理财对于未来很重要。网页设计要求体现出理财平台所提供的在线产品及各类理财服务，可以让用户对理财平台有清楚的认识。

设计理念

在网页设计和制作过程中，背景使用专业的理财服务人员工作照，体现出平台专业的服务水平和严谨的工作态度。上方的导航设计简洁清晰，给人干净利落的印象。下方的图形与文字搭配适宜，让人一目了然，给用户安全、踏实的感受；网页整体设计主题明确，让人印象深刻。

制作要点

使用“图像”按钮，插入图像；使用“CSS 样式”命令，设置图像的边距。最终效果参看资源包中的“源文件\项目三\实战演练　智慧理财网页\index. html”，如图 3-31 所示。

★ 微视频

智慧理财网页

图 3-31

实战演练——房源网页

案例分析

房源网是当下房地产行业的一种线上运营模式，它不仅有新房出售的内容，而且包括房屋装修、装饰，以及二手房的出售出租情况。设计要求网页风格简洁，并且着重内容的宣传。

设计理念

在网页设计和制作过程中，棕色的背景给人安心舒适的感觉，大气的图文搭配使网页更具质感，细致全面的图文信息更加体现了网站周到的服务；简洁清晰的导航设计更便于人们浏览；整体风格具有商业气息，让人耳目一新。

制作要点

使用 SWF 按钮，为网页文档插入 Flash 动画效果；使用“属性”面板，设置动画背景透明效果；使用“播放”按钮，在文档窗口中预览效果。最终效果参看资源包中的“源文件\项目三\实战演练房源网页\index. html”，如图 3-32 所示。

图 3-32

微视频

房源网页

项目四
超　链　接

网络中的每个网页都是通过超链接的形式关联在一起的。超链接是网页中最重要、最根本的元素之一。浏览者可以通过鼠标单击网页中的某个元素，轻松跳转网页、下载文件或收发邮件等。要实现超链接，还要了解链接路径的知识。

项目目标

- 创建文本超链接
- 命名锚记超链接
- 创建图像超链接
- 创建热点链接

任务一　建筑模型网页

任务分析

建筑模型以其特有的形象性表现出设计方案的空间效果，可以直观地体现设计意图，弥补平面图纸在表现上的局限性。现在建筑模型已被广泛应用于国内外建筑、规划或展览等方面。建筑模型网页设计要求具有现代感与艺术感。

设计理念

在网页设计和制作过程中，使用实景照片作为网站背景，能够更加突出网页宣传的主体；模型在画面中占有重要位置，使浏览者一目了然，色彩搭配柔和时尚；整体设计时尚前卫，符合行业特色。最终效果参看资源包中的“源文件\项目四\任务一　建筑模型网页\index.html”，如图 4-1 所示。

图 4-1

微视频

建筑模型网页

任务实施

1. 制作电子邮件链接

STEP 1 选择“文件>打开”命令，在弹出的“打开”对话框中，选择资源包中的“素材文件\项目四\任务一 建筑模型网页\index.html”文件，单击“打开”按钮打开文件，如图 4-2 所示。

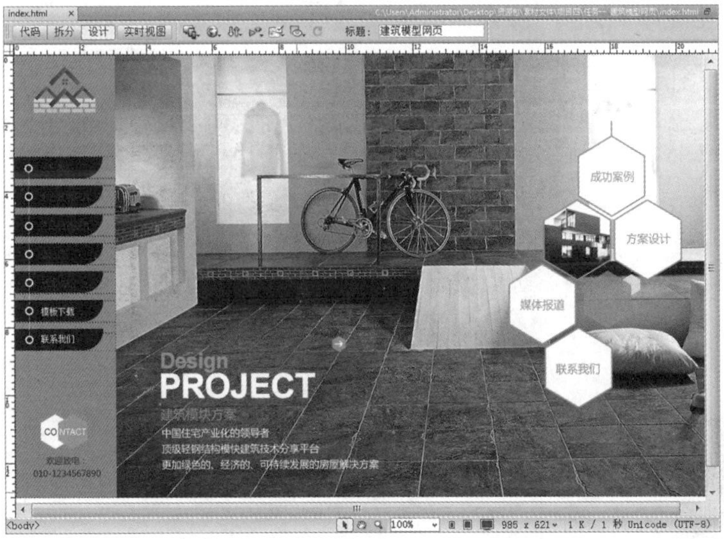

图 4-2

STEP 2 选中文字“联系我们”，如图 4-3 所示。在“插入”面板“常用”选项卡中单击“电子邮件链接”按钮，在弹出的“电子邮件链接”对话框中进行设置，如图 4-4 所示。单击“确定”按钮，文字的下方出现下划线，如图 4-5 所示。

图 4-3

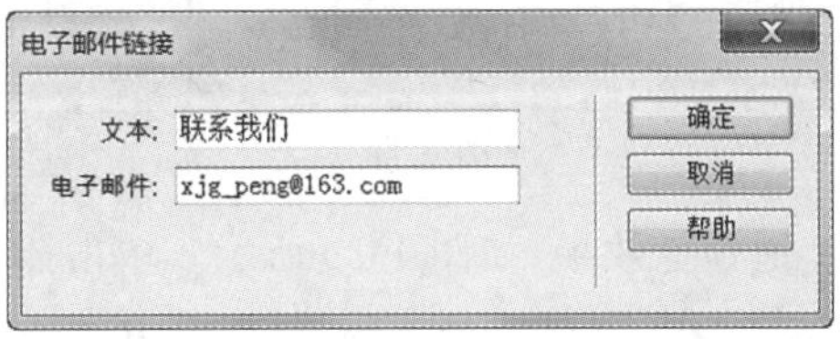

图 4-4

图 4-5

STEP 3 选择“修改>页面属性”命令，弹出“页面属性”对话框，在左侧的“分类”列表中选择“链接(CSS)”选项，将“链接颜色”设置为白色(#FFF)、“变换图像链接”设置为橙色(#F90)、“已访问链接”设置为白色、“活动链接”设置为橙色(#F90)，在“下划线样式”选项的下拉列表中选择“始终无下划线”选项，如图 4-6 所示。单击“确定”按钮，文字效果如图 4-7 所示。

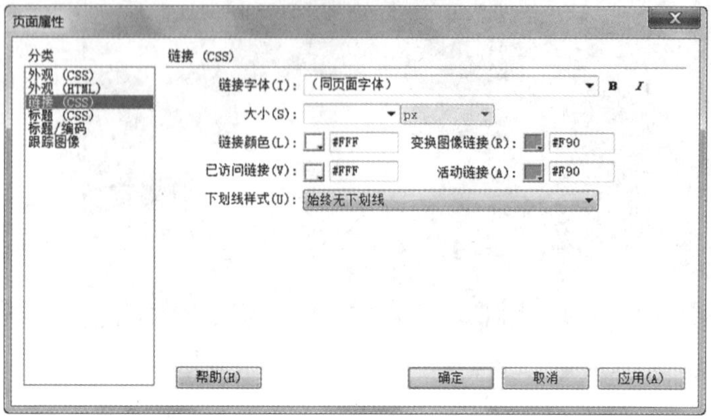

图 4-6

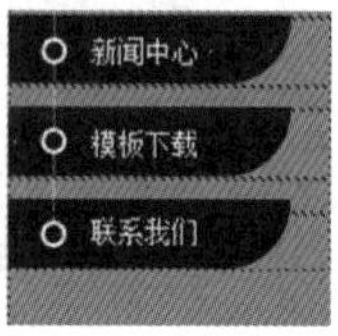

图 4-7

2. 制作下载文件链接

STEP 1 选中文字“模板下载”，如图 4-8 所示。在“属性”面板中，单击“链接”选项右侧的“浏览文件”按钮，在弹出的“选择文件”对话框中，选择资源包中的“素材文件\项目四\任务一 建筑模型网页\images”文件夹中的文件“TPL”，如图 4-9 所示。单击“确定”按钮，将“TPL”文件链接到文本框中，在“目标”选项的下拉列表中选择_blank 选项，如图 4-10 所示。

图 4-8

图 4-9

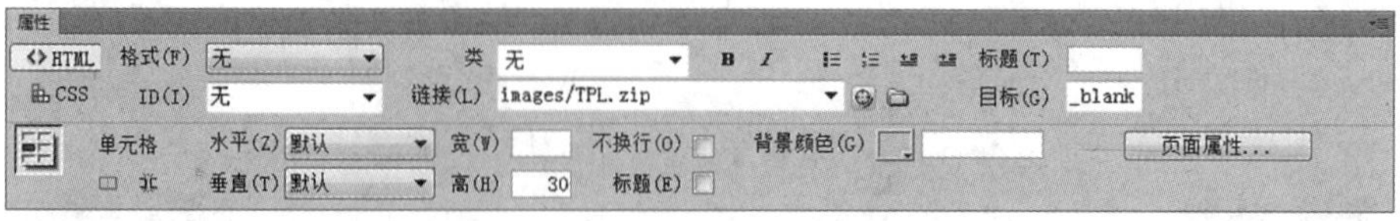

图 4-10

STEP 2 保存文档，按 F12 键预览效果，如图 4-11 所示。单击插入的 E-mail 链接“联系我们”，效果如图 4-12 所示。单击“模板下载”，如图 4-13 所示。弹出窗口，在窗口中可以根据提示进行操作，如图 4-14 所示。

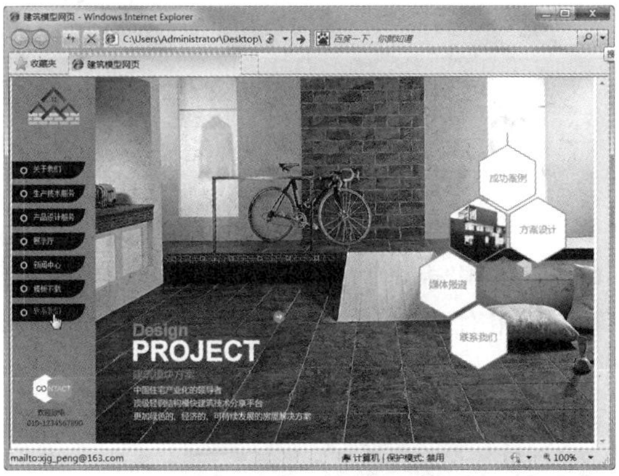

图 4-11

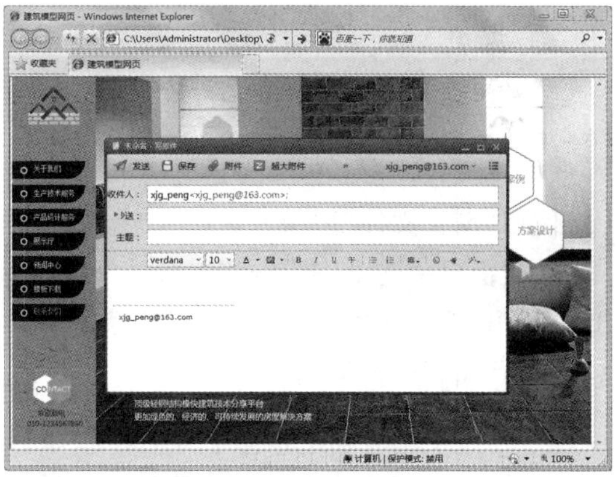

图 4-12

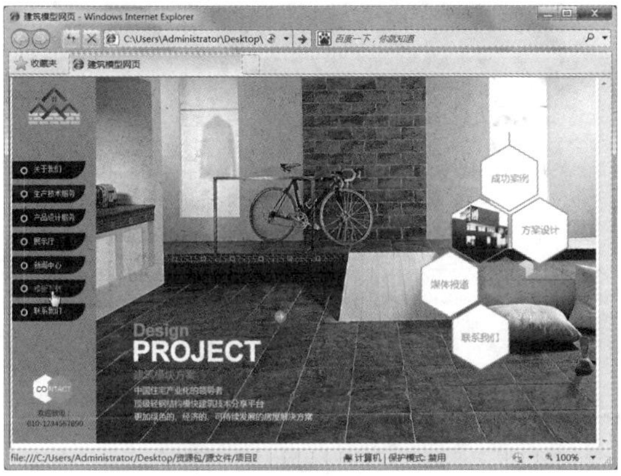

图 4-13

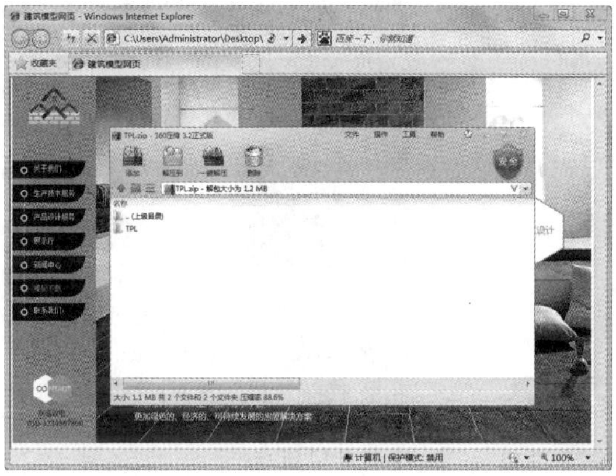

图 4-14

知识讲解

1.超链接的概念与路径知识

超链接的主要作用是将物理上无序的内容组成一个统一的有机体。超链接对象上存放某个网页文件的地址，以便用户打开相应的网页文件。在浏览网页时，当用户将鼠标指针移到某些文字或图像上时，鼠标指针会改变形状或颜色，这就是在提示用户：此对象为链接对象。单击这些链接对象，就可打开链接的网页，从而下载文件、打开邮件工具收发邮件等。

2.创建文本链接

创建文本链接的方法非常简单，主要是在链接文本的“属性”面板中指定链接文件。指定链接文件的方法有以下 3 种。

1)直接输入要链接文件的路径和文件名

在文档窗口中选中作为链接对象的文本，选择“窗口>属性”命令，弹出“属性”面板。在“链接”文本框中直接输入要链接文件的路径和文件名，如图 4-15 所示。

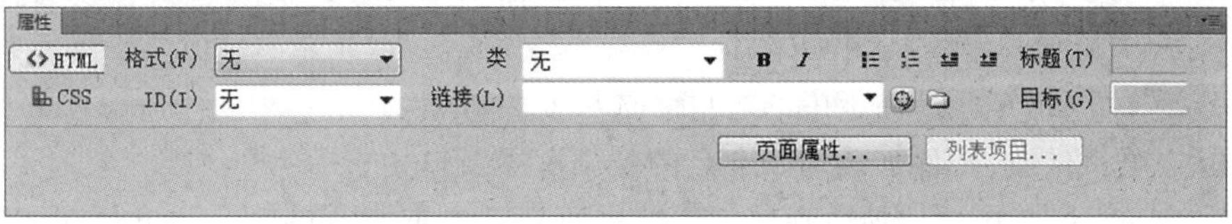

图 4-15

提示

要链接到本地站点中的一个文件，直接输入文档相对路径或站点根目录相对路径；要链接到本地站点以外的文件，直接输入绝对路径。

2)使用“浏览文件”按钮

在文档窗口中选中作为链接对象的文本，在“属性”面板中单击“链接”选项右侧的“浏览文件”按钮，弹出“选择文件”对话框。选择要链接的文件，在“相对于”下拉列表中选择“文档”选项，如图 4-16 所示，单击“确定”按钮。

图 4-16

在“相对于”下拉列表中有两个选项。选择“文档”选项，表示使用文档相对路径来链接；选择“站点根目录”选项，表示使用站点根目录相对路径来链接。在“URL”文本框中，可以直接输入网页的绝对路径。

提示

一般要链接本地站点中的一个文件时，最好不要使用绝对路径，因为如果移动文件，文件内所有的绝对路径都将被打断，会造成链接错误。

3)使用指向文件图标

使用“指向文件”图标，可以快捷地指定站点窗口内的链接文件，或指定另一个打开文件中命名锚点的链接。

在文档窗口中选中作为链接对象的文本，在“属性”面板中，拖曳“指向文件”图标指向右侧站点窗口内的文件，如图 4-17 所示。释放鼠标，“链接”选项被更新，并显示出所建立的链接。

当完成链接文件后，“属性”面板中的“目标”选项变为可用，其下拉列表中各选项的作用如下。

- _blank 选项：将链接文件加载到未命名的新浏览器窗口中。
- _parent 选项：将链接文件加载到包含该链接的父框架集或窗口中。如果包含链接的框架不是嵌套的，则链接文件加载到整个浏览器窗口中。

图 4-17

● _self 选项:将链接文件加载到链接所在的同一框架或窗口中。此目标是默认的,通常不需要指定它。

● _top 选项:将链接文件加载到整个浏览器窗口中,并由此删除所有框架。

3. 文本链接的状态

一个未被访问过的链接文字与一个被访问过的链接文字在形式上是有所区别的,用以提示用户链接文字所指示的网页是否被看过。设置文本链接状态的具体操作步骤如下。

STEP 1 选择"修改>页面属性"命令,弹出"页面属性"对话框,如图 4-18 所示。

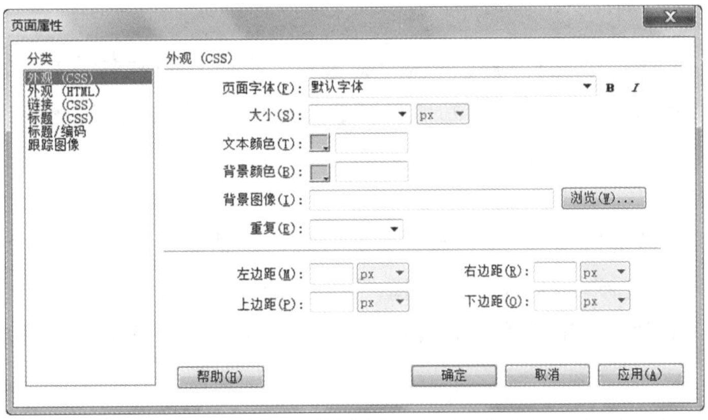

图 4-18

提示

当在"首选参数"对话框中选择"使用 CSS 而不是 HTML 标签"复选框时,则"页面属性"对话框所提供的界面将会发生改变,如图 4-19 所示。

STEP 2 在对话框中设置文本的链接状态。选择"分类"列表中的"链接(CSS)"选项,单击"链接颜色"选项右侧的图标▆,打开调色板,选择一种颜色来设置链接文字的颜色。

单击"已访问链接"选项右侧的图标▆,打开调色板,选择一种颜色来设置访问过的链接文字的颜色。

单击"活动链接"选项右侧的图标▆,打开调色板,选择一种颜色来设置活动的链接文字的颜色。

在“下划线样式”选项的下拉列表中设置链接文字是否加下划线，如图 4-20 所示。

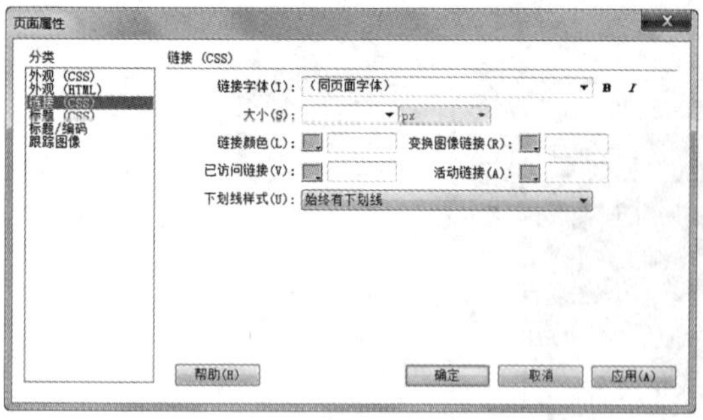

图 4-19

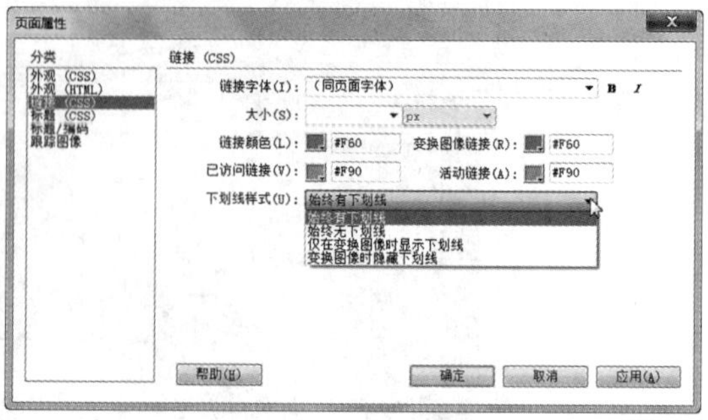

图 4-20

4. 下载文件链接

浏览网站的目的往往是查找并下载文件，我们可利用下载文件链接来实现。建立下载文件链接的步骤与创建文字链接类似，区别在于所链接的文件不是网页文件而是其他文件，如.exe、.zip 等文件。

建立下载文件链接的具体操作步骤如下。

STEP 1 在文档窗口中选择需添加下载文件链接的网页对象。

STEP 2 在“链接”选项的文本框中指定链接文件。

STEP 3 按 F12 键预览网页。

5. 电子邮件链接

网页只能作为单向传播的工具，将网站的信息传给浏览者，但网站建立者需要收集使用者的反馈信息，一种有效的方式是让浏览者给网站发送 E-mail。在网页制作中使用电子邮件超链接就可以实现。

每当浏览者单击包含电子邮件链接的网页对象时，就会打开邮件处理工具（如 Outlook Express），并且自动将收信人地址设置为网站建设者的邮箱地址，方便浏览者给网站发送反馈信息。

1）利用“属性”面板建立电子邮件链接

具体操作步骤如下。

STEP 1 在文档窗口中选择对象，一般是文字对象，如“请联系我们”。

STEP 2 在“链接”文本框中输入“mailto”和地址。例如，网站管理者的 E-mail 地址是 xuepeng8962@sina.cn，则在“链接”文本框中输入“mailto：xuepeng8962@sina.cn”，如图 4-21 所示。

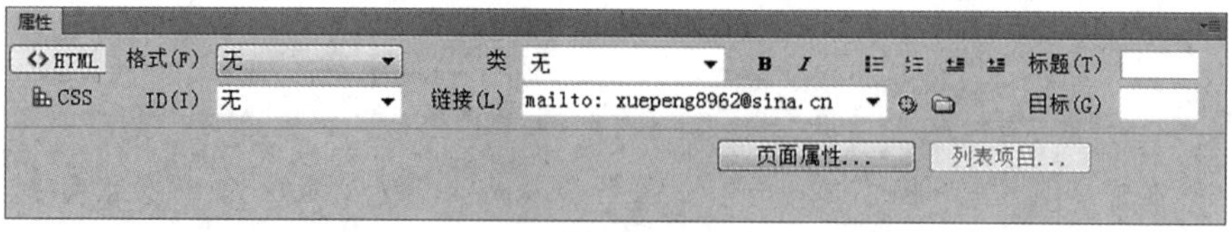

图 4-21

2）利用“电子邮件链接”对话框建立电子邮件超链接

具体操作步骤如下。

STEP 1 在文档窗口中选择需要添加电子邮件链接的网页对象。

STEP 2 通过以下两种方法打开“电子邮件链接”对话框。

（1）选择“插入>电子邮件链接”命令。

（2）单击“插入”面板“常用”选项卡中的“电子邮件链接”工具。

STEP 3　在“文本”框中输入要在网页中显示的链接文字，并在“电子邮件”文本框中输入完整的邮箱地址，如图 4-22 所示。

STEP 4　单击“确定”按钮，完成电子邮件链接的创建。

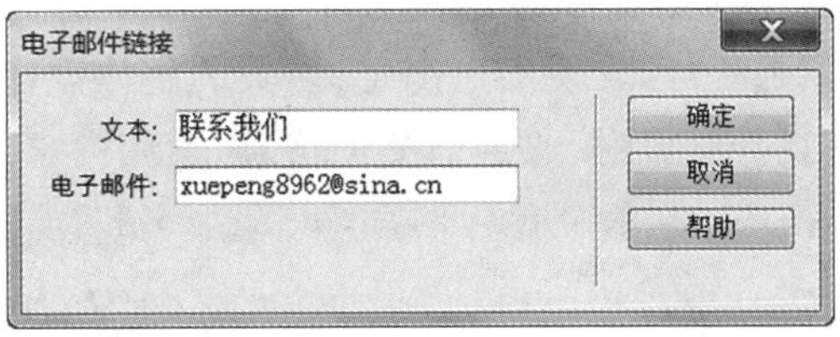

图 4-22

课堂演练——家装设计网页

使用“电子邮件链接”按钮，制作电子邮件链接效果；使用“属性”面板，为文字制作下载链接效果；使用“页面属性”命令，改变链接的显示效果。最终效果参看资源包中的“源文件\项目四\课堂演练　家装设计网页\index.html”，如图 4-23 所示。

微视频

家装设计网页

图 4-23

任务二　狮立地板网页

任务分析

地板，即房屋地面或楼面的表面层，种类繁多，一般可按结构、用途分类。每个人对地板种类及材质的要求不同，条理清晰的分类才能满足不同消费者的需求。网页设计要体现出地板特色。

设计理念

在网页设计和制作过程中，网页背景采用地板原木及人物的摄影照片，体现出地板高品质的主题；导航栏放在页面的下方，直观醒目，方便用户浏览；网页的整体设计给人干净清爽的感觉，没有多余的修饰，能够让浏览者直观、快速地接收到商品的信息，达到商家的最终目的。最终效果参看资源包中的“源文件\项目四\任务二　狮立地板网页\index. html”，如图 4-24 所示。

图 4-24

微视频

狮立地板网页

任务实施

1. 制作鼠标经过

STEP 1 选择“文件>打开”命令，在弹出的“打开”对话框中，选择资源包中的“素材文件\项目四\任务二　狮立地板网页\index. html”文件，单击“打开”按钮打开文件，如图 4-25 所示。将光标置于如图 4-26 所示的单元格中。

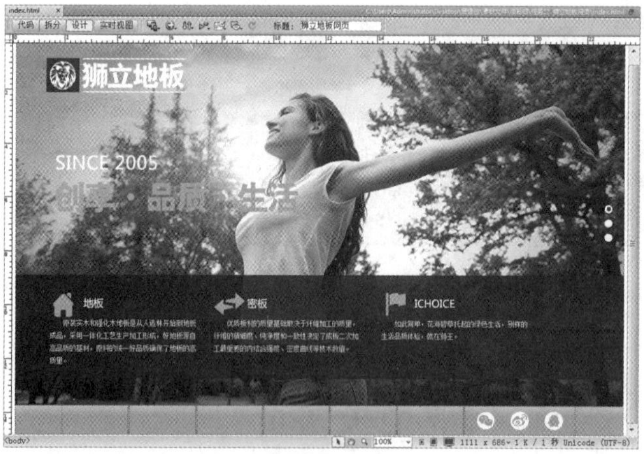

图 4-25

图 4-26

STEP 2 单击“插入”面板“常用”选项卡中的“鼠标经过图像”按钮，弹出“插入鼠标经过图像”对话框。单击“原始图像”选项右侧的“浏览”按钮，弹出“原始图像”对话框，选择资源包中的“素材文件\项目四\任务二　狮立地板网页\images\img_1. png”文件，单击“确定”按钮，如图 4-27 所示。

STEP 3 单击“鼠标经过图像”选项右侧的“浏览”按钮，弹出“鼠标经过图像”对话框，选择资源包中的“素材文件\项目四\任务二　狮立地板网页\images\img_01. png”文件，单击“确定”按钮，如图 4-28 所示。再单击“确定”按钮，文档效果如图 4-29 所示。

STEP 4 用相同的方法在其他单元格插入鼠标经过图像，制作出如图 4-30 所示的效果。

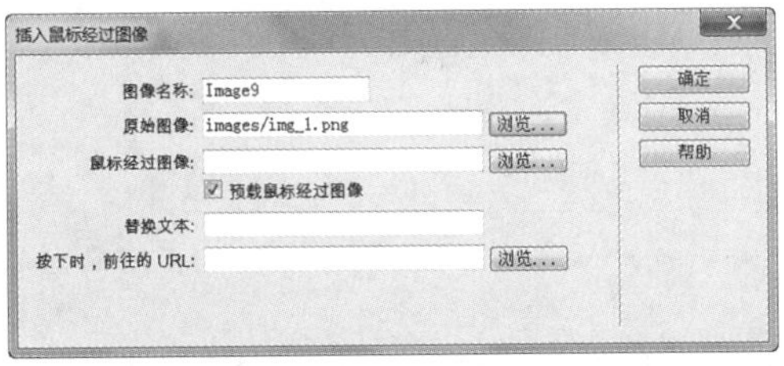

图 4-27

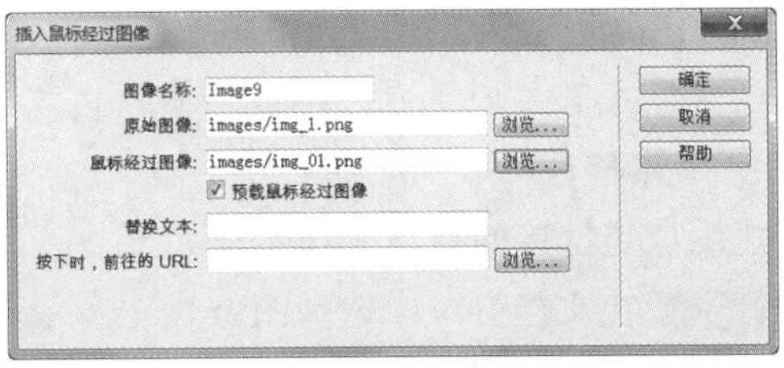

图 4-28

图 4-29

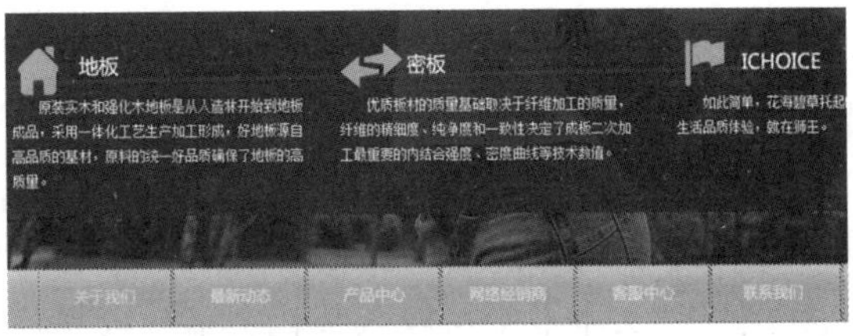

图 4-30

2. 创建热点链接

STEP 1 选中如图 4-31 所示的图像，在“属性”面板中选择“矩形热点”工具，如图 4-32 所示。

图 4-31

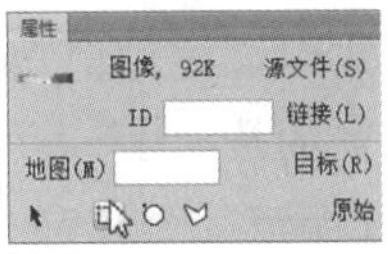

图 4-32

STEP 2 在 logo 的上方绘制矩形热点，如图 4-33 所示。在“属性”面板“链接”右侧的文本框中输入“#”，创建空链接，在“替换”右侧的文本框中输入“狮立地板”，如图 4-34 所示。

图 4-33

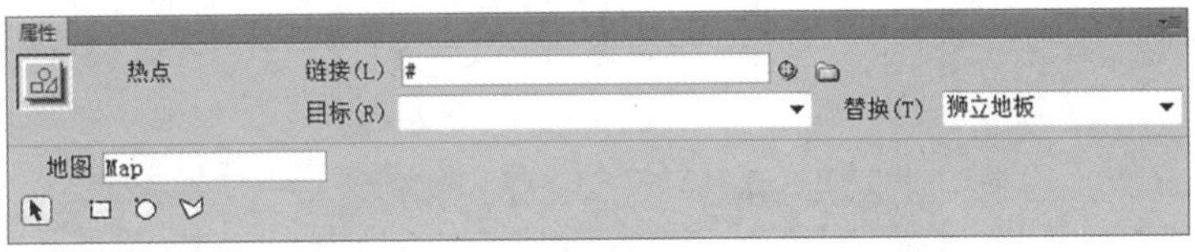

图 4-34

STEP 3 保存文档，按 F12 键预览效果。当鼠标移动到导航条上时，图像发生变化，效果如图 4-35 所示。将光标放置在热点链接上，会提示说明文字，效果如图 4-36 所示。

图 4-35

图 4-36

知识讲解

1. 图像超链接

创建图像超链接的具体操作步骤如下。

STEP 1 在文档窗口中选择图像。

STEP 2 在“属性”面板中，单击“链接”选项右侧的“浏览文件”按钮，为图像添加文档相对路径的链接。

提示

图像链接不像文本超链接那样有许多提示，只有当鼠标指针经过图像时指针才呈现手形。

STEP 3 在“替代”文本框中可输入替代文字。设置替代文字后，当图片不能下载时，会在图片的位置上显示替代文字；当浏览者将鼠标指针指向图像时也会显示替代文字。

STEP 4 保存文档，按 F12 键预览网页的效果。

2. 鼠标经过图像链接

“鼠标经过图像”是一种常用的互动技术，当鼠标指针经过图像时，图像会随之发生变化。一般“鼠标经过图像”效果由两张大小相等的图像组成：一张称为主图像，另一张称为次图像。主图像是首次载入网页时显示的图像，次图像是当鼠标指针经过时更换的另一张图像。“鼠标经过图像”经常应用于网页的按钮上。

建立“鼠标经过图像”的具体操作步骤如下。

STEP 1 在文档窗口中将光标放置在需要添加鼠标经过图像的位置。

STEP 2 通过以下两种方法打开“插入鼠标经过图像”对话框，如图 4-37 所示。

(1)选择“插入>图像对象>鼠标经过图像”命令。

(2)在“插入”面板的“常用”选项卡中，单击“图像”展开式工具按钮，选择“鼠标经过图像”选项。

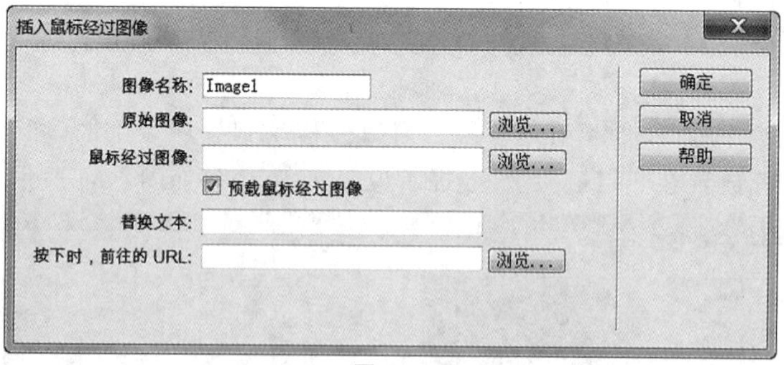

图 4-37

“插入鼠标经过图像”对话框中各选项的作用如下。

- “图像名称”选项：设置鼠标指针经过图像对象时的名称。
- “原始图像”选项：设置载入网页时显示的图像文件的路径。
- “鼠标经过图像”选项：设置在鼠标指针滑过原始图像时显示的图像文件的路径。
- “预载鼠标经过图像”选项：若希望图像预先载入浏览器的缓存中，以便用户将鼠标指针滑过图像时不发生延迟，则选择此复选框。

● “替换文本”选项：设置替换文本的内容。设置后，当浏览器中的图片不能下载时，图片位置会显示替代文字；当用户将鼠标指针指向图像时会显示替代文字。

● “按下时，前往的 URL”选项：设置跳转网页文件的路径，当用户单击图像时打开此网页。

STEP 3 在对话框中按照需要设置选项，然后单击“确定”按钮完成设置。按 F12 键预览网页。

3. 命名锚记链接

若网页的内容很长，为了寻找一个主题，用户往往需要拖曳滚动条进行查看，非常不方便。Dreamweaver CS6 拥有的锚点链接功能可快速定位到网页的不同位置。

1）创建锚点

具体操作步骤如下。

STEP 1 打开要加入锚点的网页。

STEP 2 将光标移到某一个主题内容处。

STEP 3 通过以下 3 种方法打开“命名锚记”对话框，如图 4-38 所示。

（1）按 Ctrl＋Alt＋A 组合键。

（2）选择“插入>命名锚记”命令。

（3）单击“插入”面板“常用”选项卡中的“命名锚记”按钮。

STEP 4 在“锚记名称”文本框中输入锚记名称，如“YW”，然后单击“确定”按钮建立锚点标记。

STEP 5 根据需要重复步骤 1～步骤 4，在不同的主题内容处建立不同的锚点标记，如图 4-39 所示。

图 4-38

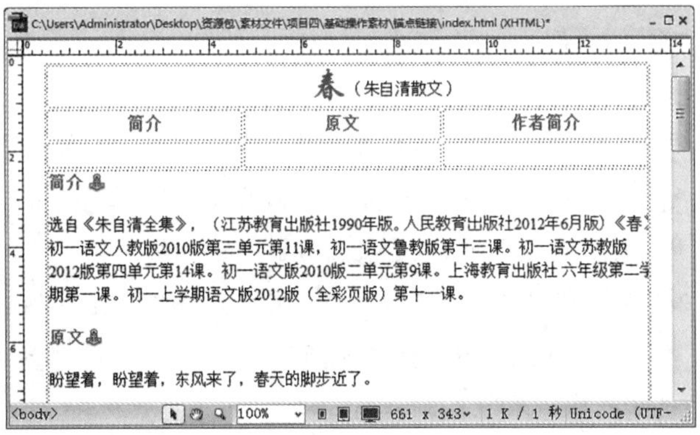

图 4-39

提示

选择“查看>可视化助理>不可见元素”命令，在文档窗口可显示出锚点标记。

2）建立锚点链接

具体操作步骤如下。

STEP 1 在网页的开始处，选择链接对象，如某主题文字。

STEP 2 通过以下 3 种方法建立锚点链接。

（1）在“属性”面板的“链接”文本框中直接输入“＃锚点名”，如“＃YW”。

（2）在“属性”面板中，用鼠标拖曳“链接”选项右侧的“指向文件”图标，指向需要链接的锚点，如“YW”锚点，如图 4-40 所示。

（3）在“文档”窗口中，选中链接对象，按住 Shift 键的同时将鼠标从链接对象拖向锚点，如图 4-41 所示。

STEP 3 根据需要重复步骤 1～步骤 2，为不同的主题建立相应的锚点链接。

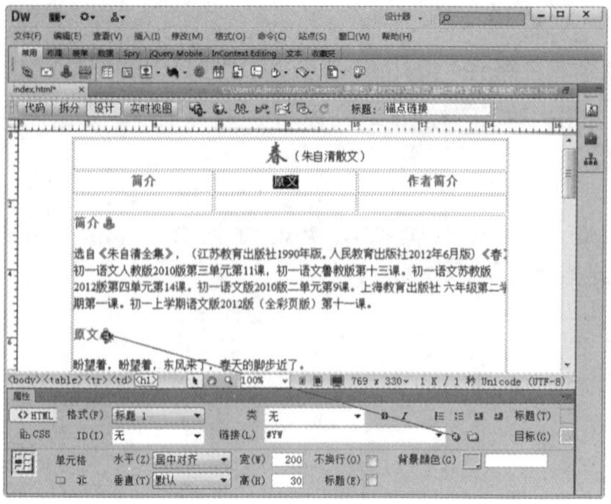

图 4-40

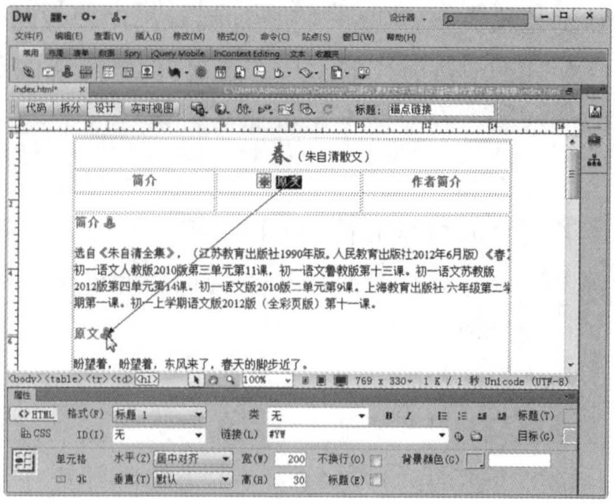

图 4-41

4. 创建热区链接

创建热区链接的具体操作步骤如下。

STEP 1 选取一张图片，在“属性”面板的“地图”选项下方选择热区创建工具，如图 4-42 所示。

图 4-42

各工具的作用如下。

- “指针热点工具”按钮：用于选择不同的热区。
- “矩形热点工具”按钮：用于创建矩形热区。
- “圆形热点工具”按钮：用于创建圆形热区。
- “多边形热点工具”按钮：用于创建多边形热区。

STEP 2 利用“矩形热点工具”“圆形热点工具”“多边形热点工具”和“指针热点工具”在图片上建立或选择相应形状的热区。

将鼠标指针放在图片上，当鼠标指针变为“＋”形状时，在图片上拖曳出相应形状的蓝色热区。如果图片上有多个热区，可通过“指针热点”工具，选择不同的热区，并通过热区的控制点调整热区的大小。例如，利用“圆形热点”工具，在网页上建立多个圆形链接热区，如图 4-43 所示。

图 4-43

STEP 3 此时，对应的“属性”面板如图 4-44 所示。在“链接”文本框中输入要链接的网页地址，在“替换”文本框中输入当鼠标指针指向热区时所显示的替换文字。用户通过热区可以在图片的任何地方创建链接。这样反复操作，就可以在一张图片上划分很多热区，并为每一个热区设置一个链接，从而实现在一张图片上单击链接到不同页面的效果。按 F12 键预览网页，效果如图 4-45 所示。

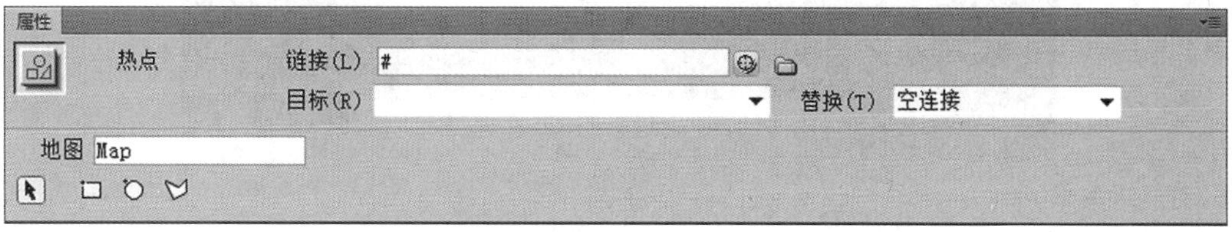

图 4-44

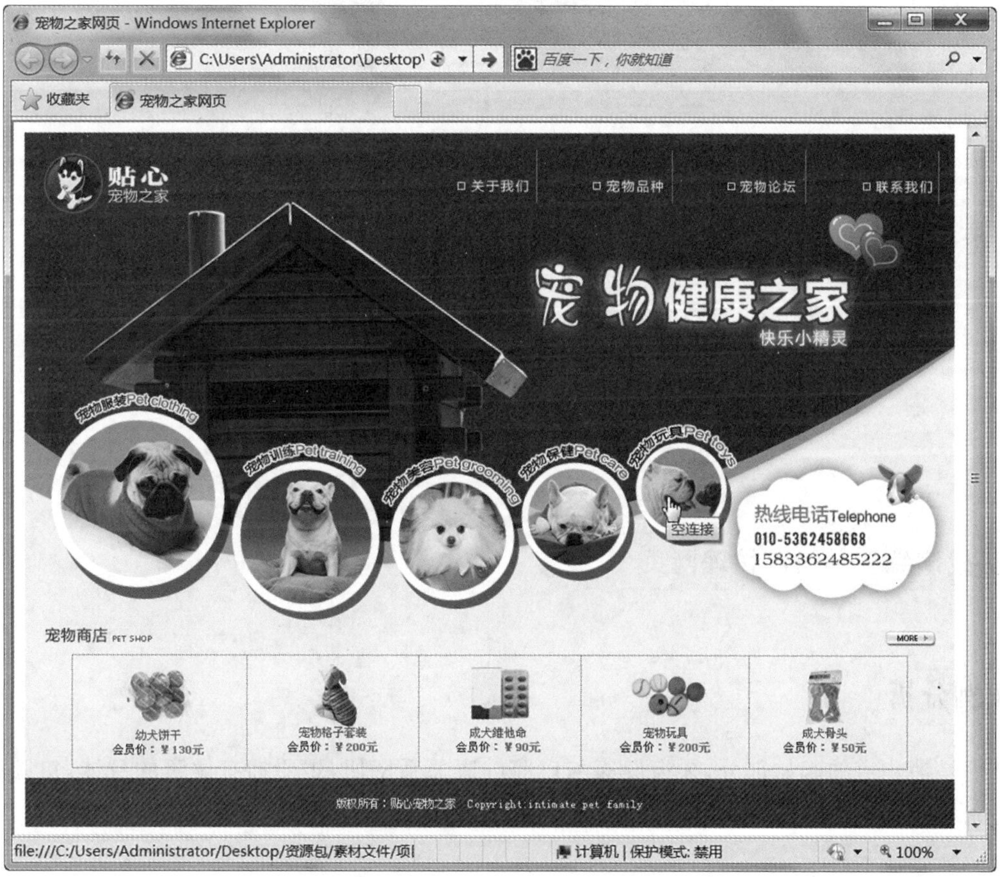

图 4-45

课堂演练——金融投资网页

使用“命名锚记”按钮插入锚点，制作文档从底部移动到顶部的效果；使用“命名锚记”按钮插入锚点，制作跳转到另一页面指定点位置的效果。最终效果参看资源包中的“源文件\项目四\课堂演练　金融投资网页\index.html”，如图 4-46 所示。

★ 微视频

金融投资网页

图 4-46

实战演练——口腔护理网页

案例分析

口腔是消化道的起始部分，牙齿健康与口腔健康关系密切，想要拥有健康的身体，口腔的健康就显得尤为重要了。网页设计要求突出对口腔护理这一主题的介绍。

设计理念

在网页设计和制作过程中，浅灰色的背景使网页版面干净整洁；有序排列的实物照片及文字使网页内容明确；网页设计留有大量空白，突出重点，富有特色，画面开阔，整体风格大气时尚。

制作要点

使用“圆形热点”工具，制作热点链接。最终效果参看资源包中的“源文件\项目四\实战演练口腔护理网页\index.html”，如图 4-47 所示。

微视频

口腔护理网页

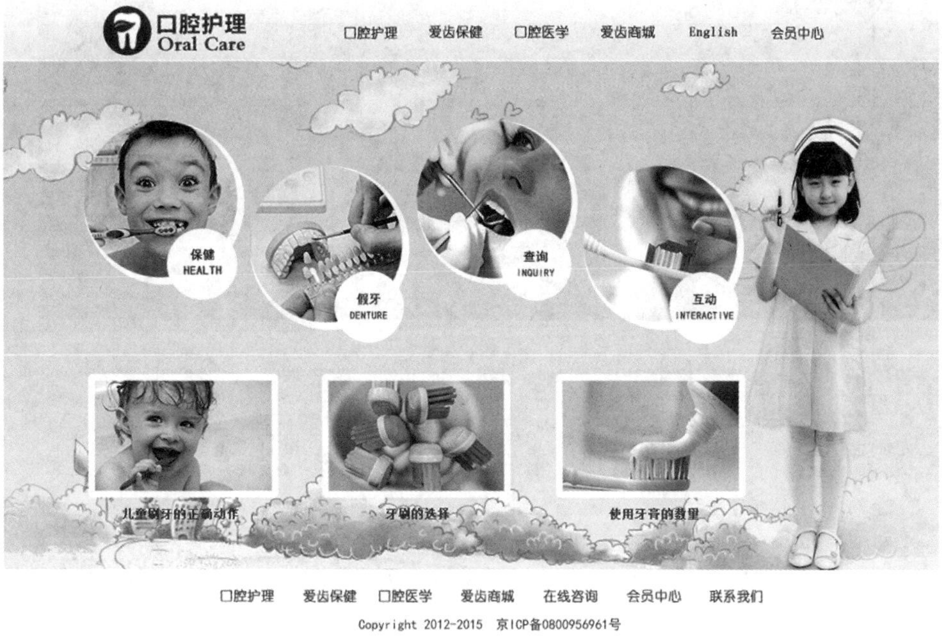

图 4-47

实战演练——建筑设计网页

案例分析

建筑设计是指建筑物在建造之前，设计者按照建设任务，把施工和使用过程中存在或可能发生的问题用图纸和文件表达出来。建筑设计涉及建筑技术和建筑艺术。网站设计要求能够让人感受到建筑的实用价值和美感。

设计理念

在网页设计和制作过程中，网页的色彩沉稳；版式设计以城市建筑群夜景图片为主，使人能够直观地接收到网页信息，导航栏设计简洁，网页分类明确，方便浏览。整体风格直观明了，画面丰富自然，让人赏心悦目。

制作要点

使用“鼠标经过图像”按钮，为网页添加交换图像效果。最终效果参看资源包中的“源文件\项目四\实战演练 建筑设计网页\index. html”，如图 4-48 所示。

图 4-48

★ 微视频

建筑设计网页

项目五

使用表格

表格可以将相关数据有序地排列在一起，还可以精确地定位文字、图像等网页元素在页面中的位置，使得页面在形式上既丰富多彩，又条理清楚，在组织上井然有序而不显单调。使用表格进行页面布局的最大好处是，即使浏览者改变计算机的分辨率也不会影响网页的浏览效果。因此，表格是网站设计人员必须掌握的工具。表格运用得是否熟练，是划分专业制作人士和业余爱好者的一个重要标准。

项目目标

- 表格的简单操作
- 利用表格进行页面布局
- 设置网页中的数据表格

任务一　租车网页

任务分析

租车网是关于汽车租赁的服务类网上平台。租车网提供租车信息和租车服务，向客户提供各类用途的汽车。本任务是为某租车公司制作网站，要求网站设计具有特色，让人印象深刻。

设计理念

在网页设计和制作过程中，使用实物摄影图作为网页的背景图，展现出网站特点和主营业务。整体画面简单干净，导航栏的设计简洁明快，方便用户浏览和查找。网页设计营造出温馨的氛围，简单的图文搭配使网站看起来更加具有现代感。最终效果参看资源包中的“源文件\项目五\任务一　租车网页\index. html”，如图 5-1 所示。

微视频

租车网页

图 5-1

任务实施

1.设置页面属性并插入表格

STEP① 启动 Dreamweaver CS6，新建一个空白文档。新建页面的初始名称为“Untitled-1.html”。选择“文件>保存”命令，弹出“另存为”对话框，在“保存在”选项的下拉列表中选择站点目录保存路径，在“文件名”文本框中输入“index”，单击“保存”按钮，返回编辑窗口。

STEP② 选择“修改>页面属性”命令，弹出“页面属性”对话框，在左侧的“分类”列表中选择“外观(CSS)”选项，将“页面字体”选项设置为“微软雅黑”，“大小”选项设置为 12，“文本颜色”选项设置为灰色(＃666)，“左边距”“右边距”“上边距”和“下边距”均设置为 0，如图 5-2 所示。

STEP③ 在左侧的“分类”列表中选择“标题/编码”选项，在“标题”文本框中输入“租车网页”，如图 5-3 所示。单击“确定”按钮，完成页面属性的修改。

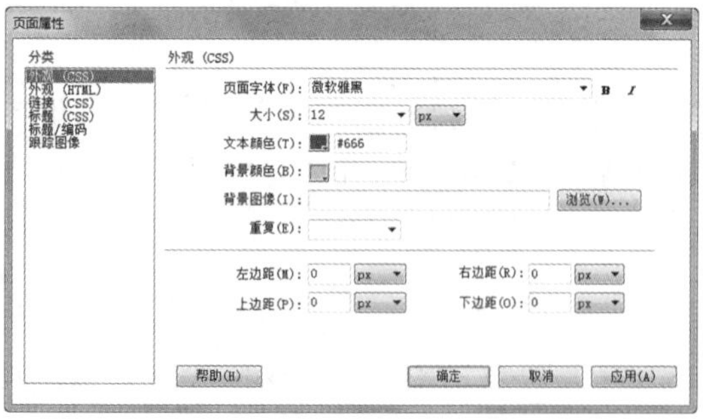

图 5-2

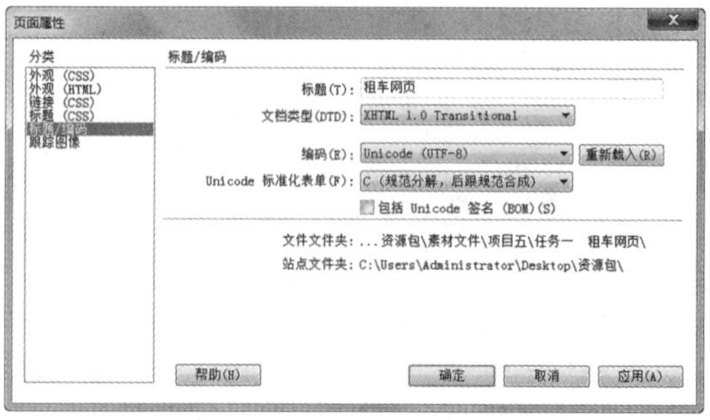

图 5-3

STEP④ 在“插入”面板“常用”选项卡中单击“表格”按钮，在弹出的“表格”对话框中进行设置，如图 5-4 所示。单击“确定”按钮，完成表格的插入。保持表格的选取状态，在“属性”面板“居中”选项的下拉列表中选择“居中对齐”选项，效果如图 5-5 所示。

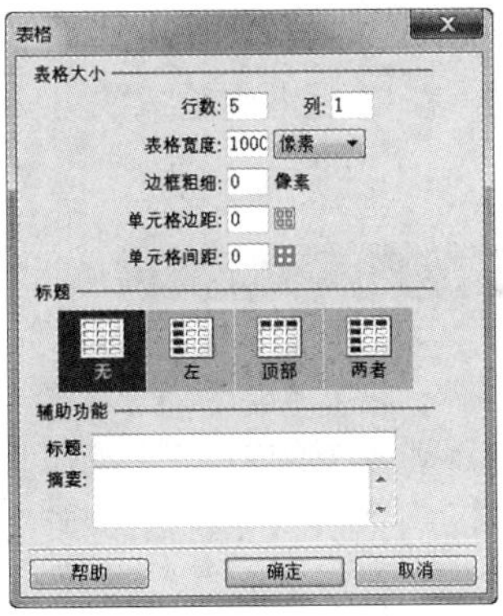

图 5-4

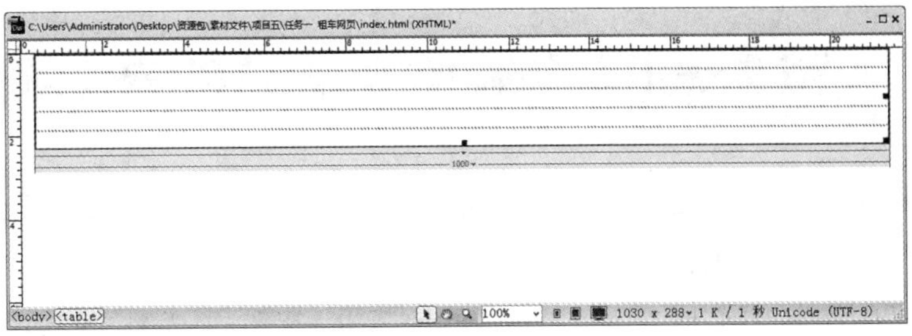

图 5-5

2. 制作导航条

STEP 1 选择“窗口>CSS 样式”命令，弹出“CSS 样式”面板，如图 5-6 所示。单击“CSS 样式”面板下方的“新建 CSS 规则”按钮，在弹出的“新建 CSS 规则”对话框中进行设置，如图 5-7 所示。

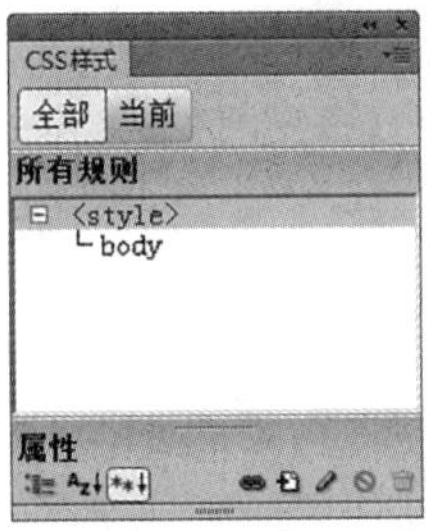

图 5-6

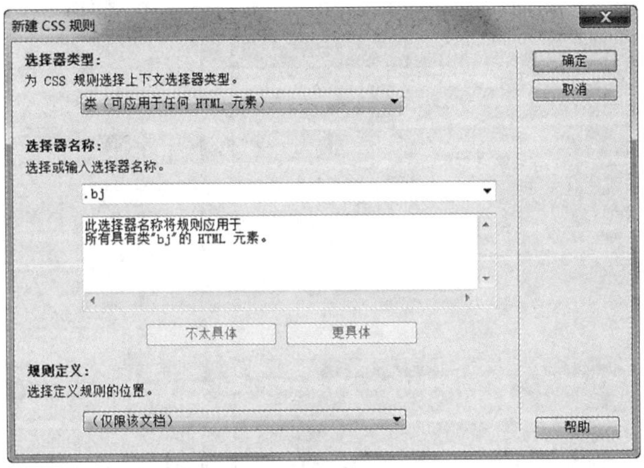

图 5-7

STEP 2 单击“确定”按钮，弹出“. bj 的 CSS 规则定义”对话框，在左侧的“分类”列表中选择“类型”选项，将 Font-family 选项设置为“微软雅黑”，Font-size 选项设置为 12，Color 选项设置为白色，如图 5-8 所示。

STEP 3 在左侧的“分类”列表中选择“背景”选项，单击 Background-images 选项右侧的“浏览”按钮，在弹出的“选择图像源文件”对话框中，选择资源包中的“素材文件\项目五\任务一　租车网页\images”文件夹中的“bj. jpg”文件，单击“确定”按钮，返回“. bj 的 CSS 规则定义”对话框中，在 Background-repeat 选项的下拉列表中选择 repeat-x 选项，如图 5-9 所示。单击“确定”按钮，完成样式的创建。

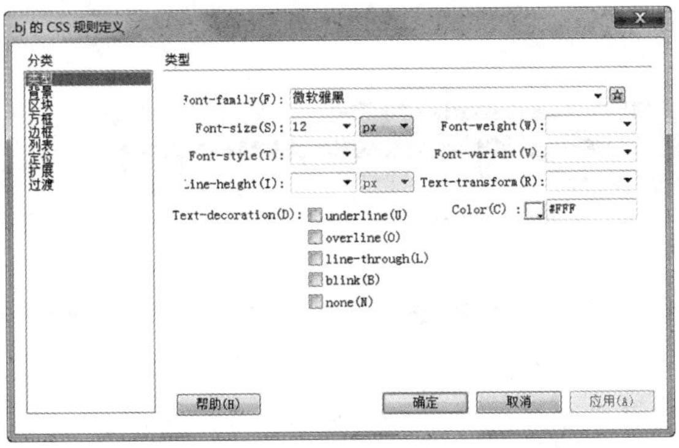

图 5-8

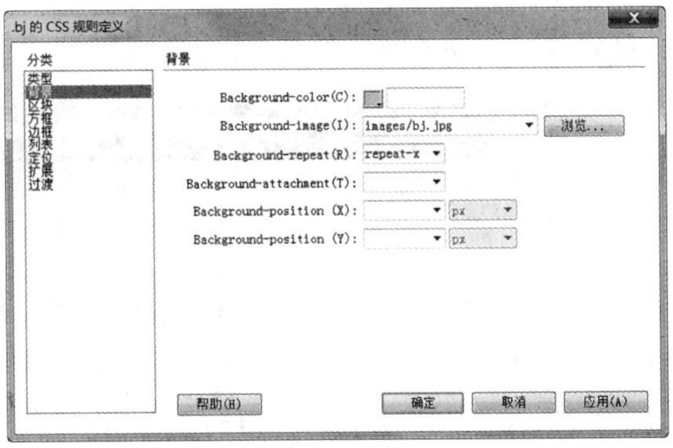

图 5-9

STEP 4 将光标置于第 1 行单元格中，在“属性”面板“水平”选项的下拉列表中选择“居中对齐”选项，“类”选项的下拉列表中选择 bj 选项，将“高”选项设置为 35。在单元格中输入文字和空格，效果如图 5-10 所示。

图 5-10

STEP 5 将光标置于文字“首页”的左侧，单击“插入”面板“常用”选项卡中的“图像”按钮，在弹出的“选择图像源文件”对话框中，选择资源包中的“素材文件\项目五\任务一 租车网页\images”文件夹中的“logo.png”文件，单击“确定”按钮，完成图片的插入。

STEP 6 单击“新建 CSS 规则”按钮，在弹出的“新建 CSS 规则”对话框中进行设置，单击“确定”按钮，弹出“.pic 的 CSS 规则定义”对话框，在左侧的“分类”列表中选择“区块”选项，在 Vertical-align 选项的下拉列表中选择 middle 选项，如图 5-11 所示。

STEP 7 在左侧的“分类”列表中选择“方框”选项，取消选择 Padding 选项组中的“全部相同”复选框，将 Right 选项设置为 20，如图 5-12 所示。单击“确定”按钮，完成样式的创建。

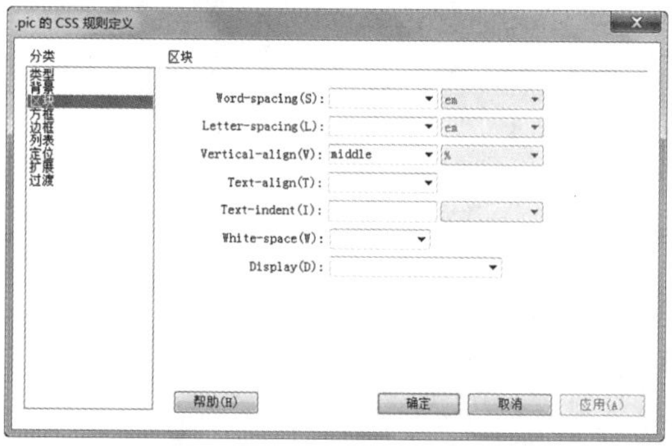

图 5-11

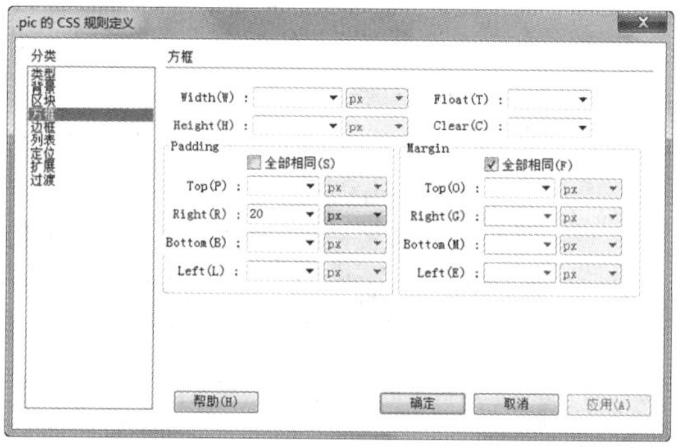

图 5-12

STEP 8 选中如图 5-13 所示的图片，在“属性”面板“类”选项的下拉列表中选择 pic 选项，应用样式，效果如图 5-14 所示。

图 5-13

图 5-14

3.设置单元格背景颜色并插入图像

STEP 1 将光标置于第 2 行单元格中，在“属性”面板“水平”选项的下拉列表中选择“居中对齐”选项。单击“插入”面板“常用”选项卡中的“图像”按钮，在弹出的“选择图像源文件”对话框中，选择资源包中的“素材文件\项目五\任务一 租车网页\images”文件夹中的“top.png”文件，单击“确定”按钮，完成图片的插入，效果如图 5-15 所示。

图 5-15

STEP 2 将光标置于第 3 行单元格中，单击“插入”面板“常用”选项卡中的“图像”按钮，在弹出的“选择图像源文件”对话框中，选择资源包中的“素材文件\项目五\任务一 租车网页\images”文件夹中的“jdt.jpg”文件，单击“确定”按钮，完成图片的插入，效果如图 5-16 所示。

图 5-16

STEP 3　将光标置于第 4 行单元格中，在“属性”面板“水平”选项的下拉列表中选择“居中对齐”选项，将“高”选项设置为 220，“背景颜色”选项设置为蓝色（＃4489cf）。单击“插入”面板“常用”选项卡中的“图像”按钮，在弹出的“选择图像源文件”对话框中，选择资源包中的“素材文件\项目五\任务一　租车网页\images”文件夹中的“wbjs. png”文件，单击“确定”按钮，完成图片的插入，效果如图 5-17 所示。

STEP 4　将光标置于第 5 行单元格中，在“属性”面板“水平”选项的下拉列表中选择“居中对齐”选项，将“高”选项设置为 60，“背景颜色”选项设置为灰色（＃e0dfdf）。在单元格中输入文字，如图 5-18 所示。

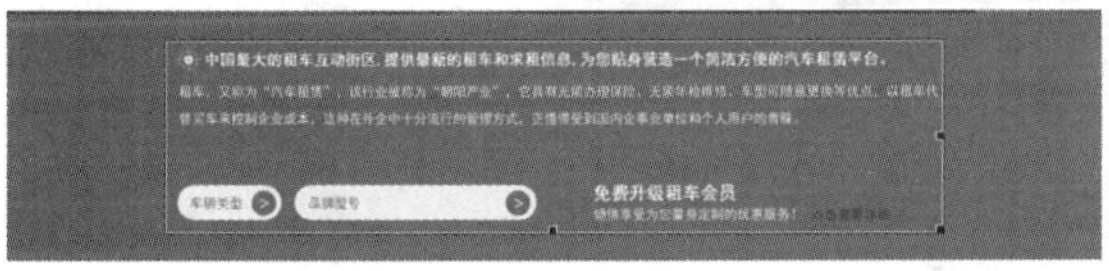

图 5-17

图 5-18

STEP 5　保存文档，按 F12 键预览效果，如图 5-19 所示。

图 5-19

知识讲解

1.表格的组成

表格中包含行、列、单元格、表格标题等元素，如图 5-20 所示。

表格元素所对应的 HTML 标签如下。

<table></table>：标志表格的开始和结束。设置它的常用参数，可以指定表格的高度和宽度、框线的宽度、背景图像、背景颜色、单元格间距、单元格边界和内容的距离，以及表格相对页面的对齐方式。

<tr></tr>：标志表格的行。设置它的常用参数，可以指定行的背景颜色和行的对齐方式。

<td></td>：标志单元格内的数据。通过设置它的常用参数，可以指定列的对齐方式、列的背景图像、列的背景颜色、列的宽度、单元格垂直对齐方式等。

<caption></caption>：标志表格的标题。

<th></th>：标志表格的列名。

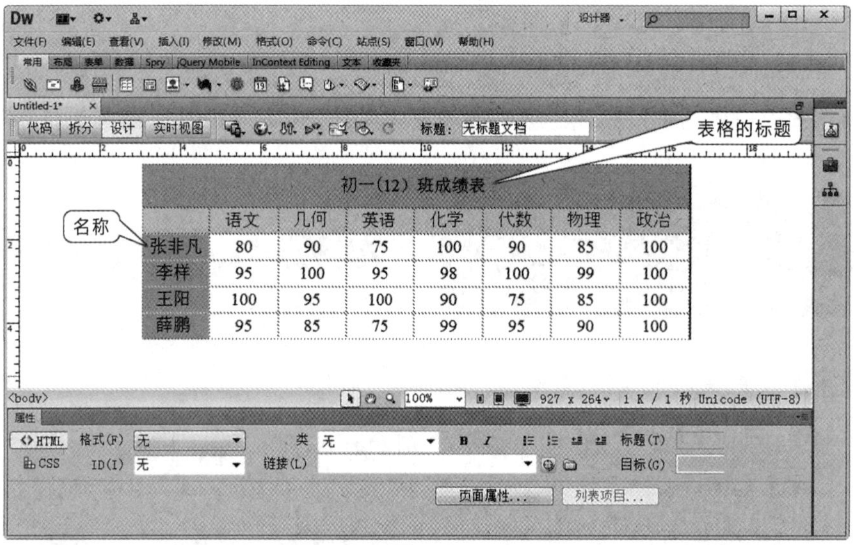

图 5-20

虽然 Dreamweaver CS6 允许用户在“设计”视图中直接操作行、列和单元格，但对于复杂的表格，则无法通过鼠标选择用户所需要的对象，所以对于网站设计者来说，必须了解表格元素的 HTML 标签的基本内容。

当选定了表格或表格中有插入点时，Dreamweaver CS6 会显示表格的宽度和每列的宽度。宽度旁边是表格标题菜单与列标题菜单的箭头，如图 5-21 所示。用户可以根据需要打开或关闭表格和列的宽度显示。

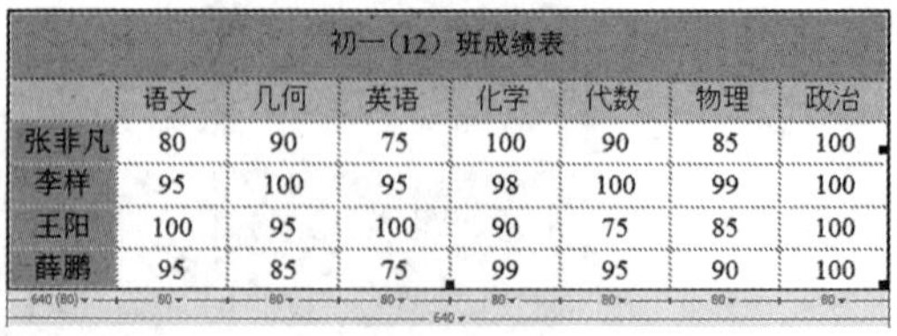

初一（12）班成绩表

	语文	几何	英语	化学	代数	物理	政治
张非凡	80	90	75	100	90	85	100
李样	95	100	95	98	100	99	100
王阳	100	95	100	90	75	85	100
薛鹏	95	85	75	99	95	90	100

图 5-21

打开或关闭表格和列的宽度显示有以下两种方法。

（1）选定表格或在表格中设置插入点，然后选择“查看>可视化助理>表格宽度”命令。

（2）右击表格，在弹出的快捷菜单中选择“表格>表格宽度”命令。

2.插入表格

要将相关数据有序地组织在一起，必须先插入表格，然后才能有效地组织数据。

插入表格的具体操作步骤如下。

STEP 1 在“文档”窗口中，将光标放到合适的位置。

STEP 2 通过以下 3 种方法启用“表格”对话框，如图 5-22 所示。

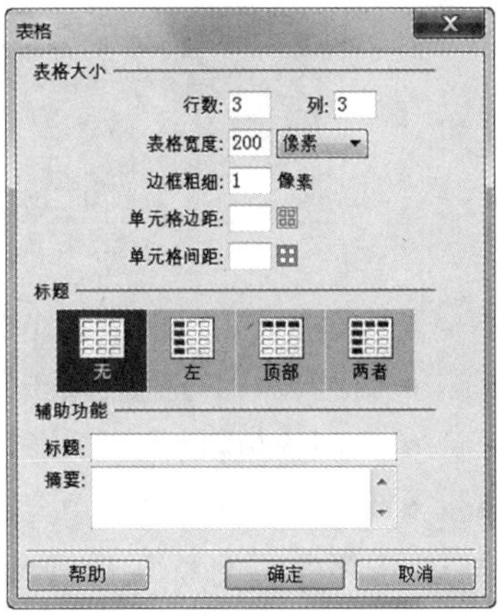

图 5-22

(1)选择“插入>表格”命令，或按 Ctrl+Alt+T 组合键。

(2)单击“插入”面板“常用”选项卡中的“表格”按钮。

(3)单击“插入”面板“布局”选项卡中的“表格”按钮。

“表格”对话框中各选项的作用如下。

- “行数”选项：设置表格的行数。
- “列”选项：设置表格的列数。
- “表格宽度”选项：以像素为单位或以浏览器窗口宽度的百分比设置表格的宽度。
- “边框粗细”选项：以像素为单位设置表格边框的宽度。在大多数浏览器中，此选项值设置为 1。如果用表格进行页面布局，此选项值设置为 0，浏览网页时就不显示表格的边框。
- “单元格边距”选项：设置单元格边框与单元格内容之间的像素数。在大多数浏览器中，此选项的值设置为 1。如果用表格进行页面布局，此选项值设置为 0，浏览网页时单元格边框与内容之间没有间距。
- “单元格间距”选项：设置相邻的单元格之间的像素数。在大多数浏览器中，此选项的值设置为 2。如果用表格进行页面布局时将此选项值设置为 0，浏览网页时单元格之间没有间距。
- “标题”选项：设置表格标题，它显示在表格的外面。
- “摘要”选项：对表格的说明，但是该文本不会显示在用户的浏览器中，仅在源代码中显示，可提高源代码的可读性。

用户可以通过如图 5-23 所示的表来了解“表格”对话框各选项的具体内容。

提示

在“表格”对话框中，当“边框粗细”选项设置为 0 时，在窗口中不显示表格的边框。若要查看单元格和表格边框，可选择“查看>可视化助理>表格边框”命令。

初一(12)班成绩表

	语文	几何	英语	化学	代数	物理	政治
张非凡	80	90	75	100	90	85	100
李样	95	100	95	98	100	99	100
王阳	100	95	100	90	75	85	100
薛鹏	95	85	75	99	95	90	100

图 5-23

STEP 3 根据需要选择新建表格的大小、行列数值等，单击“确定”按钮，完成新建表格的设置。

3.表格各元素的属性

插入表格后，通过选择不同的表格对象，可以在“属性”面板中看到各项参数，修改这些参数可以得到不同风格的表格。

1)表格的属性

表格的“属性”面板如图 5-24 所示，其各选项的作用如下。

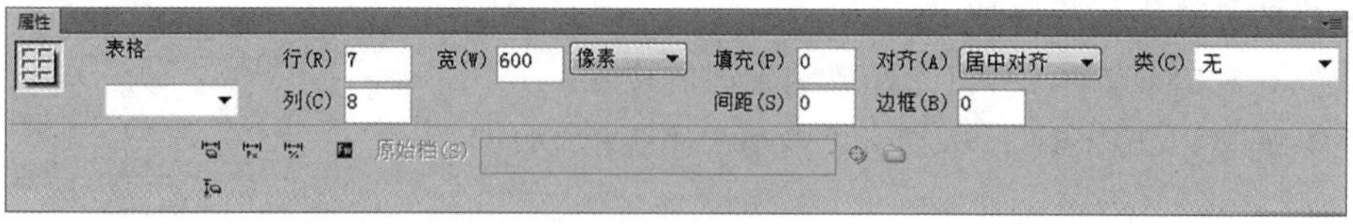

图 5-24

- “表格”选项：用于标志表格。
- “行”和“列”选项：用于设置表格中行和列的数目。
- “宽”选项：以像素为单位或以浏览器窗口宽度的百分比来设置表格的宽度。
- “填充”选项：也称单元格边距，是单元格内容和单元格边框之间的像素数。在大多数浏览器中，此选项的值设置为 1。如果用表格进行页面布局，此参数设置为 0，浏览网页时单元格边框与内容之间没有间距。
- “间距”选项：也称单元格间距，是相邻的单元格之间的像素数。对于大多数浏览器来说，此选项的值设置为 2。如果用表格进行页面布局，此参数设置为 0，浏览网页时单元格之间没有间距。
- “对齐”选项：表格在页面中相对于同一段落其他元素的显示位置。
- “边框”选项：以像素为单位设置表格边框的宽度。
- “清除列宽”按钮和“清除行高”按钮：从表格中删除所有明确指定列宽或行高的数值。
- “将表格宽度转换成像素”按钮：将表格每列宽度的单位转换成像素，还可将表格宽度的单位转换成像素。
- “将表格宽度转换成百分比”按钮：将表格每列宽度的单位转换成百分比，还可将表格宽度的单位转换成百分比。
- “类”选项：设置表格样式。

提示

如果没有明确指定单元格间距和单元格边距的值，则大多数浏览器按单元格边距设置为 1，单元格间距设置为 2 显示表格。

2)单元格和行或列的属性

单元格和行或列的“属性”面板如图 5-25 所示，其各选项的作用如下。

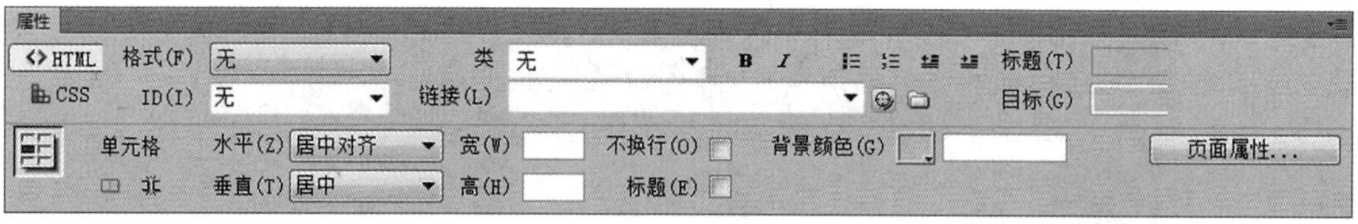

图 5-25

- “合并所选单元格，使用跨度”按钮：将选定的多个单元格、选定的行或列的单元格合并成一个单元格。
- “拆分单元格为行或列”按钮：将选定的一个单元格拆分成多个单元格。一次只能对一个单元格进行拆分。若选择多个单元格，此按钮禁用。
- “水平”选项：设置行或列中内容的水平对齐方式。在其下拉列表中包括“默认”“左对齐”“居中对齐”和“右对齐”4 个选项。一般标题行的所有单元格设置为“居中对齐”方式。
- “垂直”选项：设置行或列中内容的垂直对齐方式。在其下拉列表中包括“默认”“顶端”“居中”“底部”和“基线”5 个选项，一般采用“居中”对齐方式。
- “宽”和“高”选项：以像素为单位或以浏览器窗口宽度的百分比来设置表格的宽度和高度。

●“不换行”选项：设置单元格文本是否换行。如果勾选“不换行”复选框，当输入的数据超出单元格的宽度时，会自动增加单元格的宽度来容纳数据。

●“标题”选项：勾选该复选框，则将行或列的每个单元格的格式设置为表格标题单元格的格式。

●“背景颜色”选项：设置单元格的背景颜色。

4.在表格中插入内容

建立表格后，可以在表格中添加各种网页元素，如文本、图像、表格等。在表格中添加元素的操作非常简单，只需根据设计要求选定单元格，然后插入网页元素即可。一般在表格中插入内容后，表格的尺寸会随内容的尺寸自动调整。当然，还可以利用单元格的属性来调整其内部元素的对齐方式、单元格的大小等。

1)输入文字

在单元格中输入文字，有以下两种方法。

(1)单击任意一个单元格并直接输入文本，此时单元格会随文本的输入自动扩展。

(2)粘贴来自其他文字编辑软件中复制的带有格式的文本。

2)插入其他网页元素

(1)嵌套表格。

将光标置于一个单元格内并插入表格，即可实现嵌套表格。

(2)插入图像。

在表格中插入图像有以下 4 种方法。

① 将光标置于一个单元格中，单击“插入”面板“常用”选项卡中的“图像”按钮。

② 将光标置于一个单元格中，选择“插入>图像”命令。

③ 将光标置于一个单元格中，将“插入”面板“常用”选项卡中的“图像”按钮拖曳到单元格内。

④ 从资源管理器、站点资源管理器或桌面上直接将图像文件拖曳到一个需要插入图像的单元格内。

5.选择表格元素

先选择表格元素，然后对其进行操作。用户一次可以选择整个表格、多行或多列，也可以选择一个或多个单元格。

1)选择整个表格

选择整个表格有以下 4 种方法。

(1)将鼠标指针移至表格的四周边缘，鼠标指针右下角出现图标，如图 5-26 所示。单击即可选中整个表格，如图 5-27 所示。

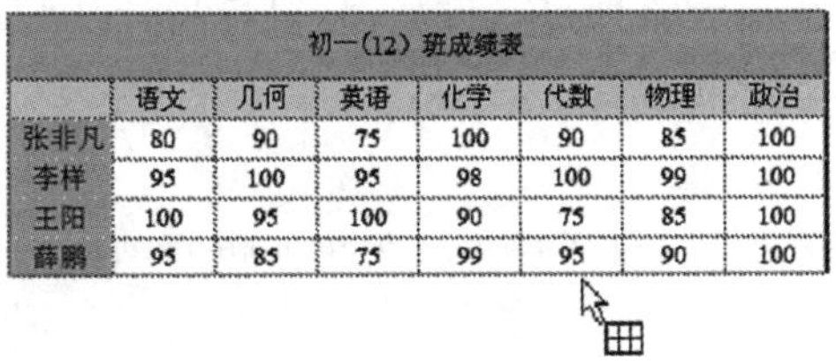

初一（12）班成绩表							
	语文	几何	英语	化学	代数	物理	政治
张非凡	80	90	75	100	90	85	100
李样	95	100	95	98	100	99	100
王阳	100	95	100	90	75	85	100
薛鹏	95	85	75	99	95	90	100

图 5-26

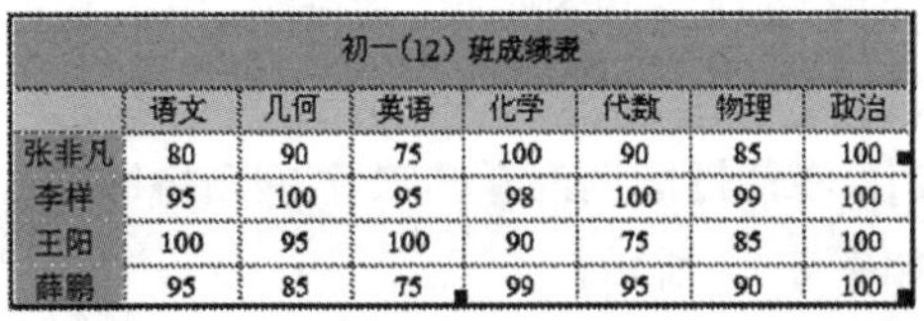

初一（12）班成绩表							
	语文	几何	英语	化学	代数	物理	政治
张非凡	80	90	75	100	90	85	100
李样	95	100	95	98	100	99	100
王阳	100	95	100	90	75	85	100
薛鹏	95	85	75	99	95	90	100

图 5-27

(2)将光标置于表格中的任意单元格中，然后在文档窗口左下角的标签栏中单击<table>标签，如图 5-28 所示。

(3)将光标置于表格中，然后选择“修改>表格>选择表格”命令。

(4)在任意单元格中右击，在弹出的快捷菜单中选择“表格>选择表格”命令，如图 5-29 所示。

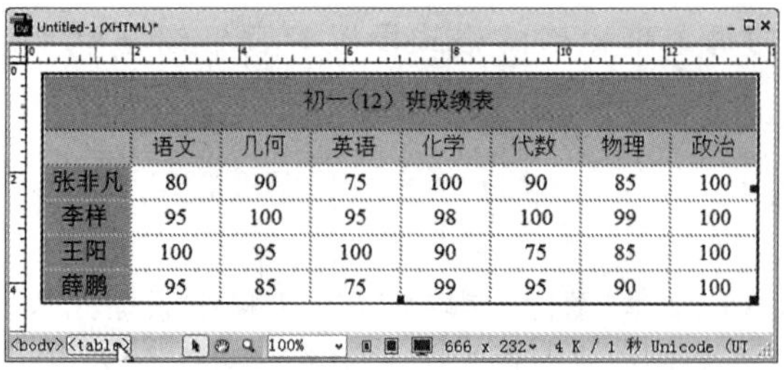

图 5-28

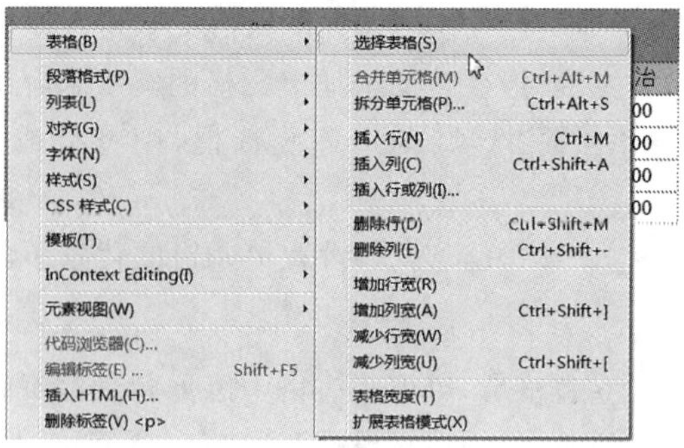

图 5-29

2）选择行或列

（1）选择单行或单列：定位鼠标指针，使其指向行的左边缘或列的上边缘。当鼠标指针出现向右或向下的箭头时，单击鼠标，如图 5-30 所示。

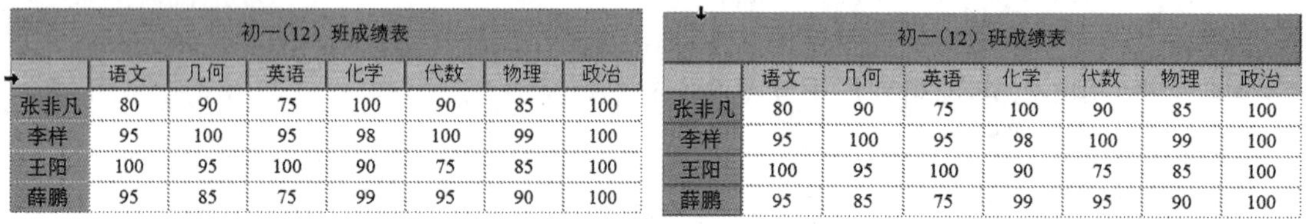

图 5-30

（2）选择多行或多列：定位鼠标指针，使其指向行的左边缘或列的上边缘。当鼠标指针变为方向箭头时，直接拖曳鼠标或按住 **Ctrl** 键的同时单击行或列，选择多行或多列，如图 5-31 所示。

3）选择单元格

选择单元格有以下 3 种方法。

（1）将光标置于单元格中，然后在文档窗口左下角的标签栏中单击<td>标签，如图 5-32 所示。

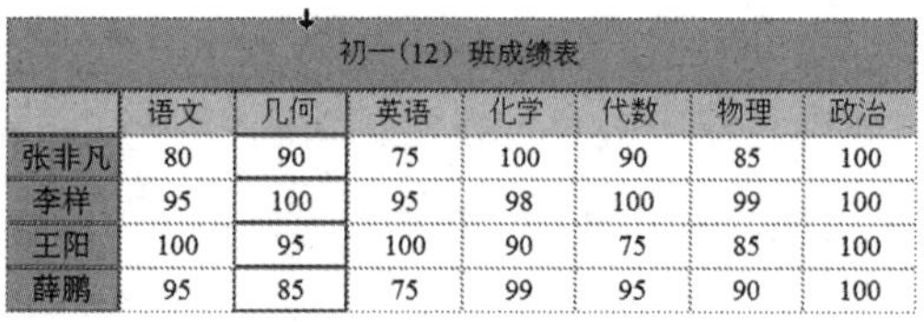

图 5-31

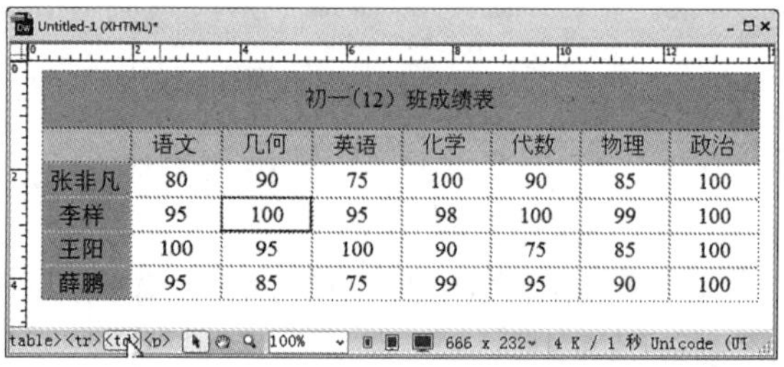

图 5-32

（2）单击任意单元格后，按住鼠标左键，直接拖曳鼠标选择单元格。

（3）将光标置于单元格中，然后选择“编辑>全选”命令，选中鼠标指针所在的单元格。

4）选择一个矩形块区域

将鼠标指针从一个单元格向右下方拖曳到另一个单元格即可。例如，将鼠标指针从“张非凡”单元格向右下方拖曳到“100”单元格，得到如图 5-33 所示的结果。

5）选择不相邻的单元格

按住 Ctrl 键的同时单击某个单元格即选中该单元格，当再次单击这个单元格时则取消对它的选择，如图 5-34 所示。

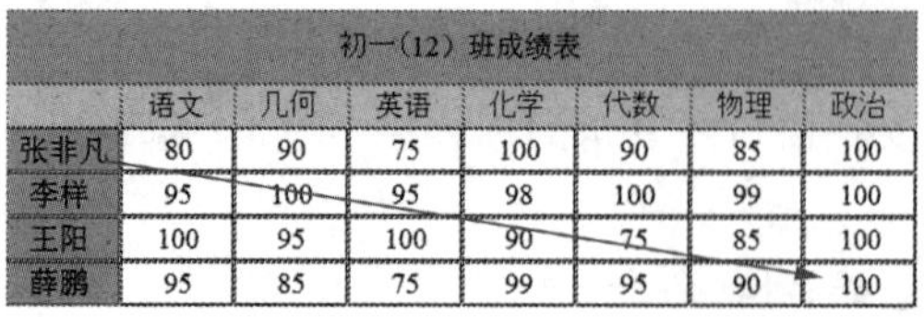

图 5-33

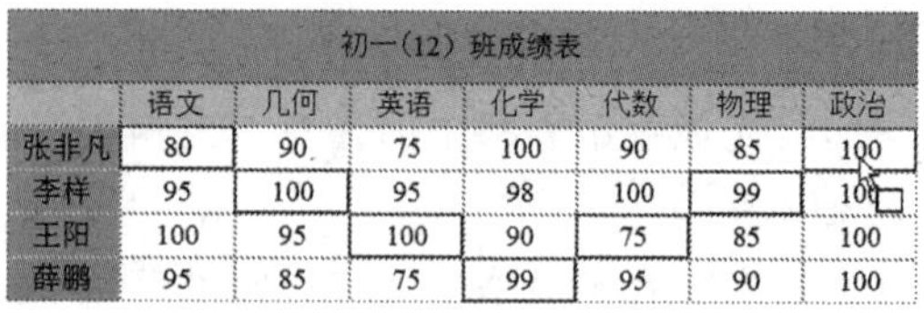

图 5-34

6.复制、粘贴表格

在 Dreamweaver CS6 中复制表格的操作与在 Word 中一样，可以对表格中的多个单元格进行复制、剪切、粘贴操作，并保留原单元格的格式，也可以仅对单元格的内容进行操作。

1)复制单元格

选定表格的一个或多个单元格后，选择“编辑>拷贝”命令，或按 Ctrl+C 组合键，将选择的内容复制到剪贴板中。剪贴板是一块由系统分配的暂时存放剪贴和复制内容的特殊内存区域。

2)剪切单元格

选定表格的一个或多个单元格后，选择“编辑>剪切”命令，或按 Ctrl+X 组合键，将选择的内容剪切到剪贴板中。

提示

必须选择连续的矩形区域，否则不能进行复制和剪切操作。

3)粘贴单元格

将光标移至网页的适当位置，选择“编辑>粘贴”命令，或按 Ctrl+V 组合键，将当前剪贴板中包含格式的表格内容粘贴到光标所在位置。

4)粘贴操作的几点说明

(1)只要剪贴板的内容和选定单元格的内容兼容，选定单元格的内容就会被替换。

(2)如果在表格外粘贴，则剪贴板中的内容将作为一个新表格出现，如图 5-35 所示。

(3)可以先选择“编辑>拷贝”命令进行复制，然后选择“编辑>选择性粘贴”命令，弹出“选择性粘贴”对话框，如图 5-36 所示。设置完成后单击“确定”按钮进行粘贴。

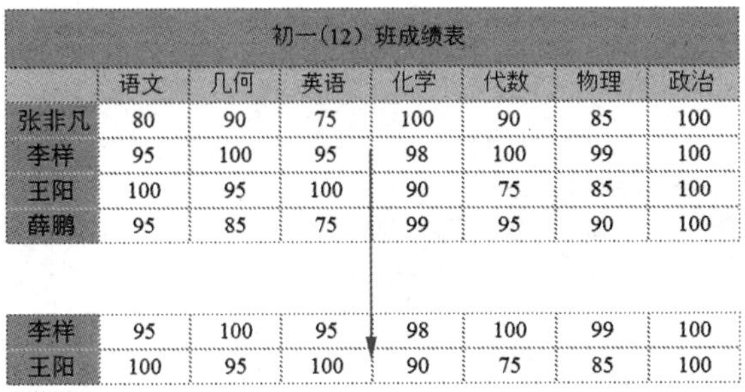

初一(12)班成绩表							
	语文	几何	英语	化学	代数	物理	政治
张非凡	80	90	75	100	90	85	100
李样	95	100	95	98	100	99	100
王阳	100	95	100	90	75	85	100
薛鹏	95	85	75	99	95	90	100

李样	95	100	95	98	100	99	100
王阳	100	95	100	90	75	85	100

图 5-35

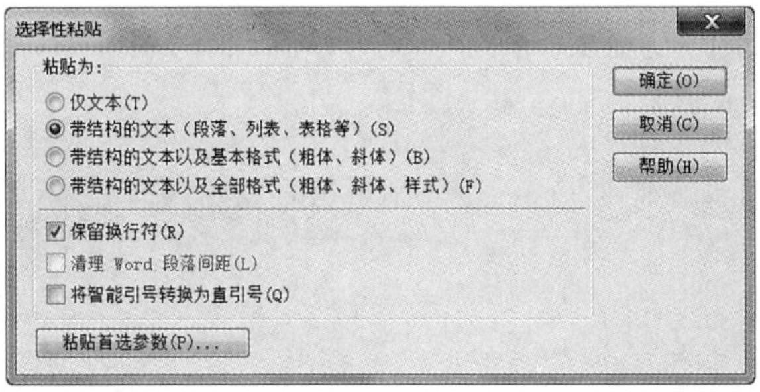

图 5-36

7.缩放表格

创建表格后，可根据需要调整表格、行和列的大小。

1)缩放表格

缩放表格有以下两种方法。

(1)将鼠标指针放在选定表格的边框上，当鼠标指针变为“⫲”形状时，左右拖曳边框，可以实现表格的缩放，如图 5-37 所示。

(2)选中表格，直接修改“属性”面板中的“宽”和“高”选项。

2)修改行或列的大小

修改行或列的大小有以下两种方法。

(1)直接拖曳鼠标。改变行高，可上下拖曳行的底边线；改变列宽，可左右拖曳列的右边线，如图 5-38 所示。

物理	政治
85	100
99	100
85	100
90	100

图 5-37

	语文	几何
张非凡	80	90
李样	95	100
王阳	100	95
薛鹏	95	85

图 5-38

(2)选中单元格,直接修改“属性”面板中的“宽”和“高”选项。

8.删除表格和表格内容

删除表格的操作包括删除行或列,清除表格内容。

1)清除表格内容

选定表格中要清除内容的区域后,清除表格内容有以下两种方法。

(1)按 Delete 键即可清除所选区域的内容。

(2)选择“编辑>清除”命令。

2)删除行或列

选定表格中要删除的行或列后,要实现删除行或列的操作方法如下。

选择“修改>表格>删除行”命令,或按 Ctrl+Shift+M 组合键,删除选择区域所在的行。

选择“修改>表格>删除列”命令,或按 Ctrl+Shift+-组合键,删除选择区域所在的列。

9.合并和拆分单元格

有的表格项需要几行或几列来说明,这时需要将多个单元格合并,生成一个跨多列或行的单元格。

1)合并单元格

选择连续的单元格,如图 5-39 所示,就可将它们合并成一个单元格。合并单元格有以下 3 种方法。

初一(12)班成绩表							
	语文	几何	英语	化学	代数	物理	政治
张非凡	80	90	75	100	90	85	100
李样	95	100	95	98	100	99	100
王阳	100	95	100	90	75	85	100
薛鹏	95	85	75	99	95	90	100

图 5-39

(1)按 Ctrl+Alt+M 组合键。

(2)选择“修改>表格>合并单元格”命令。

(3)在“属性”面板中,单击“合并所选单元格,使用跨度”按钮。

提示

合并前的多个单元格的内容将合并到一个单元格中。不相邻的单元格不能合并,合并的单元格应保证其为矩形的单元格区域。

2)拆分单元格

有时为了满足用户的需要,要将一个表格项分成多个单元格以详细显示不同的内容,这时就必须将单元格进行拆分。

拆分单元格的具体操作步骤如下。

STEP 1 选择一个要拆分的单元格。

STEP 2 通过以下 3 种方法弹出“拆分单元格”对话框，如图 5-40 所示。

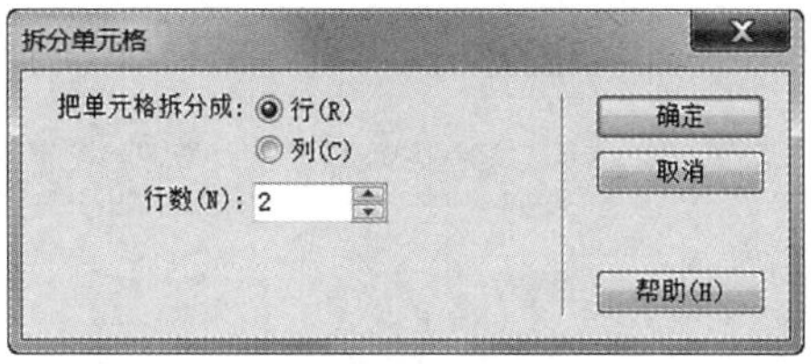

图 5-40

(1)按 Ctrl＋Alt＋S 组合键。

(2)选择“修改>表格>拆分单元格”命令。

(3)在“属性”面板中，单击“拆分单元格为行或列”按钮。

“拆分单元格”对话框中各选项的作用如下。

“把单元格拆分成”选项组：设置是按行还是按列拆分单元格，包括“行”和“列”两个选项。

“行数”或“列数”选项：设置将指定单元格拆分成的行数或列数。

STEP 3 根据需要进行设置，单击“确定”按钮，完成单元格的拆分。

10. 增加和删除表格的行和列

在实际工作中，随着客观环境的变化，表格中的项目也需要做相应的调整，通过选择“修改>表格”中的相应子菜单命令，可添加、删除行或列。

1)插入单行或单列

选择一个单元格后，可以在该单元格的上、下或左、右插入一行或一列。

插入单行有以下 4 种方法。

(1)选择“修改>表格>插入行”命令，在插入点的上面插入一行。

(2)按 Ctrl＋M 组合键，在插入点的上面插入一行。

(3)选择“插入>表格对象>在上面插入行”命令，在插入点的上面插入一行。

(4)选择“插入>表格对象>在下面插入行”命令，在插入点的下面插入一行。

插入单列有以下 4 种方法。

(1)选择“修改>表格>插入列”命令，在插入点的左侧插入一列。

(2)按 Ctrl＋Shift＋A 组合键，在插入点的左侧插入一列。

(3)选择“插入>表格对象>在左边插入列”命令，在插入点的左侧插入一列。

(4)选择“插入>表格对象>在右边插入列”命令，在插入点的右侧插入一列。

2)插入多行或多列

选中一个单元格，选择“修改>表格>插入行或列”命令，弹出“插入行或列”对话框。根据需要设置对话框中的选项，可在当前行的上面或下面插入多行，如图 5-41 所示，或在当前列之前或列之后插入多列，如图 5-42 所示。

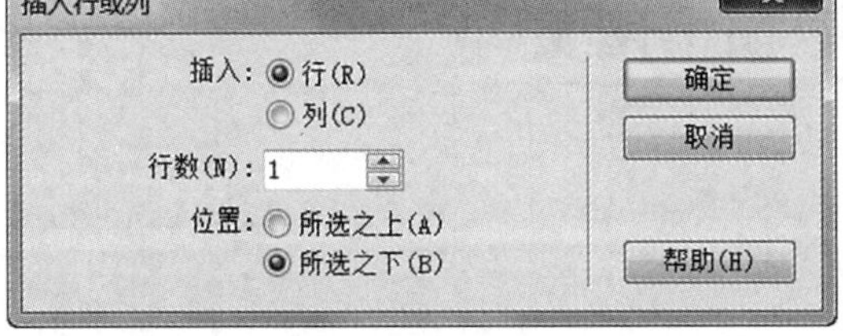

图 5-41

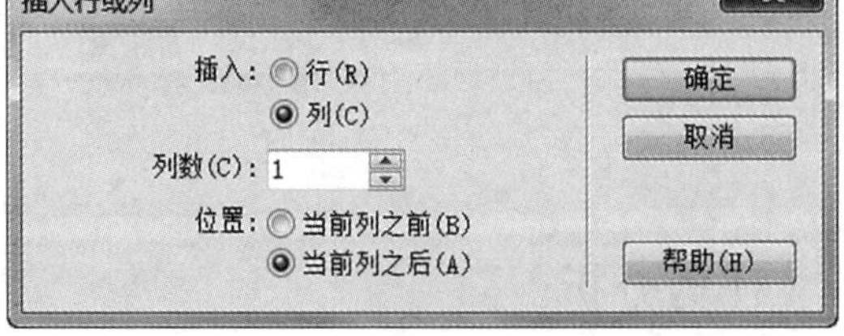

图 5-42

“插入行或列”对话框中各选项的作用如下。

- “插入”选项组：设置是插入行还是列，它包括“行”和“列”两个选项。
- “行数”或“列数”选项：设置要插入行或列的数目。
- “位置”选项组：设置新行或新列相对于所选单元格所在行或列的位置。

> **提示**
>
> 在表格的最后一个单元格中按 Tab 键会自动在表格的下方新添一行。

课堂演练——投资理财网页

使用“表格”按钮，插入表格进行布局；使用“图像”按钮，插入图像；使用“属性”面板，设置网页的页边距。最终效果参看资源包中的“源文件\项目五\课堂演练　投资理财网页\index. html”，如图 5-43 所示。

★ 微视频

投资理财网页

图 5-43

任务二　典藏博物馆网页

任务分析

博物馆是征集、典藏、陈列和研究代表自然和人类文化遗产的实物的场所。博物馆是非营利的永久性机构，对公众开放，为社会发展提供服务，以学习、教育、娱乐为目的。本任务是为某典藏博物馆制作网站，要求网站设计具有特色，让人印象深刻。

设计理念

★ 微视频

典藏博物馆网页

在网页设计和制作过程中，整个页面采用浅灰色作为背景，给人干净清爽的感觉；排版整洁有序；导航栏的设计清晰明快，方便用户浏览和查找。网页设计元素典雅古朴，色块的分布使网站看起来更加大气。最终效果参看资源包中的“源文件\项目五\任务二　典藏博物馆网页\index. html”，如图 5-44 所示。以下制作过程仅为示例。

图 5-44

任务实施

STEP 1 选择“文件>打开”命令，在弹出的“打开”对话框中，选择资源包中的“素材文件\项目五\任务二　典藏博物馆网页\index. html”文件，单击“打开”按钮打开文件，如图 5-45 所示。将光标放置在要导入表格数据的位置，如图 5-46 所示。

图 5-45

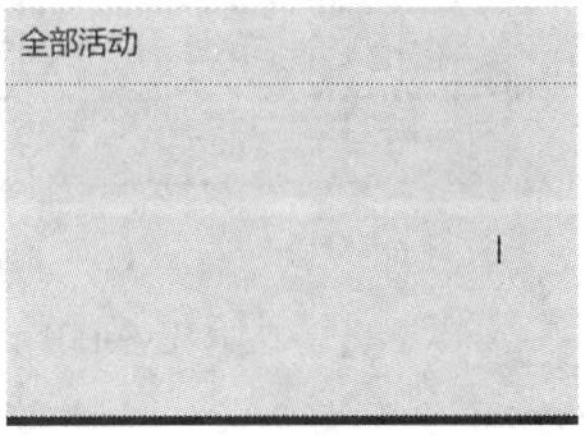

图 5-46

STEP 2 选择“文件>导入>表格式数据”命令，弹出“导入表格式数据”对话框。单击“数据文件”选项右侧的“浏览”按钮，弹出“打开”对话框，在资源包中选择“素材文件\项目五\任务二 典藏博物馆网页\SJ.txt”文件，单击“打开”按钮，返回对话框中，如图 5-47 所示。单击“确定”按钮，导入表格式数据，效果如图 5-48 所示。

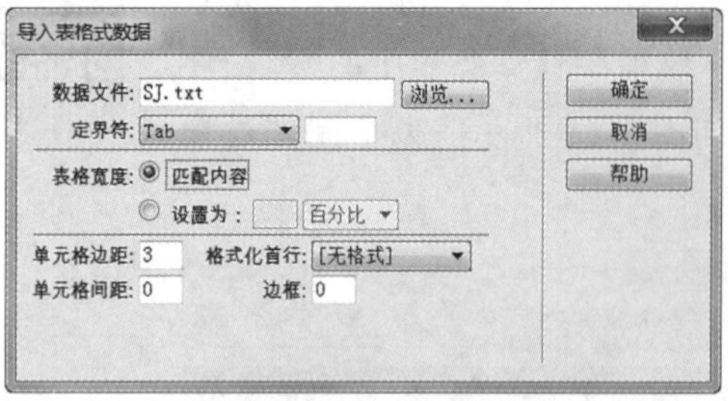

图 5-47

活动标题	时间	地点	人物
【纪录片欣赏】春蚕	周六 14:00 – 16:00	观众活动中心	50人
【专题讲座】夏衍：世纪的同龄人	周六 10:00 – 12:00	观众活动中心	20人
【专题导览】货币艺术	周五 15:00 – 16:00	观众活动中心	100人
【专题讲座】内蒙古博物院	周六 14:00 – 16:00	观众活动中心	150人
【纪录片欣赏】风云儿女	周日 14:00 – 16:00	观众活动中心	113人

图 5-48

STEP 3 保持表格的选取状态，在“属性”面板中进行设置，如图 5-49 所示，表格效果如图 5-50 所示。

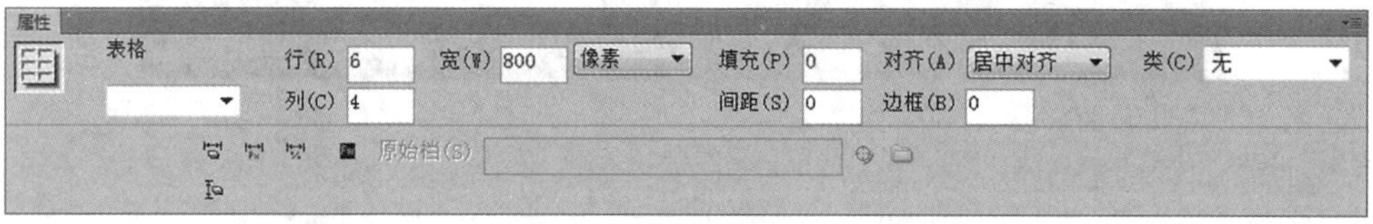

图 5-49

活动标题	时间	地点	人物
【纪录片欣赏】春蚕	周六 14:00 – 16:00	观众活动中心	50人
【专题讲座】夏衍：世纪的同龄人	周六 10:00 – 12:00	观众活动中心	20人
【专题导览】货币艺术	周五 15:00 – 16:00	观众活动中心	100人
【专题讲座】内蒙古博物院	周六 14:00 – 16:00	观众活动中心	150人
【纪录片欣赏】风云儿女	周日 14:00 – 16:00	观众活动中心	113人

图 5-50

STEP 4 将第 1 列单元格全部选中，如图 5-51 所示。在“属性”面板中，将“宽”选项设置为 240，“高”选项设置为 35，效果如图 5-52 所示。

活动标题	时间	地点	人物
【纪录片欣赏】春蚕	周六 14:00 – 16:00	观众活动中心	50人
【专题讲座】夏衍：世纪的同龄人	周六 10:00 – 12:00	观众活动中心	20人
【专题导览】货币艺术	周五 15:00 – 16:00	观众活动中心	100人
【专题讲座】内蒙古博物院	周六 14:00 – 16:00	观众活动中心	150人
【纪录片欣赏】风云儿女	周日 14:00 – 16:00	观众活动中心	113人

图 5-51

活动标题	时间	地点	人物
【纪录片欣赏】春蚕	周六 14:00 – 16:00	观众活动中心	50人
【专题讲座】夏衍：世纪的同龄人	周六 10:00 – 12:00	观众活动中心	20人
【专题导览】货币艺术	周五 15:00 – 16:00	观众活动中心	100人
【专题讲座】内蒙古博物院	周六 14:00 – 16:00	观众活动中心	150人
【纪录片欣赏】风云儿女	周日 14:00 – 16:00	观众活动中心	113人

图 5-52

STEP 5 选中第 2 列单元格，在“属性”面板“水平”选项的下拉列表中选择“居中对齐”选项，将“宽”选项设置为 220。选中第 3 列和第 4 列所有单元格，在“属性”面板“水平”选项的下拉列表中选择“居中对齐”选项，将“宽”选项设置为 160，效果如图 5-53 所示。

活动标题	时间	地点	人物
【纪录片欣赏】春蚕	周六 14:00－16:00	观众活动中心	50人
【专题讲座】夏衍：世纪的同龄人	周六 10:00－12:00	观众活动中心	20人
【专题导览】货币艺术	周五 15:00－16:00	观众活动中心	100人
【专题讲座】内蒙古博物院	周六 14:00－16:00	观众活动中心	150人
【纪录片欣赏】风云儿女	周日 14:00－16:00	观众活动中心	113人

图 5-53

STEP 6 将光标置于第 1 行第 1 列单元格中，在“属性”面板“水平”选项的下拉列表中选择“居中对齐”选项。选择“窗口>CSS 样式”命令，弹出“CSS 样式”面板，单击面板下方的“新建 CSS 规则”按钮，在弹出的“新建 CSS 规则”对话框中进行设置，如图 5-54 所示。单击“确定”按钮，弹出“. text 的 CSS 规则定义”对话框，在左侧的“分类”列表中选择“类型”选项，将 Font-family 选项设置为“宋体”，Font-size 选项设置为 16，在 Font-weight 选项的下拉列表中选择 bold 选项，将 Color 选项设置为褐色(＃7b7b60)，如图 5-55 所示。单击“确定”按钮，完成样式的创建。

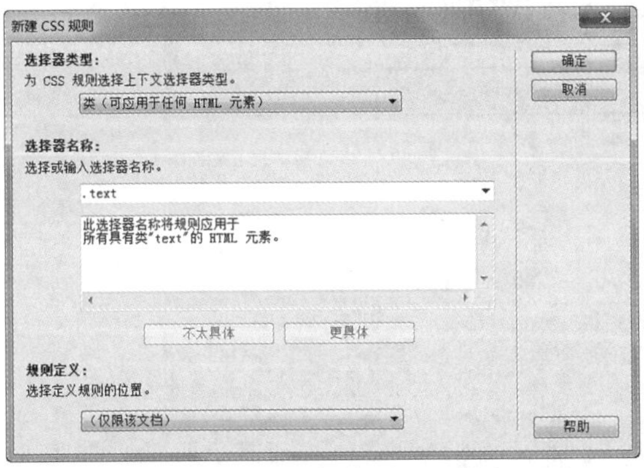

图 5-54

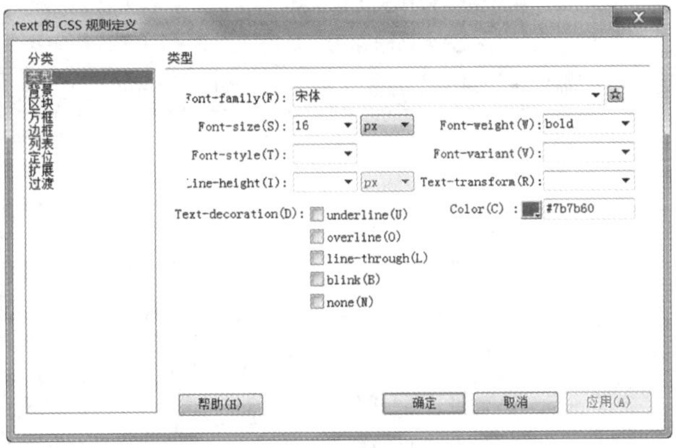

图 5-55

STEP 7 选中图 5-56 所示的文字，在“属性”面板“类”选项的下拉列表中选择 text 选项，应用样式，效果如图 5-57 所示。用相同的方法为其他文字应用样式，效果如图 5-58 所示。

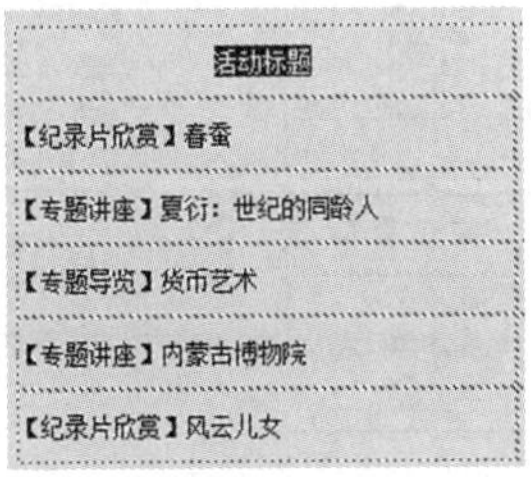

活动标题
【纪录片欣赏】春蚕
【专题讲座】夏衍：世纪的同龄人
【专题导览】货币艺术
【专题讲座】内蒙古博物院
【纪录片欣赏】风云儿女

图 5-56

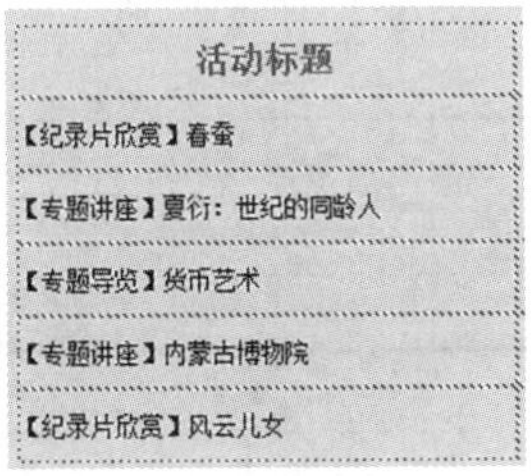

活动标题
【纪录片欣赏】春蚕
【专题讲座】夏衍：世纪的同龄人
【专题导览】货币艺术
【专题讲座】内蒙古博物院
【纪录片欣赏】风云儿女

图 5-57

时间	地点	人物
周六 14:00－16:00	观众活动中心	50人
周六 10:00－12:00	观众活动中心	20人
周五 15:00－16:00	观众活动中心	100人
周六 14:00－16:00	观众活动中心	150人
周日 14:00－16:00	观众活动中心	113人

图 5-58

STEP 8 单击“CSS 样式”面板下方的“新建 CSS 规则”按钮，在弹出的“新建 CSS 规则”对话框中进行设置，如图 5-59 所示。单击“确定”按钮，弹出“. text1 的 CSS 规则定义”对话框，在左侧的“分类”列表中选择“类型”选项，将 Font-family 选项设置为“宋体”，Font-size 选项设置为 12，在 Font-weight 选项的下拉列表中选择 bold 选项，将 Color 选项设置为褐色(＃7b7b60)，如图 5-60 所示，单击“确定”按钮，完成样式的创建。

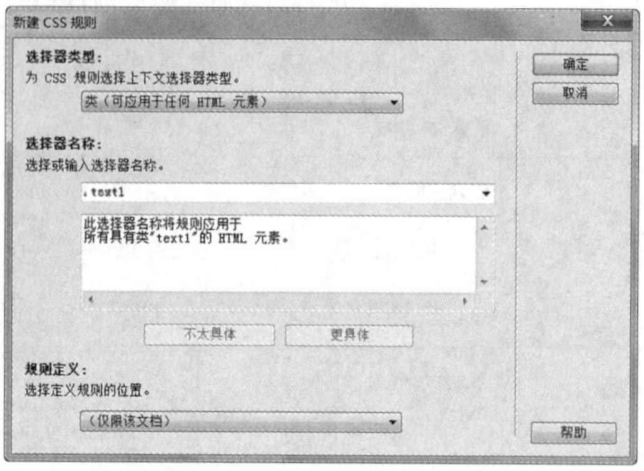

图 5-59

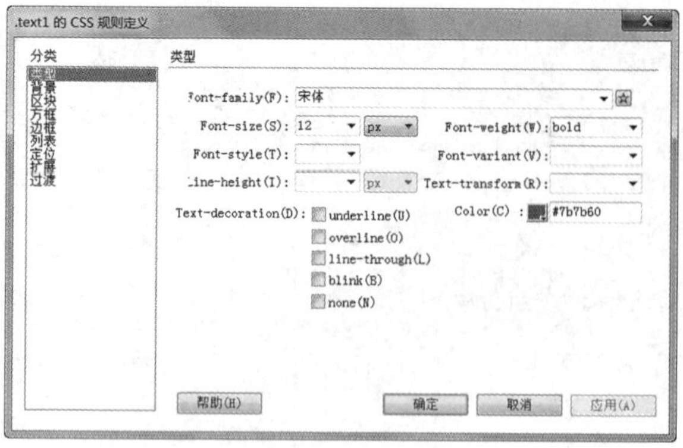

图 5-60

STEP 9 选中如图 5-61 所示的单元格，在"属性"面板"类"选项的下拉列表中选择 text1 选项，应用样式，效果如图 5-62 所示。

活动标题	时间	地点	人物
【纪录片欣赏】春蚕	周六 14:00 — 16:00	观众活动中心	50人
【专题讲座】夏衍：世纪的同龄人	周六 10:00 — 12:00	观众活动中心	20人
【专题导览】货币艺术	周五 15:00 — 16:00	观众活动中心	100人
【专题讲座】内蒙古博物院	周六 14:00 — 16:00	观众活动中心	150人
【纪录片欣赏】风云儿女	周日 14:00 — 16:00	观众活动中心	113人

图 5-61

活动标题	时间	地点	人物
【纪录片欣赏】春蚕	周六 14:00 — 16:00	观众活动中心	50人
【专题讲座】夏衍：世纪的同龄人	周六 10:00 — 12:00	观众活动中心	20人
【专题导览】货币艺术	周五 15:00 — 16:00	观众活动中心	100人
【专题讲座】内蒙古博物院	周六 14:00 — 16:00	观众活动中心	150人
【纪录片欣赏】风云儿女	周日 14:00 — 16:00	观众活动中心	113人

图 5-62

STEP 10 按住 Ctrl 键的同时选中图 5-63 所示的单元行，在"属性"面板中，将"背景颜色"选项设置为淡黄色(＃e9e9e1)，效果如图 5-64 所示。

活动标题	时间	地点	人物
【纪录片欣赏】春蚕	周六 14:00 — 16:00	观众活动中心	50人
【专题讲座】夏衍：世纪的同龄人	周六 10:00 — 12:00	观众活动中心	20人
【专题导览】货币艺术	周五 15:00 — 16:00	观众活动中心	100人
【专题讲座】内蒙古博物院	周六 14:00 — 16:00	观众活动中心	150人
【纪录片欣赏】风云儿女	周日 14:00 — 16:00	观众活动中心	113人

图 5-63

活动标题	时间	地点	人物
【纪录片欣赏】春蚕	周六 14:00 — 16:00	观众活动中心	50人
【专题讲座】夏衍：世纪的同龄人	周六 10:00 — 12:00	观众活动中心	20人
【专题导览】货币艺术	周五 15:00 — 16:00	观众活动中心	100人
【专题讲座】内蒙古博物院	周六 14:00 — 16:00	观众活动中心	150人
【纪录片欣赏】风云儿女	周日 14:00 — 16:00	观众活动中心	113人

图 5-64

STEP 11 保存文档，按 F12 键预览效果，如图 5-65 所示。

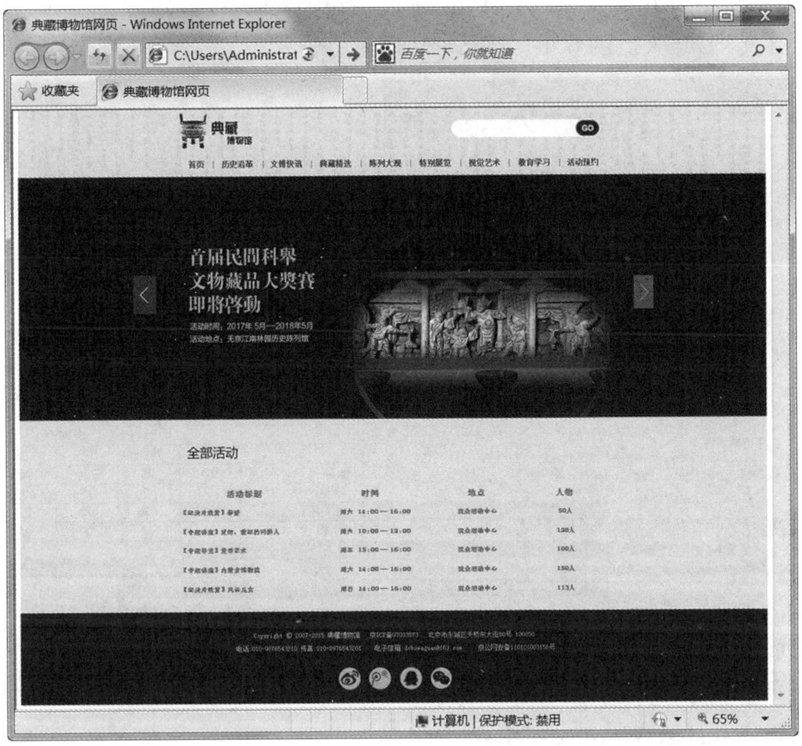

图 5-65

知识讲解

1.导入和导出表格的数据

有时需要将 Word 文档中的内容或 Excel 文档中的表格数据导入网页中进行发布，或将网页中的表格数据导出到 Word 文档或 Excel 文档中进行编辑，Dreamweaver CS6 具有该功能。

1）导入 Excel 文档中的表格数据

选择“文件>导入>Excel 文档”命令，弹出“导入 Excel 文档”对话框，如图 5-66 所示。选择包含导入数据的 Excel 文档，导入后的效果如图 5-67 所示。

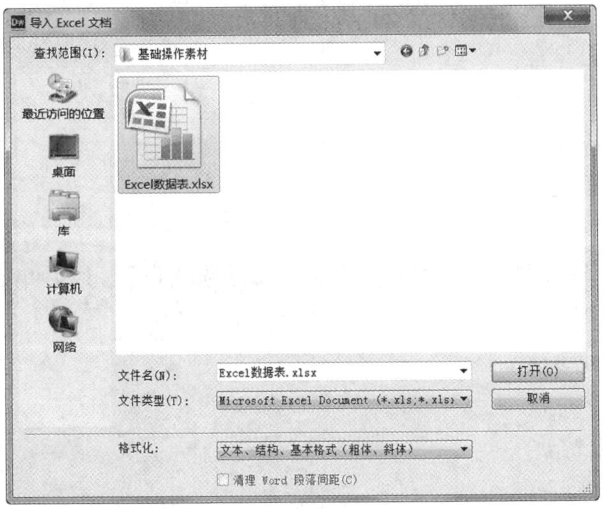

图 5-66

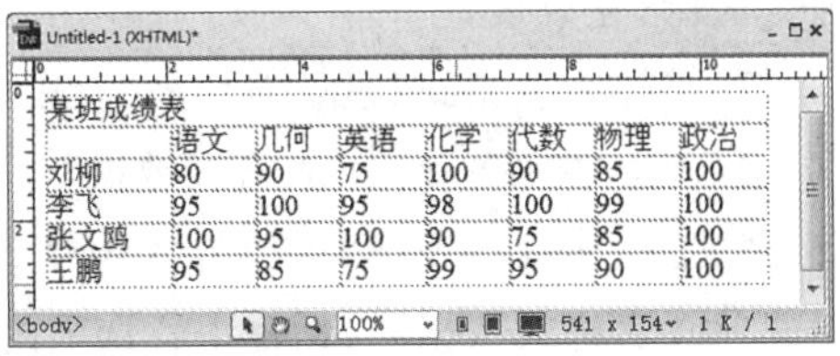

图 5-67

2)导入 Word 文档中的内容

选择“文件>导入>Word 文档”命令,弹出“导入 Word 文档”对话框,如图 5-68 所示。选择包含导入内容的 Word 文档,导入后的效果如图 5-69 所示。

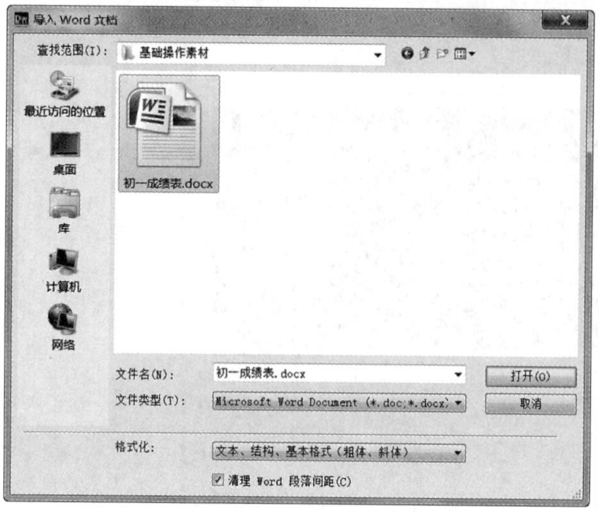

图 5-68

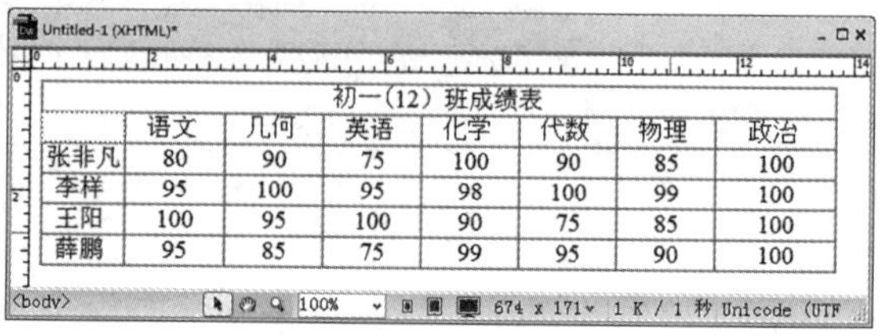

初一(12)班成绩表							
	语文	几何	英语	化学	代数	物理	政治
张非凡	80	90	75	100	90	85	100
李祥	95	100	95	98	100	99	100
王阳	100	95	100	90	75	85	100
薛鹏	95	85	75	99	95	90	100

图 5-69

3)将网页中的表格导入其他网页或 Word 文档中

若将一个网页的表格导入其他网页或 Word 文档中,需先将网页内的表格数据导出,然后将其导入其他网页或切换并导入 Word 文档中。

(1)将网页内的表格数据导出。

选择“文件>导出>表格”命令,弹出如图 5-70 所示的“导出表格”对话框,根据需要设置参数,单击“导出”按钮,弹出“表格导出为”对话框,输入保存导出数据的文件名称,单击“保存”按钮完成设置。

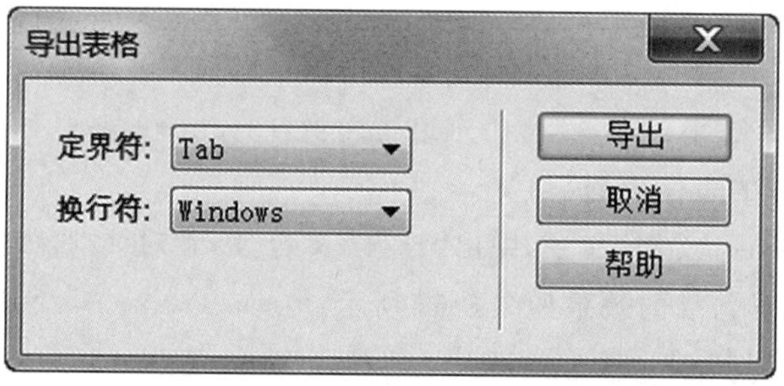

图 5-70

“导出表格”对话框中各选项的作用如下。

“定界符”选项:设置导出文件所使用的分隔符字符。

“换行符”选项:设置打开导出文件的操作系统。

(2)在其他网页中导入表格数据。

首先打开“导入表格式数据”对话框,如图 5-71 所示。然后根据需要进行选项设置,最后单击“确定”按钮完成设置。

打开“导入表格式数据”对话框,有以下两种方法。

① 选择“文件>导入>表格式数据”命令。

② 选择“插入>表格对象>导入表格式数据”命令。

“导入表格式数据”对话框中各选项的作用如下。

- “数据文件”选项:单击“浏览”按钮选择要导入的文件。

● “定界符”选项：设置正在导入的表格文件所使用的分隔符。其下拉列表包括 Tab、逗点等选项值。如果选择“其他”选项，在右侧的文本框中输入导入文件使用的分隔符，如图 5-72 所示。

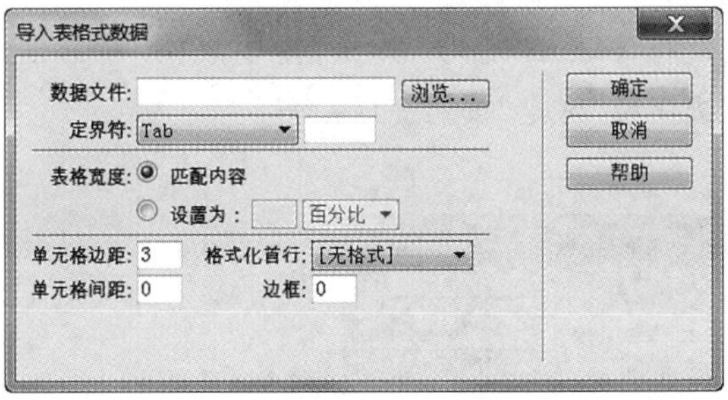

图 5-71

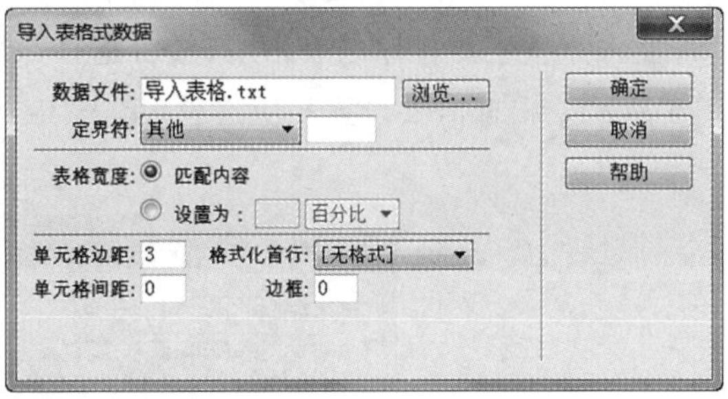

图 5-72

● “表格宽度”选项：设置将要创建的表格宽度。

● “单元格边距”选项：以像素为单位设置单元格内容与单元格边框之间的距离。

● “单元格间距”选项：以像素为单位设置相邻单元格之间的距离。

● “格式化首行”选项：设置应用于表格首行的格式。其下拉列表包括“无格式”“粗体”“斜体”“加粗斜体”选项。

● “边框”选项：设置表格边框的宽度。

(3)在 Word 文档中导入表格数据。

在 Word 文档中选择“插入>对象>文件中的文字”命令，弹出如图 5-73 所示的对话框。选择插入的文件，单击“插入”按钮，弹出如图 5-74 所示的“文件转换”对话框。单击“确定”按钮完成设置，效果如图 5-75 所示。

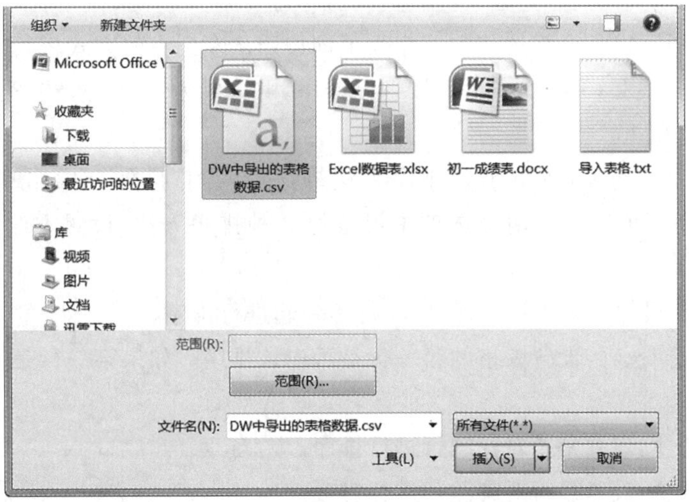

图 5-73

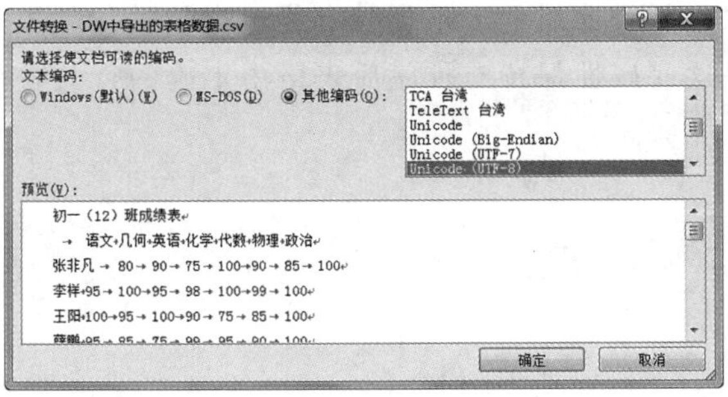

图 5-74

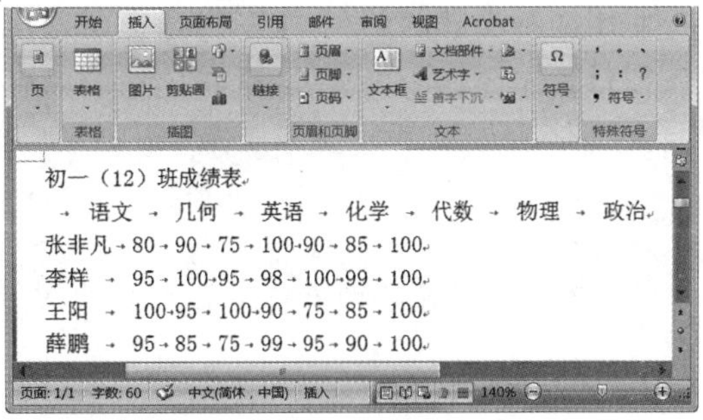

图 5-75

2. 排序表格

在日常工作中，经常需要对无序的表格内容进行排序，以便浏览者可以快速找到所需的数据。

将插入点置于要排序的表格中，然后选择“命令>排序表格”命令，弹出“排序表格”对话框，如图 5-76 所示。根据需要设置相应选项，单击“应用”按钮或“确定”按钮完成设置。

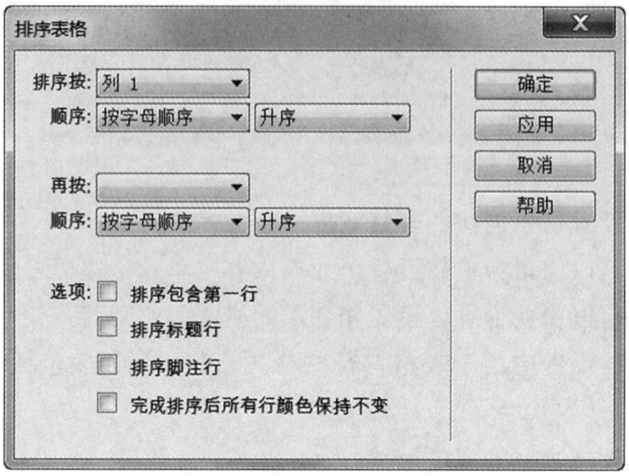

图 5-76

“排序表格”对话框中各选项的作用如下。

● “排序按”选项：设置表格按哪列的值进行排序。

● “顺序”选项：设置是按字母还是按数字顺序以及是以升序(从 A 到 Z 或数字从小到大)还是降序对列进行排序。当列的内容是数字时，选择“按数字顺序”。如果按字母顺序对一组由一位或两位数字组成的数进行排序，会将这些数字作为单词按照从左到右的方式进行排序，而不是按数字大小进行排序。例如，1、2、3、10、20、30，若按字母排序，则结果为 1、10、2、20、3、30；若按数字排序，则结果为 1、2、3、10、20、30。

● “再按”和“顺序”选项：按第 1 种排序方法排序后，当排序的列中出现相同的结果时，按第 2 种排序方法排序。可以在这两个选项中设置第 2 种排序方法，设置方法与第 1 种排序方法相同。

● “选项”选项组：设置是否将标题行、脚注行等一起进行排序。

“排序包含第一行”选项：设置表格的第一行是否应该排序。如果第一行是不应移动的标题，则不选择此选项。

“排序标题行”选项：设置是否对标题行进行排序。

“排序脚注行”选项：设置是否对脚注行进行排序。

“完成排序后所有行颜色保持不变”选项：设置排序的结果是否保持原行的颜色值。如果表格行使用两种交替的颜色，则不要选择此选项以确保排序后的表格仍具有颜色交替的行。如果行属性特定于每行的内容，则选择此选项以确保这些属性保持与排序后表格中正确的行关联在一起。

提示

有合并单元格的表格不能使用“排序表格”命令。

3. 复杂表格的排版

当一个表格无法对网页元素进行复杂的定位时，需要在表格的一个单元格中继续插入表格，这叫作表格的嵌套。单元格中的表格是内嵌入式表格。内嵌入式表格可以将一个单元格再分成许多行和列，而且可以无限地插入内嵌入式表格，但是内嵌入式表格越多，浏览时下载页面的时间就越长。内嵌入式的表格一般不能超过 3 层。

课堂演练——律师事务所网页

使用“导入表格式数据”命令，导入外部表格数据；使用“属性”面板，改变表格的高度和对齐方式；使用“CSS 样式”命令，调整单元格的背景颜色。最终效果参看资源包中的“源文件\项目五\课堂演练　律师事务所网页\index. html”，如图 5-77 所示。

微视频

律师事务所网页

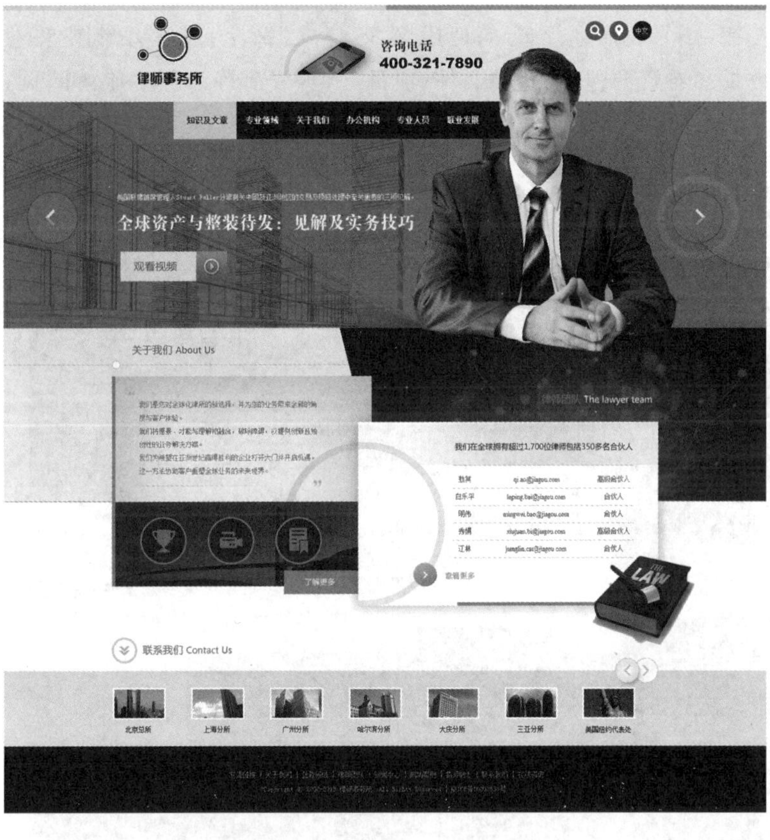

图 5-77

实战演练——养生旅游网页

案例分析

现代意义的养生指根据人的生命过程规律主动进行物质与精神的身心养护活动。养生首先在于环境。城市的空气污染，是人类健康的大敌，居民需要常常到森林中“洗肺”，到绿色中“洗眼”。养生旅游作为高端旅游，其发展的基础是滨海、温泉等自然资源，使游客达到调理身心和恢复健康的目的。

设计理念

在网页设计和制作过程中，大气磅礴的自然背景给人悠闲舒适的印象。简洁的图文搭配，更添加了养生旅游带来的安静舒适的氛围。整体风格符合养生旅游文化的特色，画面搭配舒适和谐。

制作要点

使用“表格”按钮，插入表格进行布局；使用“CSS 样式”命令，设置背景图像；使用“图像”按钮，插入图像。最终效果参看资源包中的“源文件\项目五\实战演练 养生旅游网页\index. html”，如图 5-78 所示。

微视频

养生旅游网页

图 5-78

实战演练——绿色粮仓网页

案例分析

粮食，即可供食用的谷物、豆类和薯类的统称，是我们赖以生存的基础。绿色粮仓即天然无公害的粮食生产地。下面是为某绿色粮仓公司制作的网页，要求网页设计具有特色，让人印象深刻。

设计理念

在网页设计和制作过程中，整个页面采用实景照片作为背景，展现出产品的生长环境；整洁有序的排版表现出网站的细心；导航栏的设计清晰明快，方便用户浏览和查找。整个网页设计突出了宣传的主题。

制作要点

使用“导入表格式数据”命令，导入外部表格数据；使用“属性”面板改变表格的宽度、高度和背景颜色；使用“排序表格”命令，将表格数据排序。最终效果参看资源包中的“源文件\项目五\实战演练　绿色粮仓网页\index.html”，如图 5-79 所示。

图 5-79

★ 微视频

绿色粮仓网页

项目六
使用框架

框架的出现极大地丰富了网页的布局手段及页面之间的组织形式。浏览者通过框架可以很方便地在不同的页面之间跳转及操作。例如，BBS论坛页面及网站中邮箱的操作页面等都是通过框架来实现的。

项目目标

- 框架与建立框架集
- 框架的属性设置
- 框架的编辑

任务一 牛奶饮品网页

任务分析

牛奶有较高的营养价值，对脑髓和神经的形成及发育有重要作用。合理的饮食和充足的营养必将为我们的体力和智力发育打下良好的基础。本任务是为某牛奶饮品公司制作网页，要求网站设计特色突出，让人印象深刻。

设计理念

在网页设计和制作过程中，使用绿色的草地作为背景，增加画面的清新自然之感，奶牛与牛奶瓶的添加使网页充满乐趣；规整的编排使信息传达更加直观清晰，可读性强；网页设计内容丰富，整体文字及图片整洁舒适，搭配适宜，以清新自然的风格诠释天然、健康的主题，别具一格。最终效果参看资源包中的“源文件\项目六\任务一　牛奶饮品网页\index.html”，如图6-1所示。

图 6-1

★ 微视频

牛奶饮品网页

任务实施

1. 新建框架并编辑

STEP 1 选择“文件>新建”命令，新建一个空白文档。选择“插入>HTML>框架>对齐上缘”命令，弹出“框架标签辅助功能属性”对话框，如图 6-2 所示。单击“确定”按钮，插入框架，效果如图 6-3 所示。

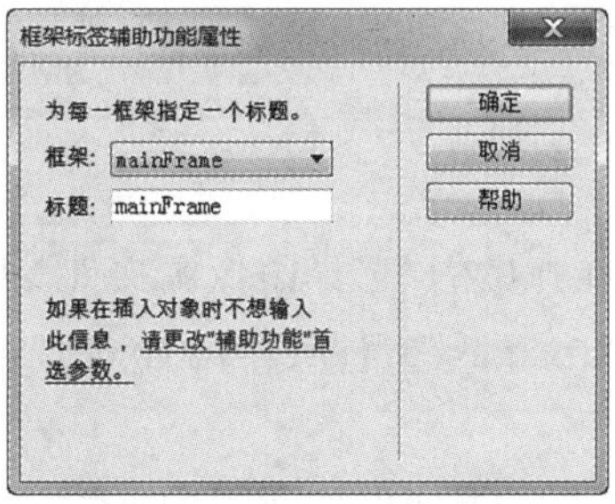

图 6-2

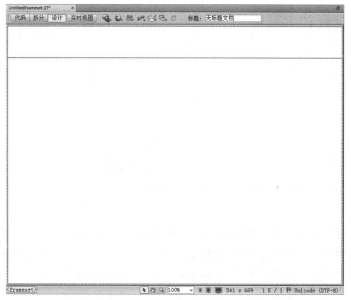

图 6-3

STEP 2 选择“文件>保存全部”命令，弹出“另存为”对话框，在“保存在”选项的下拉列表中选择当前站点目录保存路径，整个框架边框会出现一个阴影框，阴影出现在整个框架集内侧，询问的是框架集的名称，在“文件名”文本框中输入“index”，如图 6-4 所示。

STEP 3 单击“保存”按钮，再次弹出“另存为”对话框，在“文件名”右侧的文本框中输入“bottom”，如图 6-5 所示。单击“保存”按钮，保存框架。

图 6-4

图 6-5

STEP 4 将光标置于顶部的框架中，选择“文件>保存框架”命令，弹出“另存为”对话框，在“文件名”文本框中输入“top”，如图 6-6 所示。单击“保存”按钮，保存框架。

2.插入图像

STEP 1 将光标置于顶部框架中，选择“修改>页面属性”命令，弹出“页面属性”对话框，在左侧的“分类”列表中选择“外观(CSS)”选项，将“左边距”“右边距”“上边距”和“下边距”选项均设置为0，如图 6-7 所示。单击“确定”按钮，完成页面属性的修改。

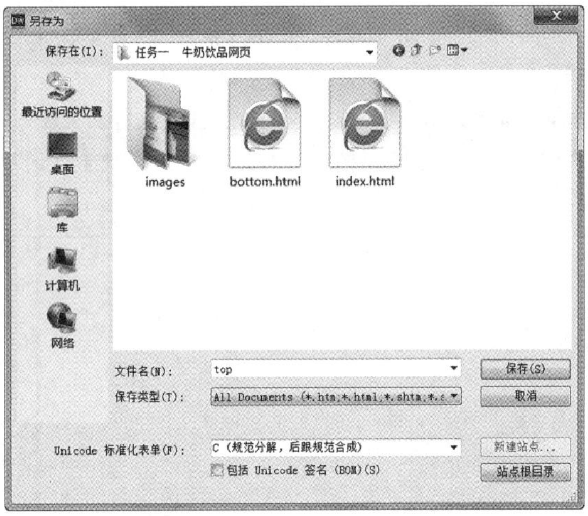

图 6-6

图 6-7

STEP 2 单击“插入”面板“常用”选项卡中的“图像”按钮，在弹出的“选择图像源文件”对话框中，选择资源包中的“素材文件\项目六\任务一 牛奶饮品网页\images”文件夹中的“pic01.jpg”文件，单击“确定”按钮，完成图像的插入，如图 6-8 所示。

STEP 3 将光标放到框架上下边界线上，如图 6-9 所示。单击并向下拖曳到适当的位置，释放鼠标，效果如图 6-10 所示。

STEP 4 将光标置于底部框架中，选择“修改>页面属性”命令，弹出“页面属性”对话框，在左侧的“分类”列表中选择“外观”选项，将“左边距”“右边距”“上边距”和“下边距”选项均设置为 0，单击“确定”按钮，完成页面属性的修改。

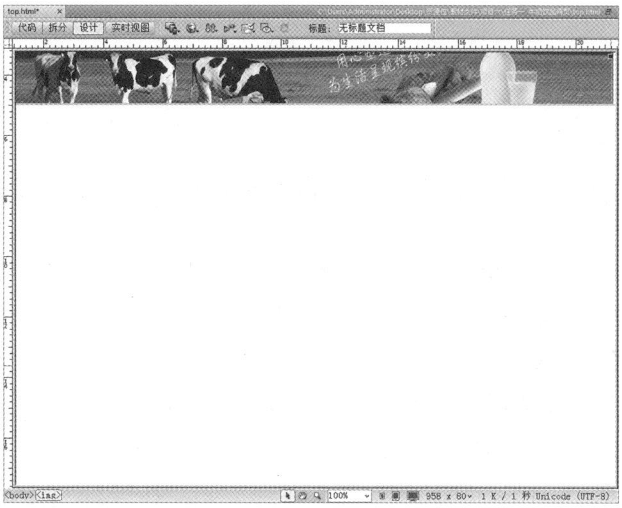

图 6-8

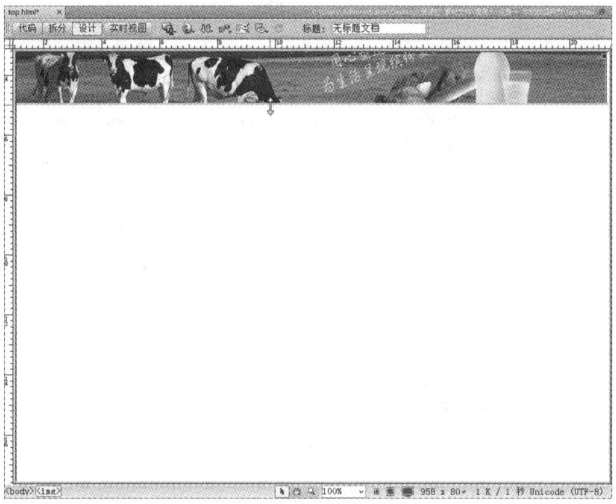

图 6-9

图 6-10

STEP 5 单击“插入”面板“常用”选项卡中的“图像”按钮，在弹出的“选择图像源文件”对话框中，选择资源包中的“素材文件\项目六\任务一　牛奶饮品网页\images”文件夹中的“pic02.jpg”文件，单击“确定”按钮，完成图像的插入，如图 6-11 所示。

STEP 6 保存文档，按 F12 键预览效果，如图 6-12 所示。

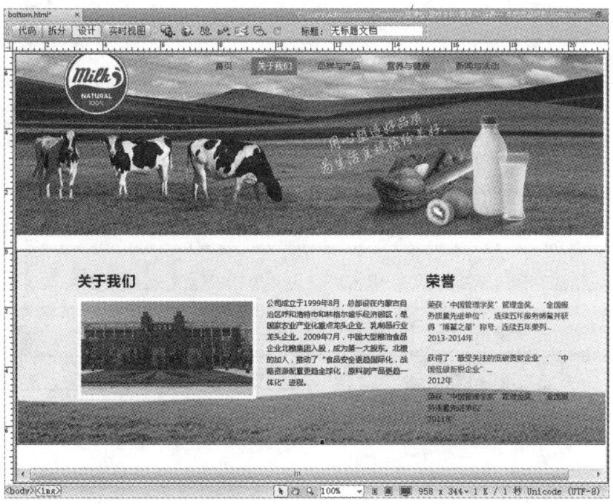

图 6-11

图 6-12

知识讲解

1.建立框架集

在 Dreamweaver CS6 中，可以利用“插入”命令和可视化状态下的鼠标拖曳便捷地创建框架集。

1)通过“插入”命令建立框架集

STEP 1 选择“文件>新建”命令，在弹出的“新建文档”对话框中进行设置，如图 6-13 所示。单击“创建”按钮，新建一个 HTML 文档。

STEP 2 将插入点放置在文档窗口中，选择“插入>HTML>框架”命令，在其子菜单中选择需要的预定义框架集，如图 6-14 所示。

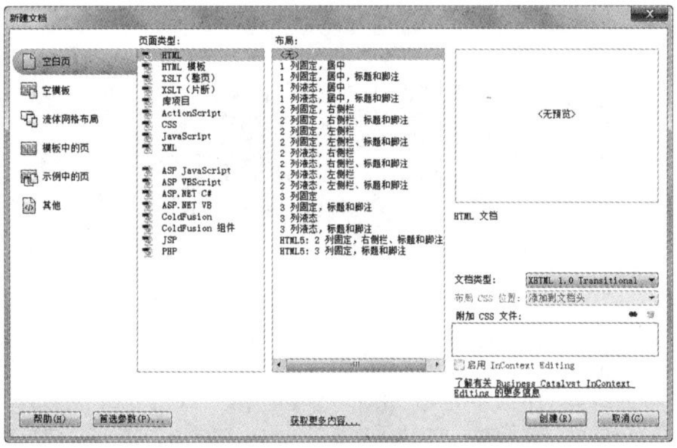

图 6-13

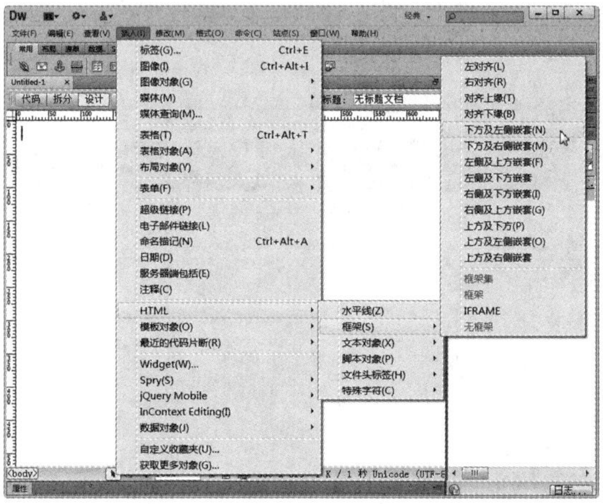

图 6-14

STEP 3 在菜单中选择其中一个框架集，弹出“框架标签辅助功能属性”对话框，如图 6-15 所示。

STEP 4 在该对话框中可以为每个框架进行参数设置，然后单击“确定”按钮，完成框架的插入，效果如图 6-16 所示。

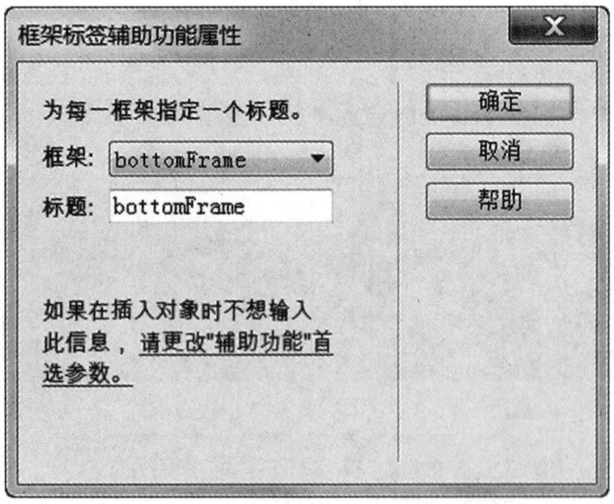

图 6-15

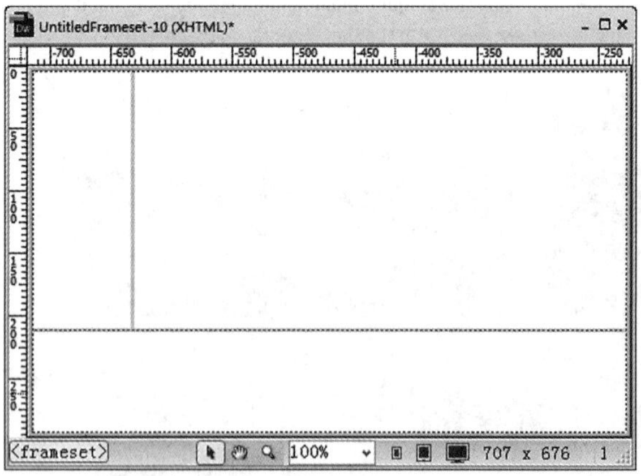

图 6-16

2)通过鼠标拖曳自定义框架

STEP 1 新建一个 HTML 文档。

STEP 2 选择“查看>可视化助理>框架边框”命令，显示框架线，如图 6-17 所示。

STEP 3 将光标放置到框架边框上，如图 6-18 所示。

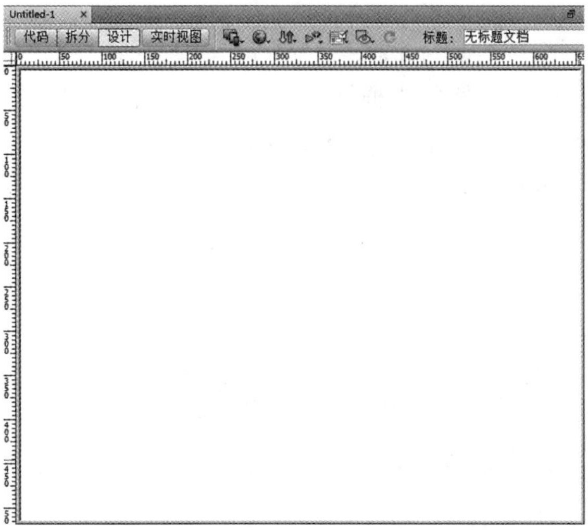

图 6-17

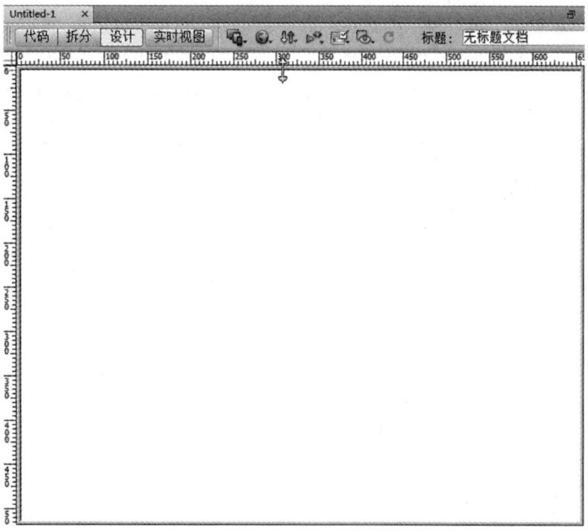

图 6-18

STEP 4 单击并向下拖曳到适当的位置，释放鼠标，效果如图 6-19 所示。

2. 为框架添加内容

因为每一个框架都是一个 HTML 文档，所以在创建框架后，直接编辑某个框架中的内容，也可在框架中打开已有的 HTML 文档，具体操作步骤如下。

STEP 1 在文档窗口中，将光标放置在某一框架内。

STEP 2 选择“文件>在框架中打开”命令，弹出“选择 HTML 文件”对话框，打开一个已有文档，如图 6-20 所示。

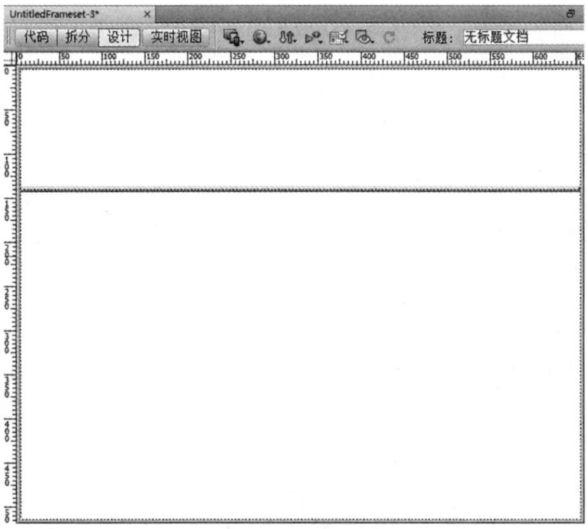

图 6-19

图 6-20

3. 保存框架

保存框架时，分两步进行：先保存框架集，再保存框架。初学者在保存文档时很容易产生以下疑惑：明明认为保存的是框架，但实际上保存的是框架集；明明认为保存的是某个框架，但实际上保存成框架集或其他框架。因此，在保存框架前，用户需要先选择“窗口>属性”命令和“窗口>框架”命令，打开“属性”面板和“框架”面板。然后，在“框架”面板中选择一个框架，在“属性”面板的“源文件”选项中查看此框架的文件名。用户查看框架的名称后，再保存文件时就可以根据“保存”对话框中的文件名信息知道保存的是框架集还是框架。

1)保存框架集和全部框架

使用“保存全部”命令可以保存所有的文件,包括框架集和每个框架。选择“文件>保存全部”命令,先弹出的“另存为”对话框是用于保存框架集的,此时框架集边框显示选择线,如图 6-21 所示。单击“保存”按钮,再次弹出的“另存为”对话框是用于保存每个框架的,此时文档窗口中的选择线也会自动转移到对应的框架上,据此可以知道正在保存的框架,如图 6-22 所示。

2)保存框架集文件

单击框架边框选择框架集后,保存框架集文件有以下两种方法。

(1)选择“文件>保存框架页”命令。

图 6-21

图 6-22

(2)选择“文件>框架集另存为”命令。

3)保存框架文件

将插入点放到框架中后保存框架文件,有以下两种方法。

(1)选择“文件>保存框架”命令。

(2)选择“文件>框架另存为”命令。

4.框架的选择

在对框架或框架集进行操作之前,必须先选择框架或框架集。

1)选择框架

选择框架有以下两种方法。

(1)在文档窗口中,按 Alt+Shift 组合键的同时单击要选择的框架。

(2)选择“窗口>框架”命令,或按 Shift+F2 组合键,弹出“框架”面板。然后,在面板中单击要选择的框架,如图 6-23 所示。此时,文档窗口中框架的边框会出现虚线轮廓,如图 6-24 所示。

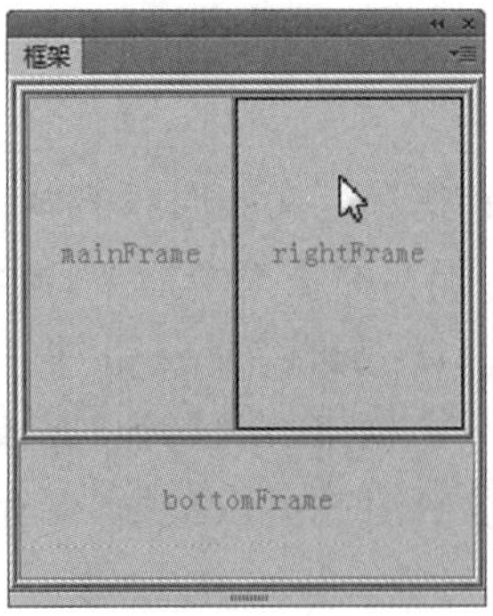

图 6-23

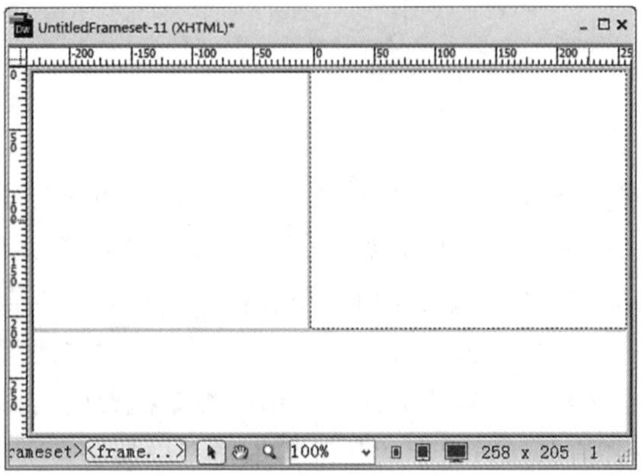

图 6-24

2)选择框架集

选择框架集有以下两种方法。

(1)在“框架”面板中单击框架集的边框,如图 6-25 所示。

(2)在文档窗口中单击框架的边框,如图 6-26 所示。

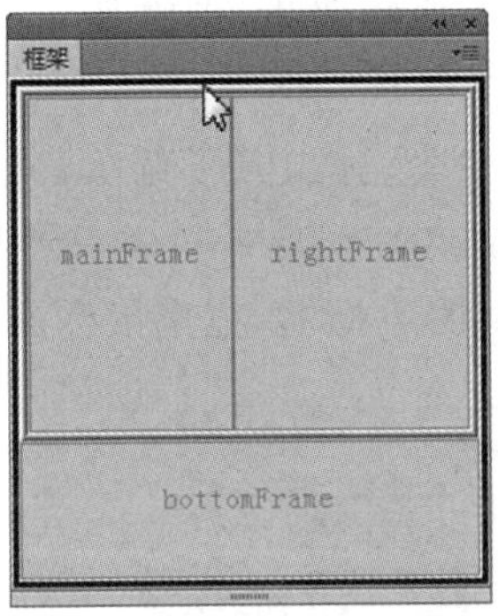

图 6-25

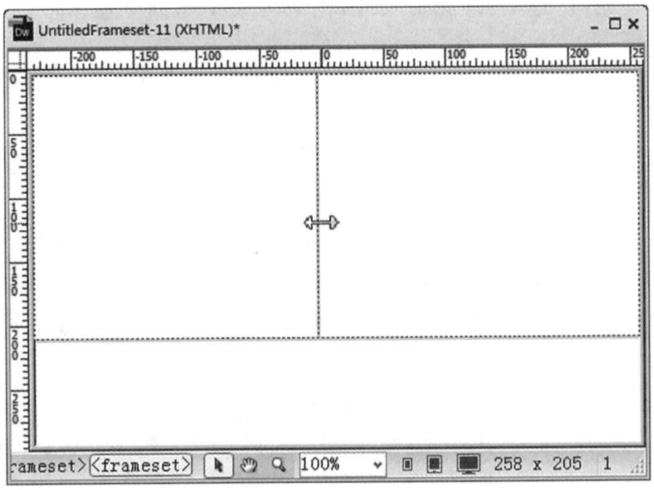

图 6-26

5.修改框架的大小

建立框架的目的就是将窗口分成大小不同的子窗口,在不同的窗口中显示不同的文档内容。调整子窗口的大小有以下两种方法。

(1)在“设计”视图中,将鼠标指针放到框架边框上,当鼠标指针呈双向箭头时,拖曳鼠标改变框架的大小,如图 6-27 所示。

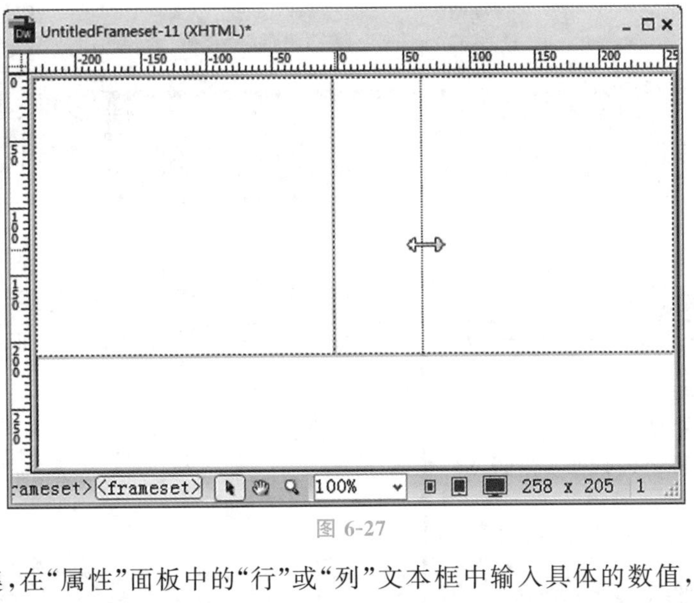

图 6-27

(2)选择框架集,在“属性”面板中的“行”或“列”文本框中输入具体的数值,然后在“单位”选项的下拉列表中选择单位,如图 6-28 所示。

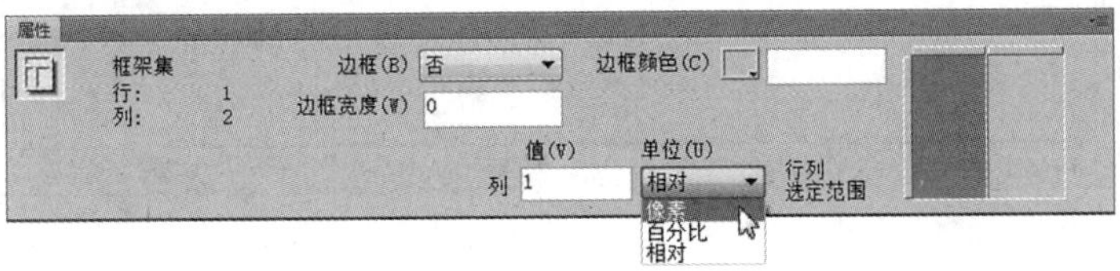

图 6-28

“单位”下拉列表中各选项的含义如下。

- “像素”选项：为默认选项，按照绝对的像素值设定框架的大小。
- “百分比”选项：按所选框架占整个框架集的百分比设定框架的大小，是相对尺寸，框架的大小随浏览器窗口的改变而改变。
- “相对”选项：是相对尺寸，框架的大小随浏览器窗口的改变而改变。一般剩余空间按此方式分配。

6.拆分框架

通过拆分框架，可以增加集中框架的数量，但实际上是在不断地增加框架集，即框架集嵌套。拆分框架有以下两种方法。

（1）先将光标置于要拆分的框架窗口中，然后选择“修改>框架集”命令，弹出其子菜单，其中有4种拆分方式可供选择，如图6-29所示。

（2）选定要拆分的框架集，按住Alt键的同时，将鼠标指针放到框架的边框上，拖曳鼠标拆分框架，如图6-30所示。

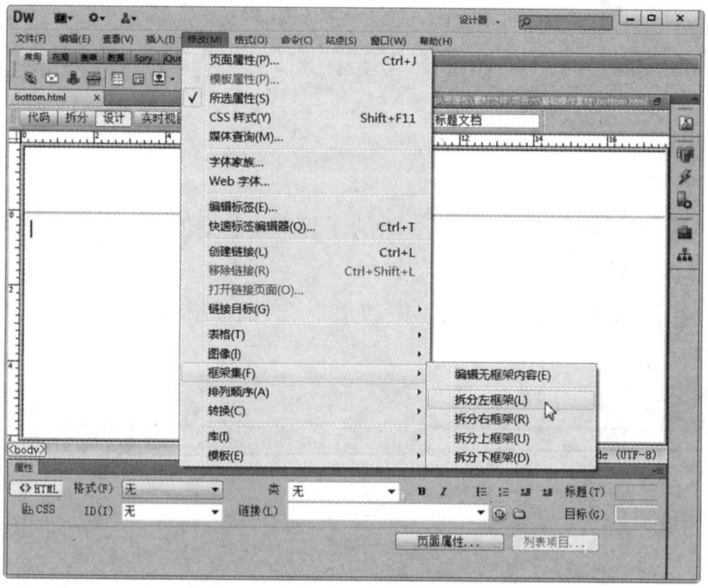

图 6-29

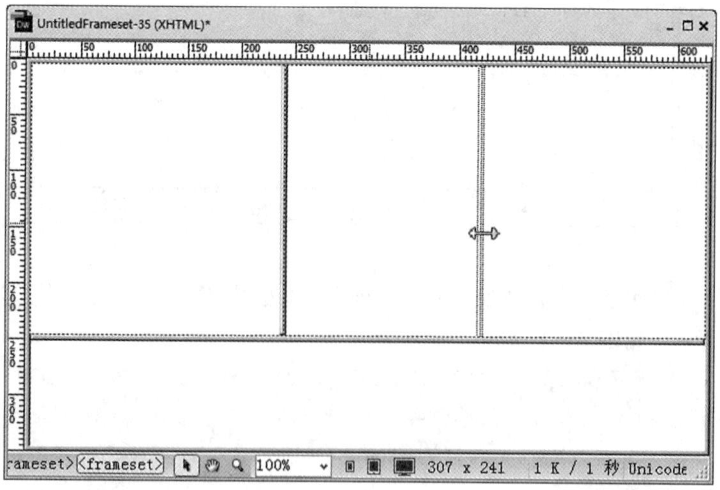

图 6-30

7. 删除框架

将鼠标指针放在要删除的边框上，当鼠标指针变为双向箭头时，拖曳鼠标到框架相对应的外边框上即可进行删除，如图 6-31 和图 6-32 所示。

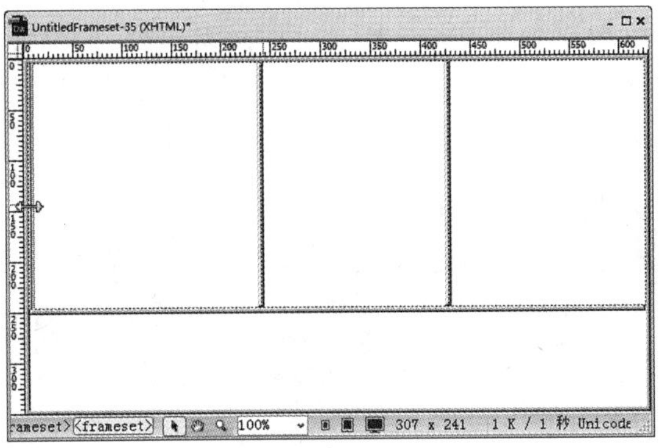

图 6-31

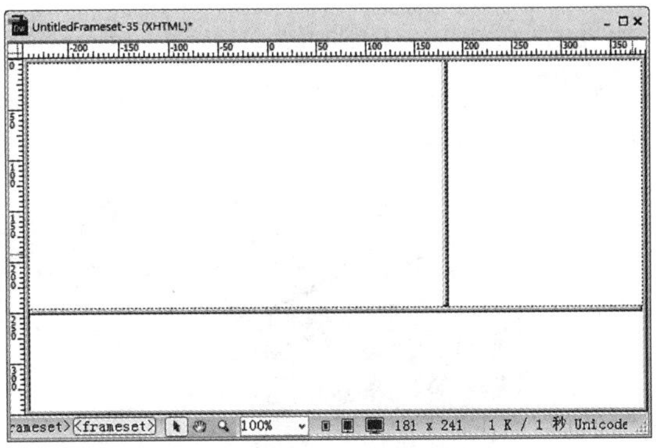

图 6-32

课堂演练——阳光外语小学网页 1

使用“对齐上缘”框架，制作网页的结构图效果；使用“属性”面板，改变框架的大小；使用“图像”按钮，插入图像制作完整的框架网页效果。最终效果参看资源包中的“源文件\项目六\课堂演练阳光外语小学网页 1\index.html”，如图 6-33 所示。

微视频

阳光外语小学网页1

图 6-33

任务二　建筑规划网页

任务分析

建筑规划以创造高质量的设计作品为宗旨，强调规划、建筑、景观各设计专业的融合。网页设计要求除了界面达到吸引浏览者眼球的目的外，还要注意网页的行业特色和构成要素。

设计理念

在网页设计和制作过程中，网页背景以洋红色调为主，营造出时尚新潮的氛围。图片及文字摆放整齐有序，有利于用户点击浏览；左侧方块的信息栏醒目直观，突出主要信息，达到宣传的目的；网页整体设计直观简洁，具有时尚感。最终效果参看资源包中的“源文件\项目六\任务二　建筑规划网页\index.html”，如图 6-34 所示。

★ 微视频

建筑规划网页

图 6-34

任务实施

1.设置保存文档

STEP 1 选择“文件>新建”命令，新建一个空白页面。选择“插入>HTML>框架>左对齐”命令，弹出“框架标签辅助功能属性”对话框，如图 6-35 所示。单击“确定”按钮，效果如图 6-36 所示。

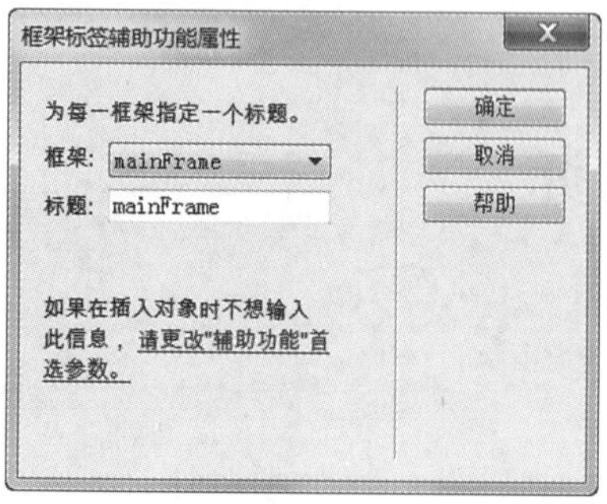

图 6-35

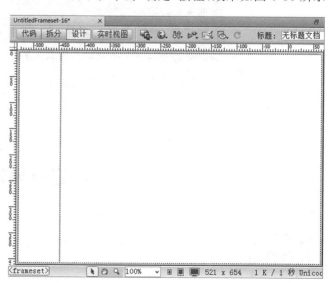

图 6-36

STEP 2 选择“文件>保存全部”命令，弹出“另存为”对话框，整个框架集内侧边框会出现一个阴影框，在“保存在”选项的下拉列表中选择当前站点目录保存路径，在“文件名”文本框中输入“index”，设置框架集的名称，如图 6-37 所示。

STEP 3 单击“保存”按钮，再次弹出“另存为”对话框，在“文件名”文本框中输入“right”，如图 6-38 所示。单击“保存”按钮，返回编辑窗口。

图 6-37

图 6-38

STEP 4 将光标置于左侧框架中，选择“文件>保存框架”命令，弹出“另存为”对话框，在“文件名”文本框中输入“left”，设置左侧框架的名称，如图 6-39 所示。单击“保存”按钮，完成框架网页的保存。

STEP 5 将光标置于左侧框架中，选择“修改>页面属性”命令，弹出“页面属性”对话框，单击“分类”列表中的“外观(CSS)”选项，将“背景颜色”选项设置为洋红色(#ba255f)，“左边距”“右边距”“上边距”“下边距”文本框均输入“0”，如图 6-40 所示。单击“确定”按钮，完成页面属性的修改。

图 6-39

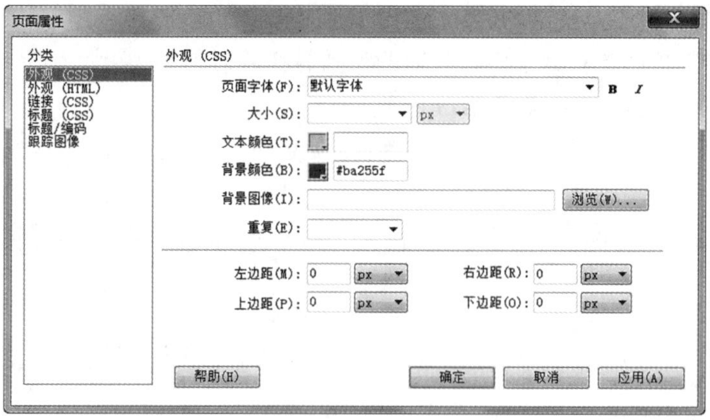

图 6-40

STEP 6 将鼠标指针放到框架边框上并单击，选中框架，如图 6-41 所示。在“属性”面板中，将“列”选项设置为 200，其他选项的设置如图 6-42 所示。

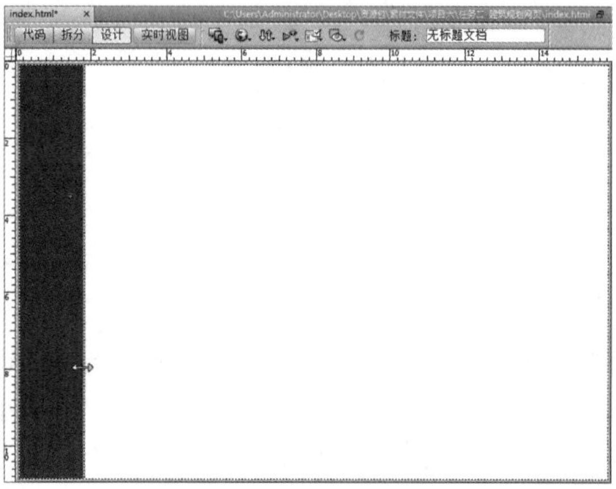

图 6-41

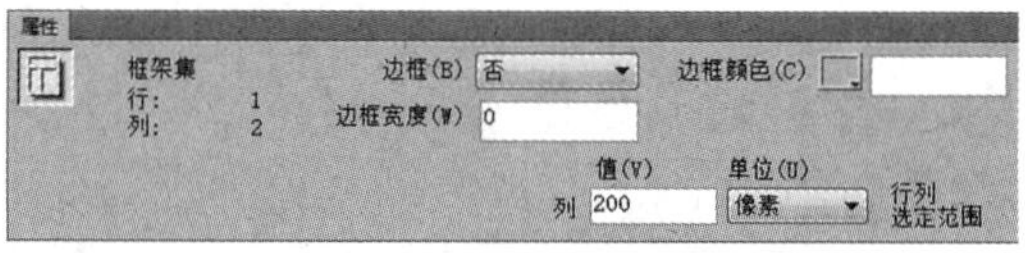

图 6-42

2. 插入表格、图像和鼠标经过图像

STEP 1 将光标置于左侧框架中，单击“插入”面板“常用”选项卡中的“表格”按钮，在弹出的“表格”对话框中进行设置，如图 6-43 所示。单击“确定”按钮，完成表格的插入。保持表格的选取状态，在“属性”面板“对齐”选项的下拉列表中选择“右对齐”选项，效果如图 6-44 所示。

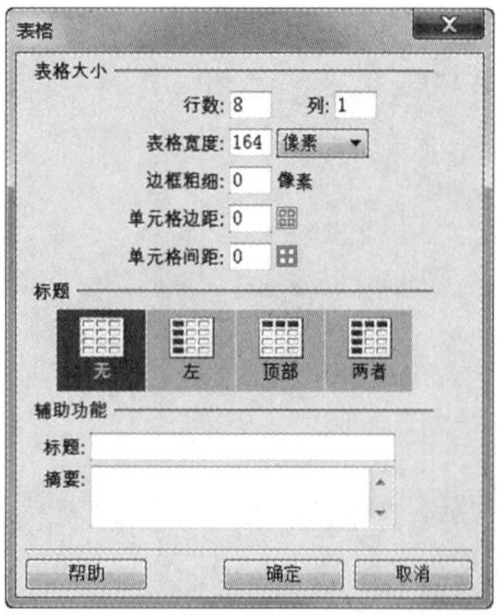

图 6-43

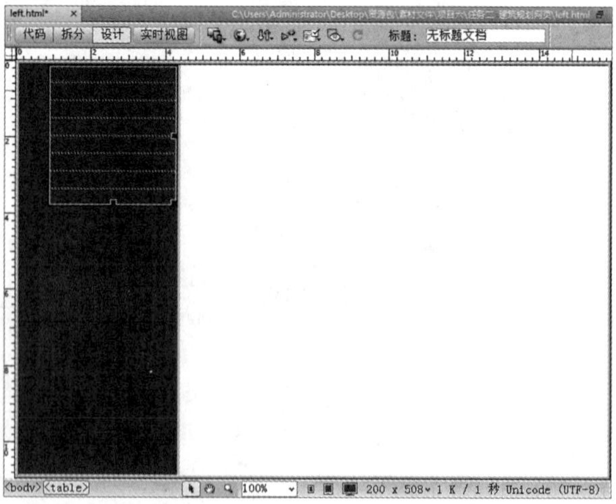

图 6-44

STEP 2 将光标置于第 1 行单元格中，在“属性”面板中，将“高”选项设置为 30。将光标置于第 2 行单元格中，单击“插入”面板“常用”选项卡中的“图像”按钮，在弹出的“选择图像源文件”对话框中，选择资源包中的“素材文件\项目六\任务二　建筑规划网页\images”文件夹中的“logo.jpg”文件，如图 6-45 所示。单击“确定”按钮，完成图像的插入，效果如图 6-46 所示。

STEP 3 将光标置于第 3 行单元格中，在“属性”面板中，将“高”选项设置为 90。将光标置于第 4 行单元格中，单击“插入”面板“常用”选项卡中的“鼠标经过图像”按钮，弹出“插入鼠标经过图像”对话框，单击“原始图像”选项右侧的“浏览”按钮，弹出“原始图像”对话框，选择资源包中的“素材文件\项目六\任务二　建筑规划网页\images”文件夹中的“img_0.jpg”文件，如图 6-47 所示。单击“确定”按钮，返回“插入鼠标经过图像”对话框中。

图 6-45

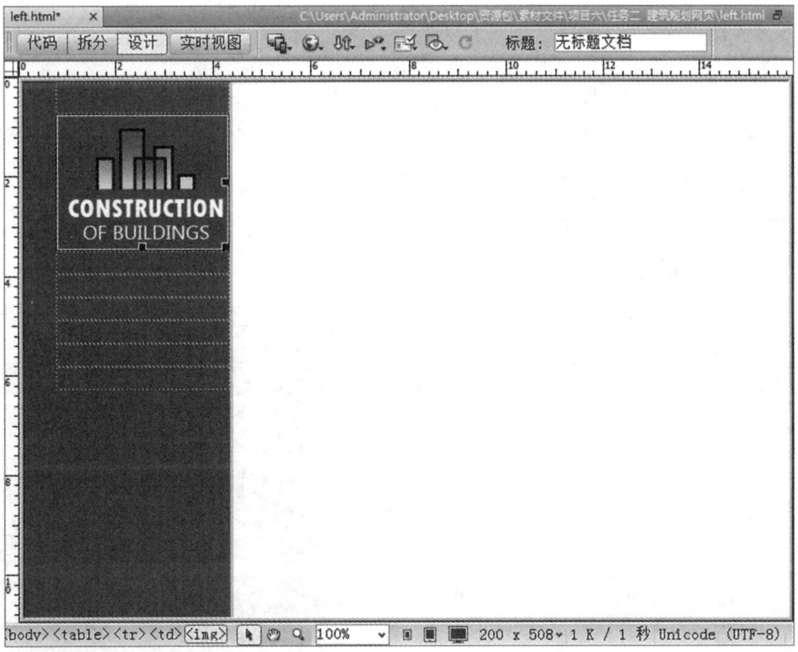

图 6-46

STEP 4 单击“鼠标经过图像”选项右侧的“浏览”按钮，弹出“鼠标经过图像”对话框，选择资源包中的“素材文件\项目六\任务二　建筑规划网页\images”文件夹中的“img_0a.jpg”文件，单击“确定”按钮，返回“插入鼠标经过图像”对话框中，如图 6-48 所示。

STEP 5 单击“确定”按钮，文档窗口中的效果如图 6-49 所示。用相同的方法在其他单元格中插入鼠标经过图像效果，如图 6-50 所示。

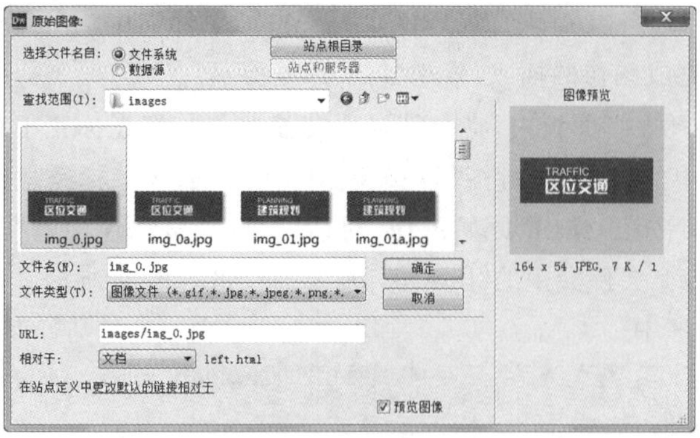

图 6-47

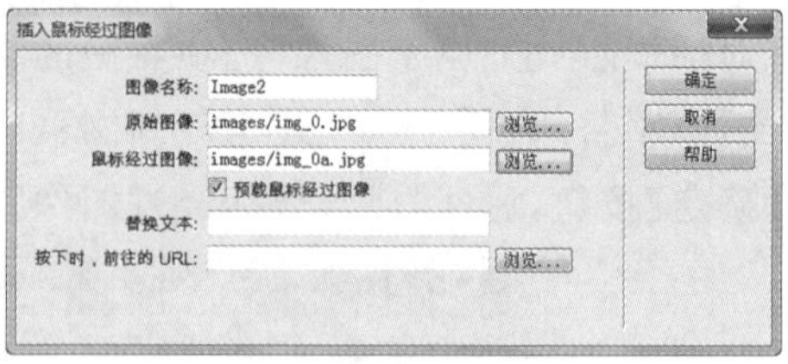

图 6-48

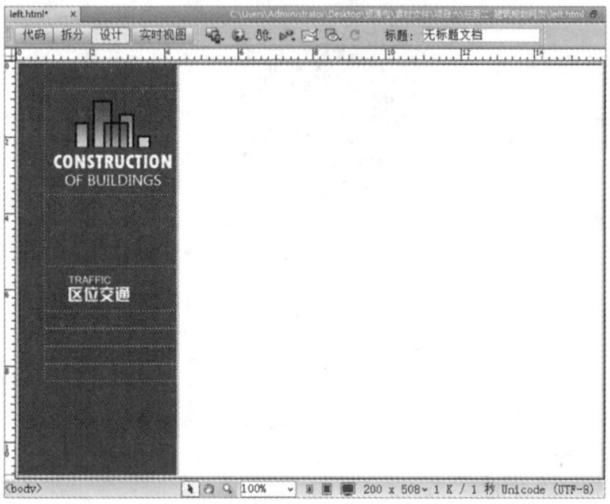

图 6-49

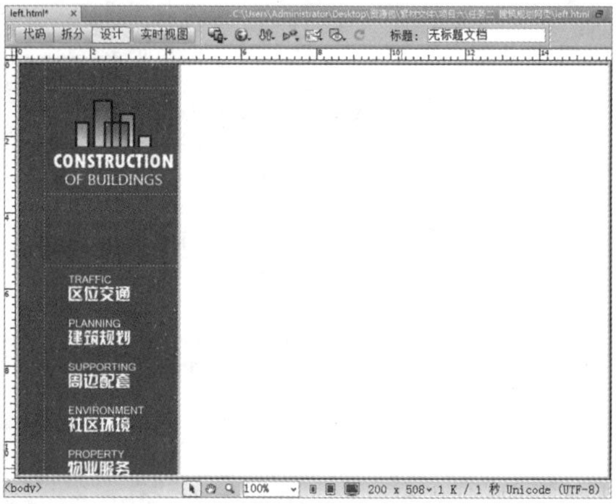

图 6-50

3.修改页面属性并插入图像

STEP 1 将光标置于右侧框架中，选择“修改>页面属性”命令，弹出“页面属性”对话框，单击“分类”列表框中的“外观(CSS)”选项，将“背景颜色”选项设置为洋红色(#ba255f)，在“左边距”“右边距”“上边距”和“下边距”文本框中均输入“0”，如图 6-51 所示。单击“确定”按钮，完成页面属性的修改，效果如图 6-52 所示。

图 6-51

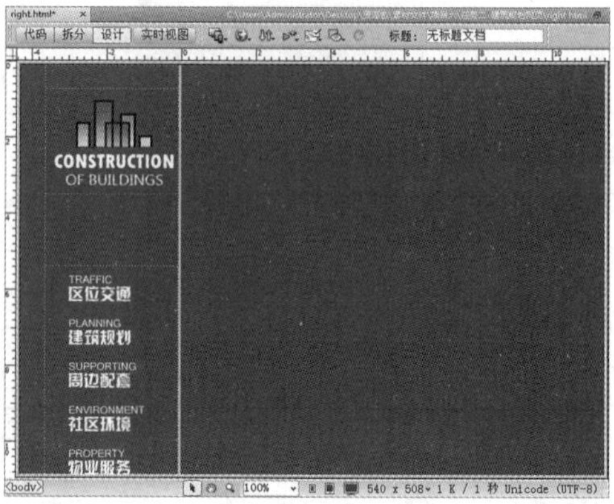

图 6-52

STEP 2 将光标置于右侧框架中，单击“插入”面板“常用”选项卡中的“图像”按钮，在弹出的“选择图像源文件”对话框中，选择资源包中的“素材文件\项目六\任务二 建筑规划网页\images”文件夹中的“pic.jpg”文件，如图 6-53 所示。单击“确定”按钮，完成图像的插入，效果如图 6-54 所示。

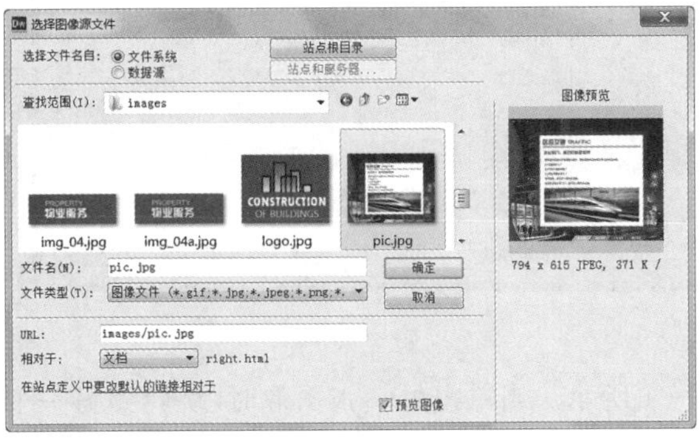

图 6-53

图 6-54

4. 创建图像超链接

STEP 1 选中如图 6-55 所示的图像，在“属性”面板中，单击“链接”选项右侧的“浏览文件夹”按钮，弹出“选择文件”对话框，在弹出的对话框中选择资源包中的“素材文件\项目六\任务二建筑规划网页\right. html”文件，单击“确定”按钮，将页面链接到文本框中，在“目标”选项的下拉列表中选择 mainFrame 选项，如图 6-56 所示。

图 6-55

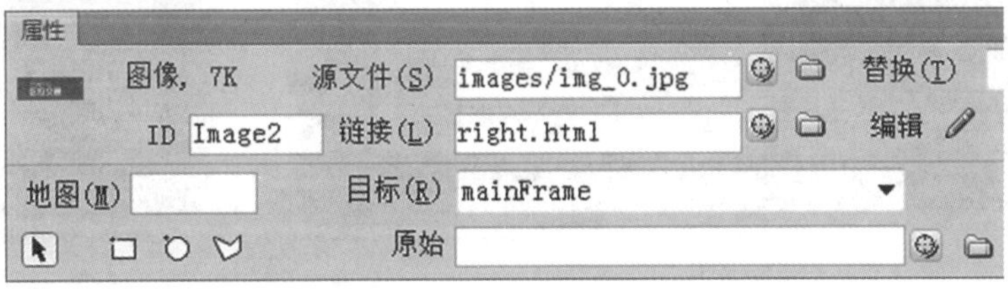

图 6-56

STEP 2 选中如图 6-57 所示的图像，在“属性”面板中，单击“链接”选项右侧的“浏览文件夹”按钮，弹出“选择文件”对话框，在弹出的对话框中选择资源包中的“素材文件\项目六\任务二建筑规划网页\ziye. html”文件，单击“确定”按钮，将页面链接到文本框中，在“目标”选项的下拉列表中选择 mainFrame 选项，如图 6-58 所示。

图 6-57

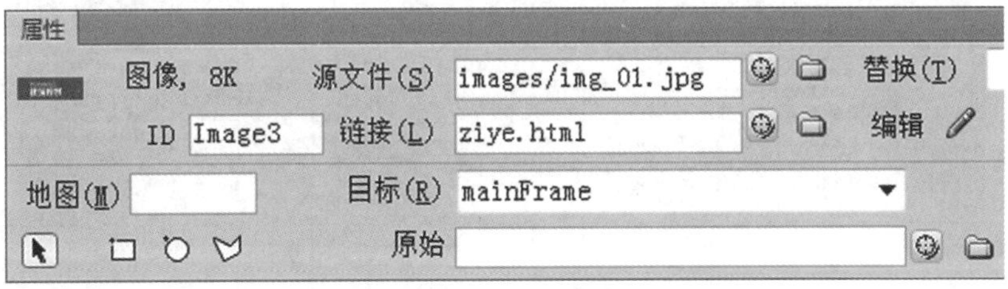

图 6-58

STEP 3 选择“窗口>CSS 样式”命令，弹出“CSS 样式”面板，单击“CSS 样式”面板下方的“新建 CSS 规则”按钮，在弹出的“新建 CSS 规则”对话框中进行设置，如图 6-59 所示。单击“确定”按钮，在弹出的“img 的 CSS 规则定义”对话框中进行设置，如图 6-60 所示。单击“确定”按钮，完成样式的创建。

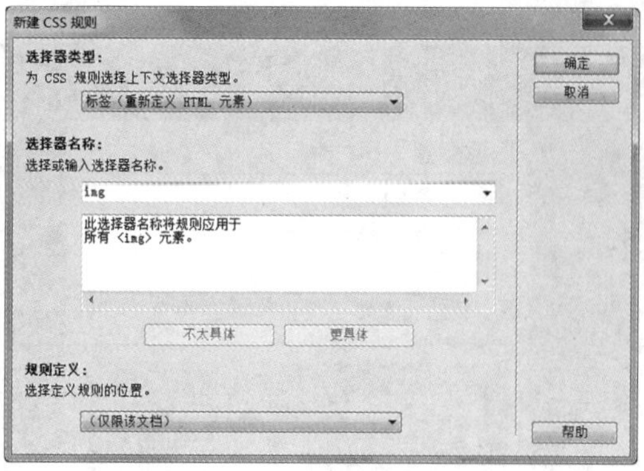

图 6-59

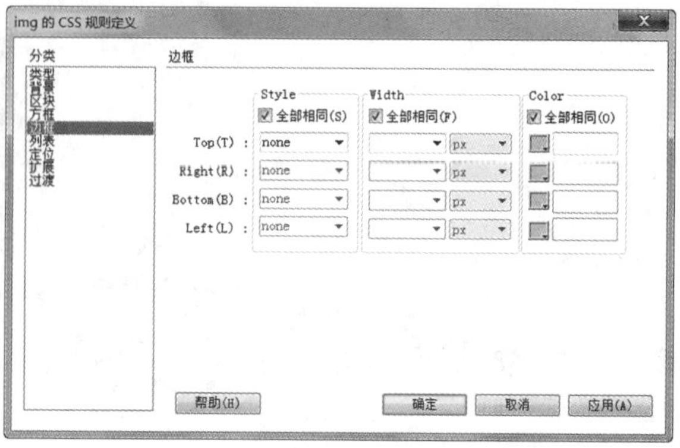

图 6-60

STEP 4 保存文档，按 F12 键预览效果，如图 6-61 所示。当单击另一张图像时，跳转到另一个页面，并在指定的窗口显示，效果如图 6-62 所示。

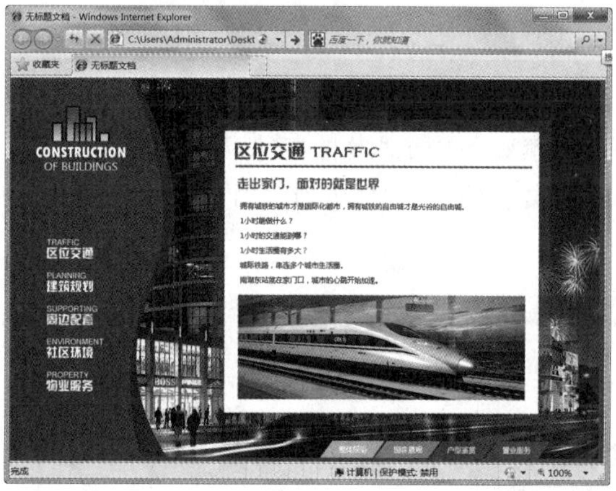

图 6-61

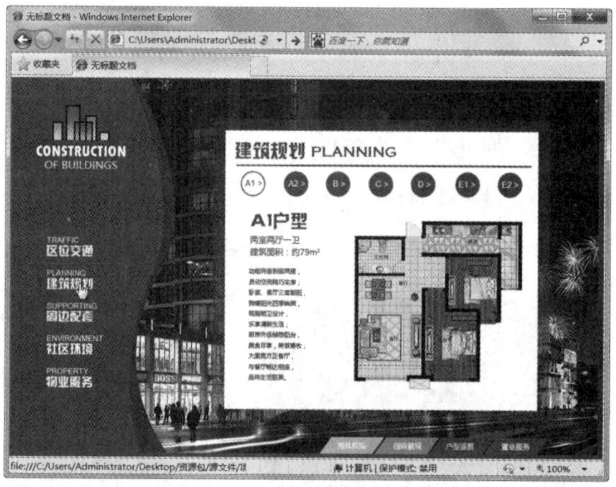

图 6-62

知识讲解

1. 框架属性

选中要查看属性的框架，选择“窗口>属性”命令，弹出“属性”面板，如图 6-63 所示。

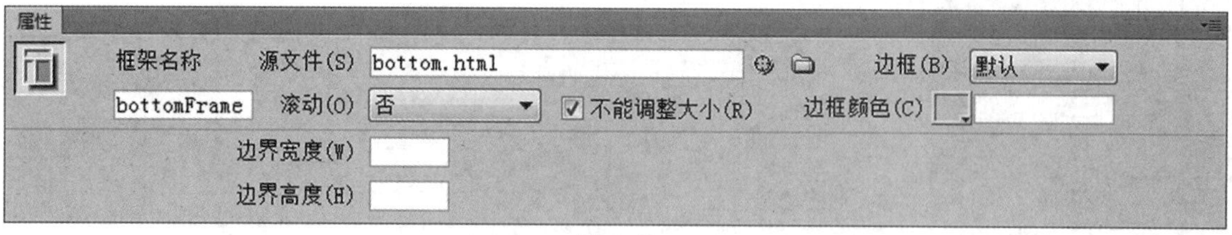

图 6-63

“属性”面板中各选项的作用如下。

● “框架名称”选项：在该文本框中为框架命名。框架名称以字母开头，由字母、数字和下划线组成。利用此名称，用户可在设置链接时在“目标”选项中指定打开链接文件的框架。

● “源文件”选项：提示框架当前显示的网页文件的名称及路径。还可利用此选项右侧的“浏览文件”按钮，浏览并选择在框架中打开的网页文件。

● “边框”选项：设置框架内是否显示边框。为框架设置“边框”选项将重写框架集的边框设置。

大多数浏览器默认为显示边框，但当父框架集的“边框”选项设置为“否”且共享该边框的框架都将“边框”选项设置为“默认值”时，或共享该边框的所有框架都将“边框”选项设置为“否”时，边框会被隐藏。

● “滚动”选项：设置框架内是否显示滚动条，一般设置为“默认”。大多数浏览器将“默认”选项认为是“自动”，即只有在浏览器窗口没有足够的空间显示内容时才显示滚动条。

● “不能调整大小”选项：设置用户是否可以在浏览器窗口中通过拖曳鼠标手动修改框架的大小。

● “边框颜色”选项：设置框架边框的颜色。此颜色应用于与框架接触的所有边框，并重写框架集的颜色设置。

● “边界宽度”和“边界高度”选项：以像素为单位设置框架内容和框架边界间的距离。

2. 框架集的属性

选择要查看属性的框架集，然后选择“窗口>属性”命令，弹出“属性”面板，如图 6-64 所示。

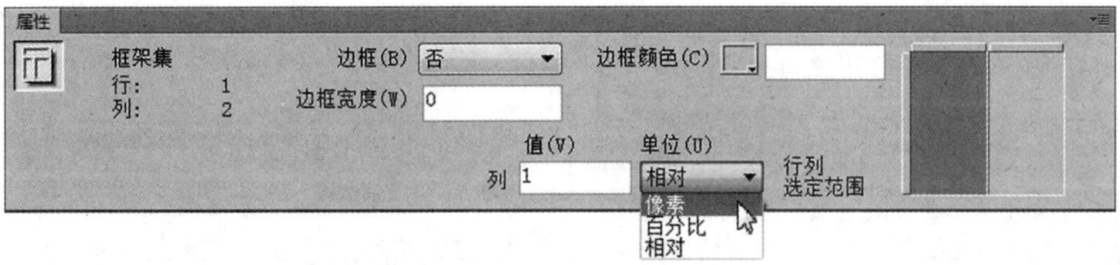

图 6-64

“属性”面板中的各选项作用如下。

(1)“边框”选项：设置框架集中是否显示边框。若显示边框，则设置为“是”；若不显示边框，则设置为“否”；若允许浏览器确定是否显示边框，则设置为“默认”。

(2)“边框颜色”选项：设置框架集中所有边框的颜色。

(3)“边框宽度”选项：设置框架集中所有边框的宽度。

(4)“行”或“列”选项：设置选定框架集的各行和各列的框架大小。

(5)“单位”选项：设置“行”或“列”选项的设定值是相对的还是绝对的。它包括以下 3 个选项值。

● “像素”选项：将“行”或“列”选项设定为以像素为单位的绝对值。对于大小始终保持不变的框架而言，此选项值为最佳选择。

● “百分比”选项：设置行或列相对于其框架集的总宽度和总高度的百分比。

● “相对”选项：在为“像素”和“百分比”分配框架空间后，为选定的行或列分配其余可用空间，此分配是按比例划分的。

3. 框架中的链接

设定框架的目的是将窗口分成固定的几部分，在网页窗口的固定位置显示固定的内容，如在窗口的顶部显示站点 logo、导航栏等。通过导航栏的不同链接，窗口的其他固定位置显示不同的网页内容，这时需要使用框架中的链接。

1)给每一个框架定义标题

在框架中打开链接文档时，需要通过框架名称来指定文档在浏览器窗口中显示的位置。当建立框架时，系统会给每个框架一个默认名称。用户可以给每个框架自定义名称，以便明确框架名称代表浏览器窗口的相应位置。具体操作步骤如下。

STEP 1 选择“窗口>框架”命令，弹出“框架”面板，单击要命名的框架边框选择该框架，如图 6-65 所示。

STEP 2 选择“窗口>属性”命令，弹出“属性”面板，在“框架名称”文本框中输入框架的新名称，如图 6-66 所示。

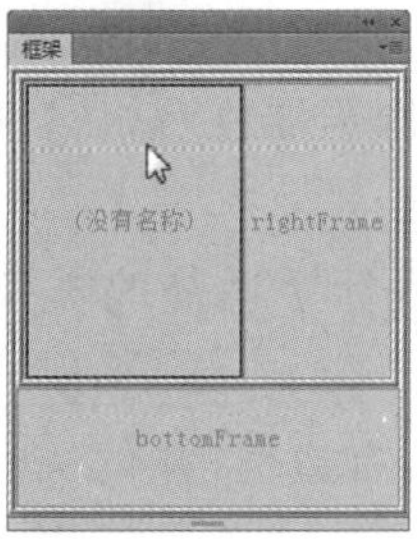

图 6-65

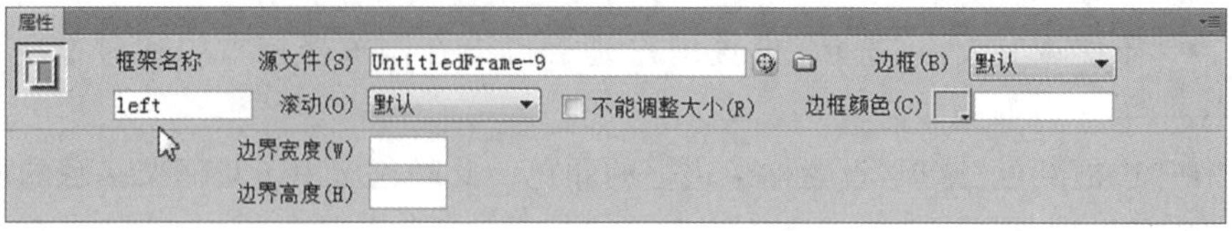

图 6-66

STEP 3 重复步骤 1 和步骤 2，为不同的框架命名。

2)创建框架中的链接

STEP 1 选择链接对象。

STEP 2 选择“窗口>属性”命令，弹出“属性”面板，如图 6-67 所示。利用“链接”和“目标”选项，设定链接的源文件和链接文件。

图 6-67

链接：用于指定链接的源文件。

目标：用于指定链接文件打开的窗口或框架窗口，在其下拉列表中包括“_blank”“_parent”“_self”“_top”和具体的框架名称选项。

_blank 选项：表示在新的浏览器窗口中打开链接网页。

_parent 选项：表示在上一级框架窗口中或包含该链接的框架窗口中打开链接网页。一般使用框架时才选用此选项。

_self 选项：默认选项，表示在当前窗口或框架窗口中打开链接网页。

_top 选项：表示在整个浏览器窗口中打开链接网页，并删除所有框架。一般使用多级框架时才选用此选项。

具体的框架名称选项用于指定打开链接网页的具体框架窗口，一般在包含框架的网页中才会出现此选项。

3)改变框架的背景颜色

通过“页面属性”对话框设置背景颜色的具体操作步骤如下。

STEP 1 将光标放置在要修改的框架中。

STEP 2 选择“修改>页面属性”命令，弹出“页面属性”对话框，单击“背景颜色”按钮▆，在弹出的颜色选择器中选择一种颜色，如图 6-68 所示。单击“确定”按钮完成设置。

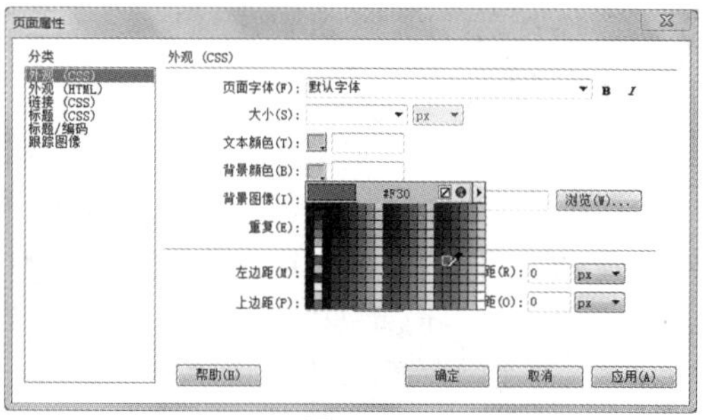

图 6-68

课堂演练——阳光外语小学网页 2

使用“矩形热点”工具，设置链接效果；使用“目标”选项，指定页面的显示区域。最终效果参看资源包中的“源文件\项目六\课堂演练　阳光外语小学网页 2\index. html”，如图 6-69 所示。

图 6-69

微视频

阳光外语小学网页2

实战演练——时尚沙发网页

案例分析

沙发已是现代家庭必备的家具。随着人们生活水平的不断提高，很多人都对生活有了更高的追求，在要求舒适的同时更加追求一种简约、自由、随性的生活态度。在设计上要求简洁直观、并与时尚的主题相呼应。

设计理念

在网页设计和制作过程中，银灰色的背景展现出网站的时尚品质；清晰明快的编排方式给人简约、大气的印象，与网页的主题相呼应；整体设计简洁直观，让人一目了然，宣传性强。

制作要点

使用“新建”命令，新建空白页面；使用“对齐上缘”框架，制作网页的结构图效果；使用“保存全部”命令，将框架全部保存；使用“图像”按钮，插入图像效果。最终效果参看资源包中的“源文件\项目六\实战演练　时尚沙发网页\index. html”，如图 6-70 所示。

微视频

时尚沙发网页

图 6-70

实战演练——海洋馆网页

案例分析

海洋馆作为旅游景点，集旅游、科普、教育于一体，是广大青少年了解海洋知识的一个重要渠道，为他们提供了一个了解海洋的窗口，在设计上要求主题突出，宣传性强。

设计理念

在网页设计和制作过程中，以海洋馆实景照片进行不规则的布局，体现其特色和风格，使整体设计具有连贯性；蓝色的标签使展示的内容清晰明确，让人一目了然，体现出海洋的特点与网页的主题内容相呼应；整体设计醒目直观，宣传性强。

制作要点

使用“链接”选项，设置链接效果；使用“目标”选项，设置链接的显示区域。最终效果参看资源包中的“源文件\项目六\实战演练　海洋馆网页\index. html”，如图 6-71 所示。

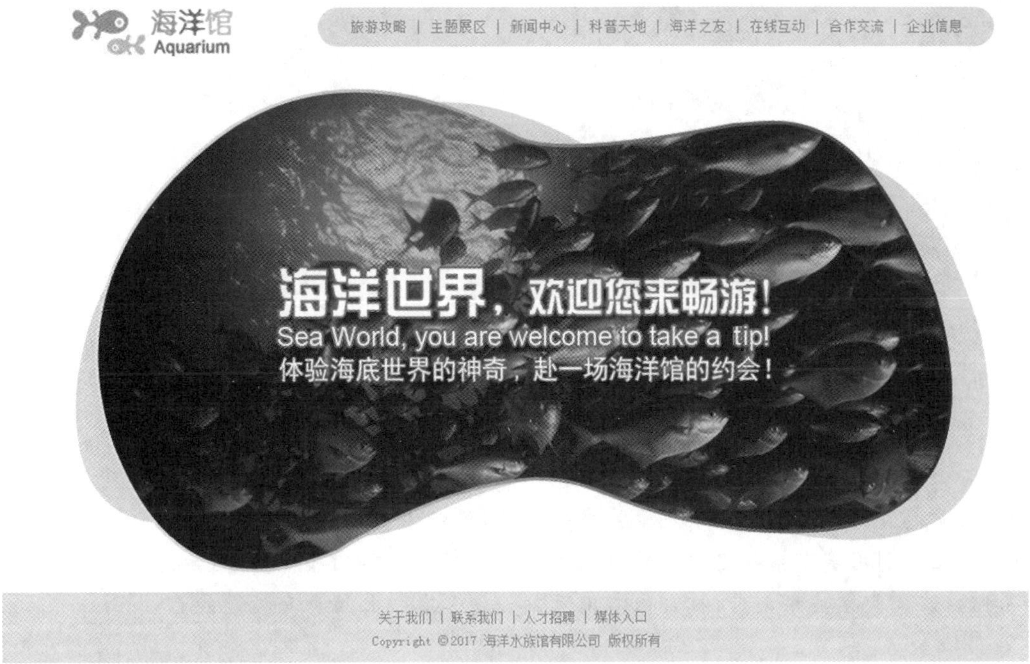

图 6-71

微视频

海洋馆网页

项目七
使 用 层

如果用户想在网页上实现多个元素重叠的效果，可以使用层。层是网页中的一个区域，并且游离在文档之上。利用层可精确定位和重叠网页元素。通过设置不同层的显示或隐藏，实现特殊的效果。因此，在掌握层技术之后，就可以在网页制作中具有强大的页面控制能力。

项目目标

- 层的基本操作
- 嵌套层的应用
- 应用层设计表格

任务一 联创网络技术网页

任务分析

网络技术把互联网上分散的资源进行整合，实现资源的全面共享和有机协作，方便人们使用资源，并按需获取信息。在网页的设计和制作上应表现出网络的科技感与创新性。

设计理念

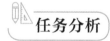

在网页设计和制作过程中，采用灰色作为背景，使页面给人时尚大气的感觉；内容以灰色和蓝色的矩形呈现，与后面的人物相呼应，使画面具有空间感和科技感；整个页面设计直观大方，具有设计感；黑白灰的色彩运用展现出科技创新感。最终效果参看资源包中的“源文件\项目七\任务一 联创网络技术网页\index.html”，如图 7-1 所示。

微视频

联创网络技术网页

图 7-1

任务实施

STEP 1　选择“文件>打开”命令，在弹出的“打开”对话框中选择资源包中的“素材文件\项目七\任务一　联创网络技术网页\index. html”文件，单击“打开”按钮打开文件，如图 7-2 所示。

STEP 2　选择“修改>页面属性”命令，弹出“页面属性”对话框，在左侧的“分类”列表中选择“外观(CSS)”选项，将“左边距”“右边距”“上边距”和“下边距”选项均设置为 0，如图 7-3 所示。单击“确定”按钮，完成页面属性的修改。

图 7-2

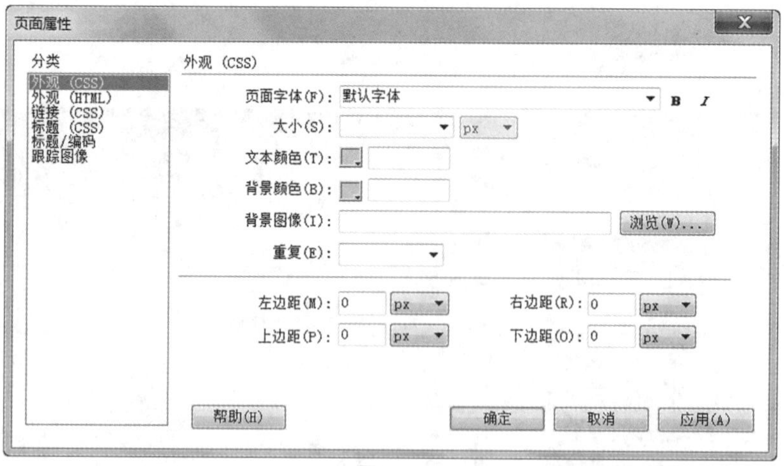

图 7-3

STEP 3 单击“插入”面板“布局”选项卡中的“绘制 AP Div”按钮，在页面中拖曳鼠标绘制一个矩形层，如图 7-4 所示。按住 Ctrl 键的同时，绘制多个层，效果如图 7-5 所示。

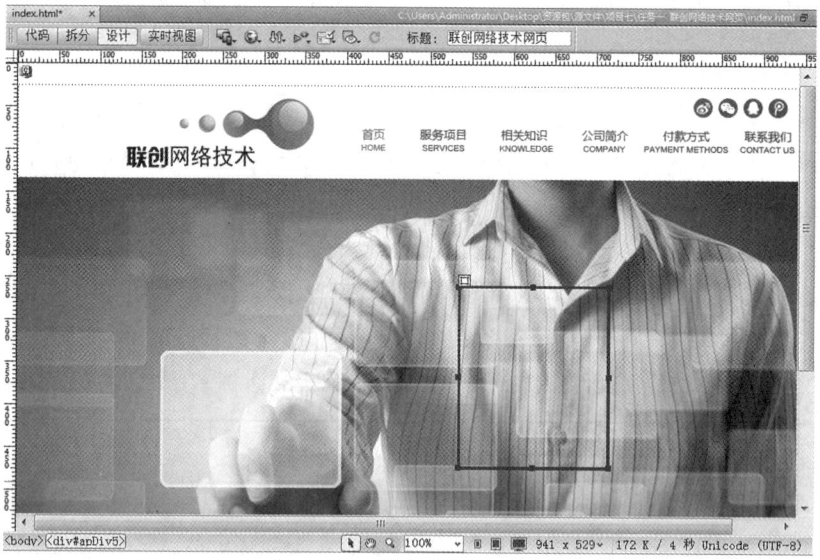

图 7-4

图 7-5

STEP 4 将光标置于第一个层中，单击“插入”面板“常用”选项卡中的“图像”按钮，弹出“选择图像源文件”对话框，选择资源包中的“素材文件\项目七\任务一　联创网络技术网页\images”文件夹中的“img_0. png”文件，单击“确定”按钮，完成图片的插入，效果如图 7-6 所示。

图 7-6

STEP 5 使用相同的方法在其他层中插入图像，效果如图 7-7 所示。保存文档，按 F12 键预览效果，如图 7-8 所示。

图 7-7

图 7-8

知识讲解

1. 创建并编辑层

若想利用层来定位网页元素，先要创建层，再根据需要在层内插入其他表单元素。有时为了布局，还可以显示或隐藏层边框。

1）创建层

创建层有以下 4 种方法。

（1）单击“插入”面板“布局”选项卡中的“绘制 AP Div”按钮，在文档窗口中，鼠标指针变为“+”形状，按住鼠标左键拖曳，画出一个矩形层，如图 7-9 所示。

（2）将“插入”面板“布局”选项卡中的“绘制 AP Div”按钮拖曳到文档窗口中，释放鼠标，在文档窗口中出现一个矩形层，如图 7-10 所示。

（3）将光标放置到文档窗口中要插入层的位置，选择“插入>布局对象>AP Div”命令，在光标所在的位置插入新的矩形层。

（4）单击“插入”面板“布局”选项卡中的“绘制 AP Div”按钮，在文档窗口中，鼠标指针变为“+”形状，按住 Ctrl 键的同时按住鼠标左键拖曳，画出一个矩形层。只要不释放 Ctrl 键，就可以继续绘制新的层，如图 7-11 所示。

默认情况下，每当用户创建一个新的层，都会使用 DIV 标记它，并将层标记显示到网页左上角的位置，如图 7-11 所示。

图 7-9

图 7-10

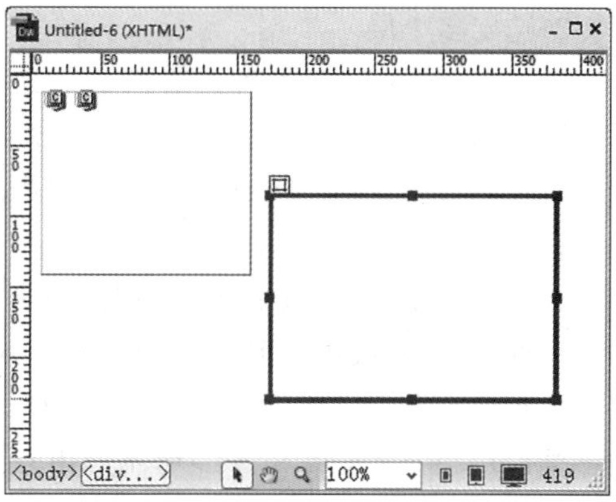

图 7-11

若要显示层标记，首先选择“查看>可视化助理>不可见元素”命令，如图 7-12 所示。使“不可见元素”命令为被选择状态。然后再选择“编辑>首选参数”命令，弹出“首选参数”对话框，选择“分类”列表框中的“不可见元素”选项，勾选右侧的“AP 元素的锚点”复选框，如图 7-13 所示。单击“确定”按钮完成设置，这时在网页的左上角显示出层标记。

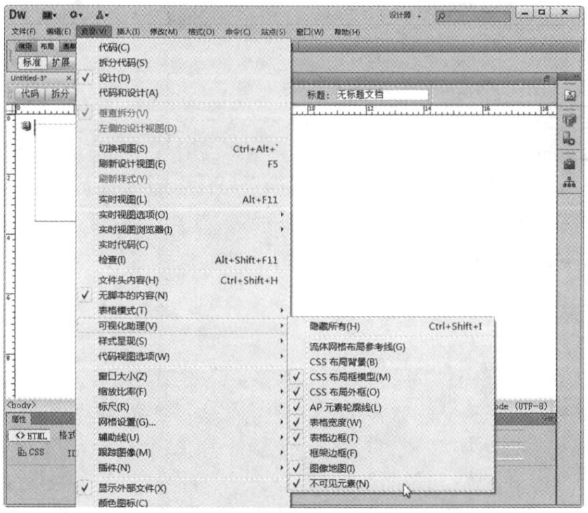

图 7-12

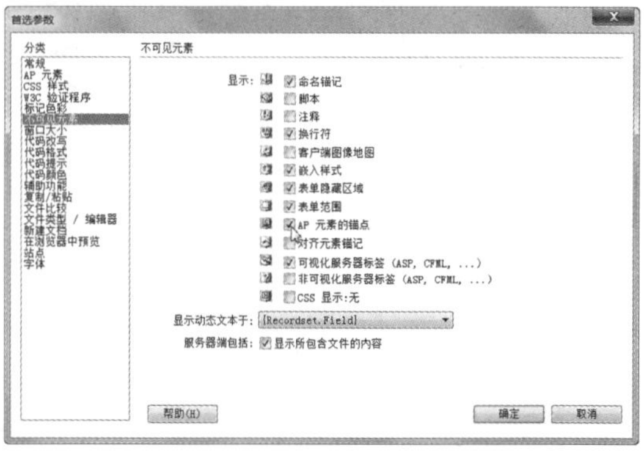

图 7-13

2）显示或隐藏层边框

若要显示或隐藏层边框，可选择“查看>可视化助理>隐藏所有”命令，或按 Ctrl+Shift+I 组合键。

2. 选择层

1）选择一个层

（1）利用层面板选择一个层。

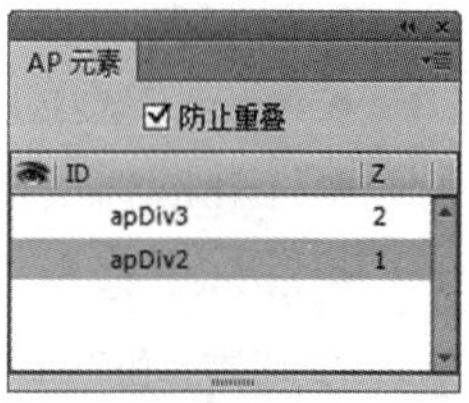

图 7-14

选择“窗口>AP 元素”命令，弹出“AP 元素”面板，如图 7-14 所示。在“AP 元素”面板中，单击该层的名称。

（2）利用文档窗口选择一个层。

在文档窗口中选择一个层有以下 3 种方法。

① 单击一个层的边框。

② 按住 Ctrl+Shift 组合键的同时单击要选择的图层，即可选中。

③ 单击一个选择层的选择柄▣。如果选择柄▣不可见，可以在该层中的任意位置单击以显示该选择柄。

2)选定多个层

选定多个层有以下 2 种方法。

(1)选择“窗口>AP 元素”命令，弹出“AP 元素”面板。在面板中，按住 Shift 键并单击两个或更多的层名称。

(2)在文档窗口中按住 Shift 键并单击两个或更多个层的边框内(或边框上)。当选定多个层时，当前层的大小调整柄将以蓝色突出显示，其他层的大小调整柄则以白色显示，如图 7-15 所示。用户只能对当前层进行操作。

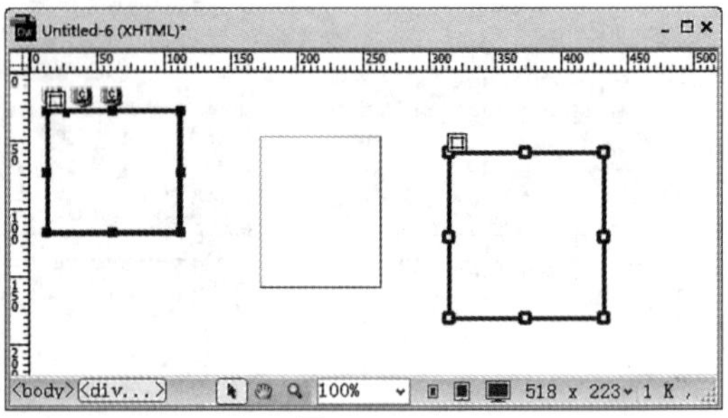

图 7-15

3.设置层的默认属性

当层插入后，其属性为默认值，如果想查看或修改层的属性，选择“编辑>首选参数”命令，弹出“首选参数”对话框。在左侧的“分类”列表中选择“AP 元素”选项，此时可查看或修改层的默认属性，如图 7-16 所示。

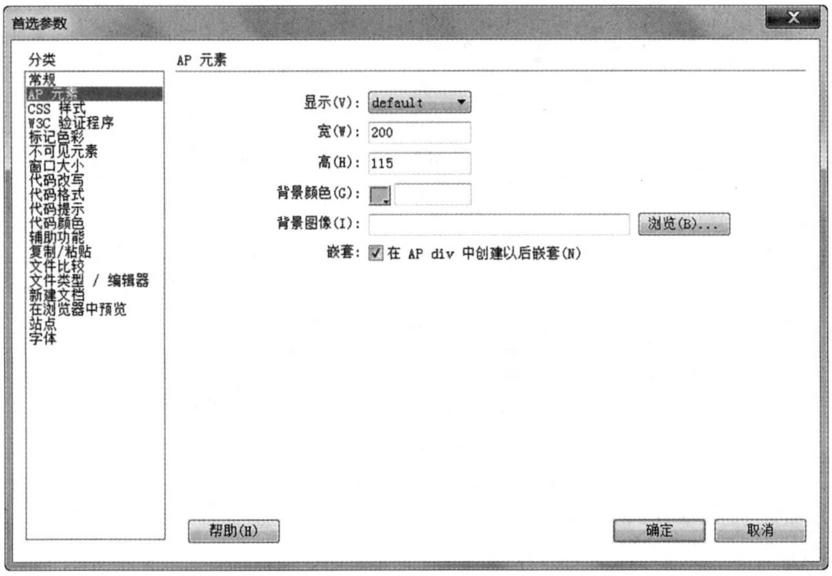

图 7-16

“首选参数”对话框中各选项的作用如下。

(1)“显示”选项：设置层的初始显示状态，在其下拉列表中包含以下几个选项。

- default 选项：默认值，一般情况下，大多数浏览器默认为“inherit”。
- inherit 选项：继承上一层的显示属性。
- visible 选项：表示不管上一层是什么都显示层的内容。
- hidden 选项：表示不管上一层是什么都隐藏层的内容。

(2)“宽”和“高”选项：定义层的默认大小。

(3)“背景颜色”选项：设置层的默认背景颜色。

(4)“背景图像”选项：设置层的默认背景图像。单击右侧的 浏览(B)... 按钮，可选择背景图像文件。

(5)“嵌套”选项：设置当层出现重叠时是否采用嵌套方式。

4.AP 元素面板

“AP 元素”面板可以管理网页文档中的层。选择“窗口>AP 元素”命令，弹出“AP 元素”面板，如图 7-17 所示。使用“AP 元素”面板可以防止层重叠，更改层的可见性，将层嵌套或层叠，以及选择一个或多个层。

5.更改层的堆叠顺序

排版时常需要控制叠放在一起的不同网页元素的显示顺序，以实现特殊的效果，这可通过修改选定层的 Z 轴属性值实现。

层的显示顺序与 Z 轴值的顺序一致。Z 值越大，层的位置越靠前。在“AP 元素”面板中按照堆叠顺序排列层的名称，如图 7-18 所示。

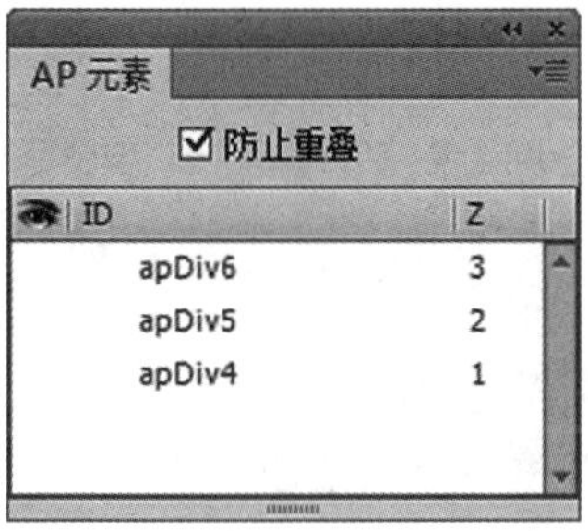

图 7-17

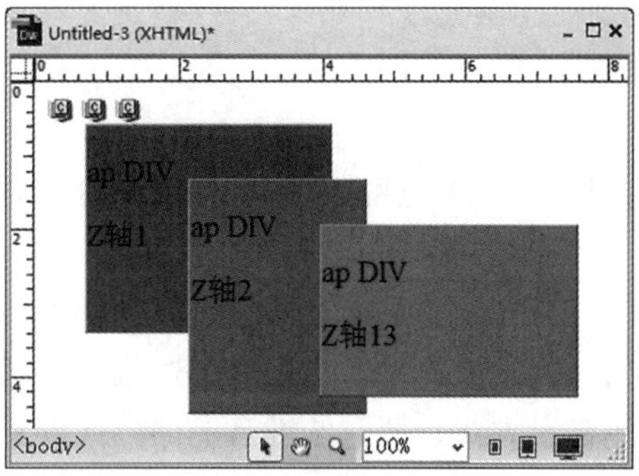

图 7-18

1)在“AP 元素”面板中更改层的堆叠顺序

(1)选择“窗口>AP 元素”命令，弹出“AP 元素”面板。

(2)在“AP 元素”面板中，将层向上或向下拖曳至所需的堆叠位置。

2)在“属性”面板中更改层的堆叠顺序

(1)选择“窗口>AP 元素”命令，弹出“AP 元素”面板。

(2)在“AP 元素”面板或文档窗口中选择一个层。

(3)在“属性”面板的“Z 轴”文本框中输入一个更高或更低的编号，使当前层沿着堆叠顺序向上或向下移动，效果如图 7-19 所示。

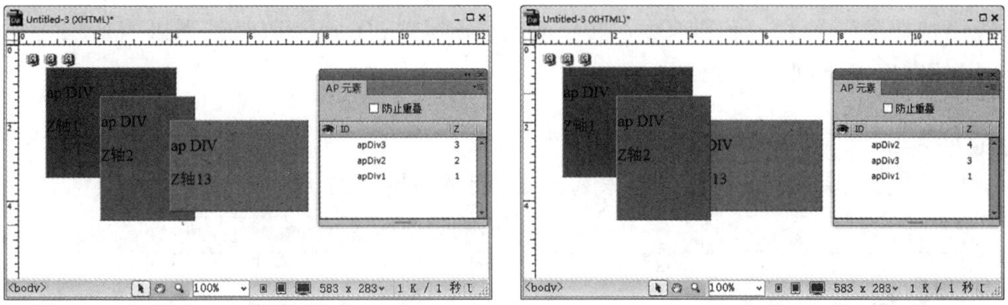

调整前　　调整后

图 7-19

6.更改层的可见性

当处理文档时，可以使用“AP 元素”面板手动设置显示或隐藏层，来查看层在不同条件下的显示方式。更改层的可见性有以下两种方法。

1)使用“AP 元素”面板更改层的可见性

选择“窗口>AP 元素”命令，弹出“AP 元素”面板。在层的眼形图标列内单击，可以更改其可见性，如图 7-20 所示。眼睛睁开表示该层是可见的，眼睛闭合表示该层是不可见的。如果没有眼形图标，该层通常会继承其上一层的可见性。如果层没有嵌套，上一层就是文档正文，而文档正文始终是可见的，因为此层默认是可见的。

2)使用“属性”面板更改层的可见性

选择一个或多个层，然后修改“属性”面板中的“可见性”选项。当选择 visible 选项时，则无论上一层如何设置都显示层的内容；当选择 hidden 选项时，则无论上一层如何设置都隐藏层的内容；当选择 inherit 选项时，则继承上一层的显示属性，若上一层可见则显示该层，若上一层不可见则隐藏该层。

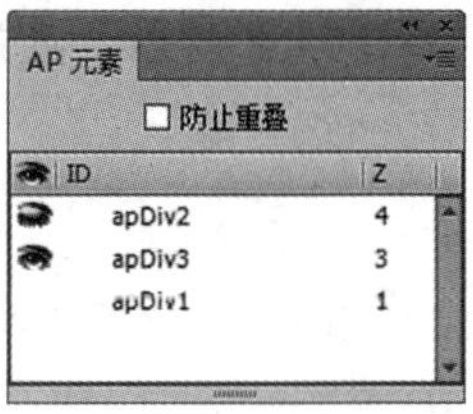

图 7-20

提示

当前选定层总是可见的，它在被选定时会出现在其他层的前面。

7.调整层的大小

用户可以调整单个层的大小，也可以同时调整多个层的大小以使它们具有相同的宽度和高度。

1)调整单个层的大小

选择一个层后，调整层的大小有以下 4 种方法。

(1)应用鼠标拖曳方式。拖曳该层边框上的任一调整柄到合适的位置。

(2)应用键盘方式。同时按键盘上的方向键和 Ctrl 键可调整一个像素的大小。

(3)应用网格靠齐方式。同时按键盘上的方向键和 Shift+Ctrl 组合键可按网格靠齐增量来调整大小。

(4)应用修改属性值方式。在“属性”面板中修改“宽”和“高”的值。

提示

调整层的大小会更改该层的宽度和高度，并不更改该层内容和可见性。

2)同时调整多个层的大小

选择多个层后，同时调整多个层的大小有以下 3 种方法。

(1)应用菜单命令。选择“修改>排列顺序>设成宽度相同”命令或“修改>排列顺序>设成高度相同”命令。

(2)应用快捷键。按 Ctrl+Shift+7 组合键或 Ctrl+Shift+9 组合键，则以当前层为标准同时调整多个层的宽度或高度。

提示

以当前层为基准同时调整多个层的大小，效果如图 7-21 所示。

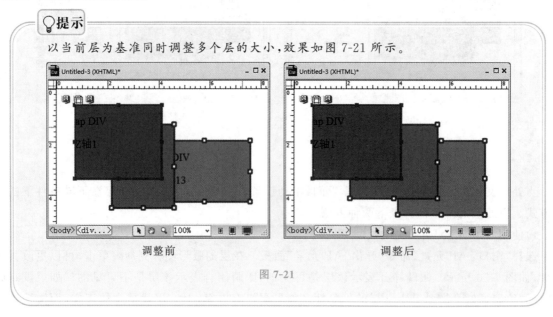

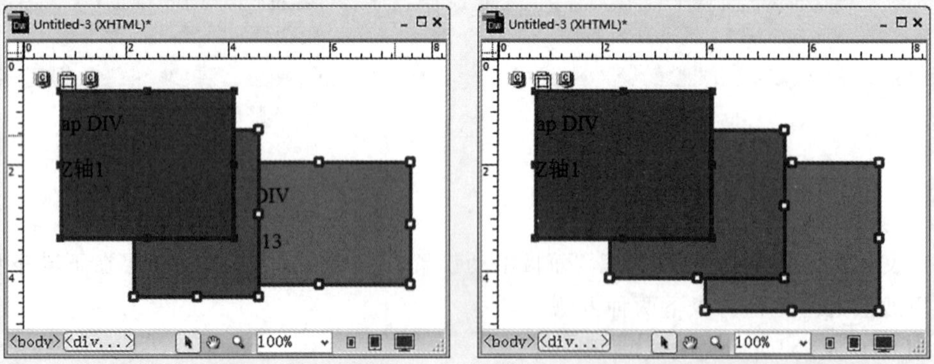

调整前　　调整后

图 7-21

(3)应用修改属性值方式。选择多个层,然后在“属性”面板中修改“宽”和“高”的值。

8.嵌套层

嵌套层指代码包含在另一个层中的层。嵌套通常用于将层组织在一起,嵌套层的形式如图 7-22 所示。

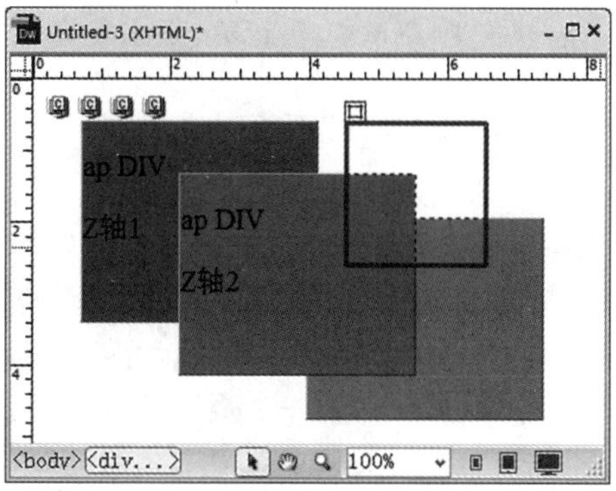

图 7-22

1)创建嵌套层

创建嵌套层有以下 3 种方法。

(1)应用菜单命令。将插入点置入现有层中,选择“插入>布局对象>AP Div”命令。

(2)应用按钮拖曳。拖曳“插入”面板“布局”选项卡中的“绘制 AP Div”按钮,然后将其放到现有层中。

(3)应用按钮绘制。选择“编辑>首选参数”命令,弹出“首选参数”对话框,在“分类”列表中选择“AP 元素”选项,在右侧勾选“在 AP div 中创建以后嵌套”复选框。单击“插入”面板“布局”选项卡中的“绘制 AP Div”按钮,然后拖曳鼠标在现有层中绘制一个层,还可以按住 Ctrl 键的同时拖曳鼠标在现有层中绘制一个嵌套层。

2)层嵌套的注意事项

嵌套层并不意味着一层位于另一层内的显示效果,嵌套层的本质是一层的 HTML 代码嵌套于另一层的 HTML 代码之内。可以用拖曳的方法判断两个层或多个层是否嵌套,嵌套层随其上一层一起移动,并且继承其上一层的可见性。

9.移动层

移动层的操作非常简单,可以按照在大多数图形应用程序中移动对象的方法在“设计”视图中移动层。移动一个层或多个选定层有以下两种方法。

1)拖曳选择柄来移动层

在“设计”视图中选择一个或多个层,然后拖曳当前层(蓝色突出显示)的选择柄,移动选定层的位置,如图 7-23 所示。

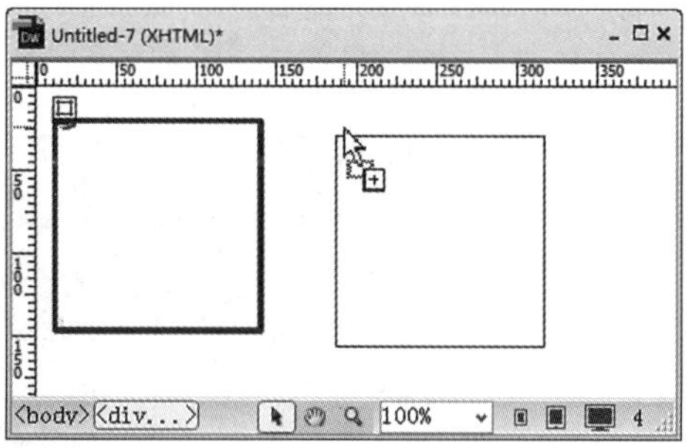

图 7-23

2)移动一个像素来移动层

在“设计”视图中选择一个或多个层,然后按住 Shift 键的同时按方向键,则按当前网格靠齐增量来移动选定层的位置。

提示

如果已勾选“AP 元素”控制面板中的“防止重叠”复选框,那么在移动层时将无法使层与层相互重叠。

10.对齐层

使用“层对齐”命令,以当前层的边框为基准对齐一个层或多个层。当对选定层进行对齐时,未选定的子层可能会因为其上一层被选定并移动而随之移动。为了避免这种情况,尽量不要使用嵌套层。对齐两个层或更多个层有以下两种方法。

1)应用菜单命令对齐层

在文档窗口中选择多个层,然后选择“修改>排列顺序”命令,在其子菜单中选择一个对齐选项。例如,选择“左对齐”选项,则所有层都会按当前层的左边框对齐,如图 7-24 所示。

提示

对齐时以当前层(蓝色突出显示)为基准。

2)应用“属性”面板对齐层

在文档窗口中选择多个层，然后在“属性”面板的“左”选项中输入具体数值，则以多个层的左边线相对于页面左侧的位置来对齐，如图 7-25 所示。

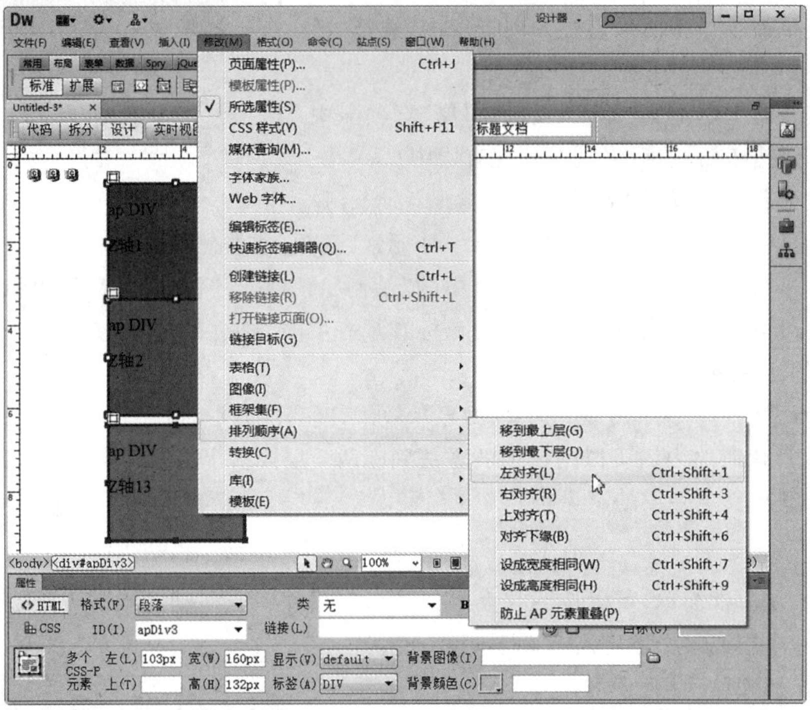

图 7-24

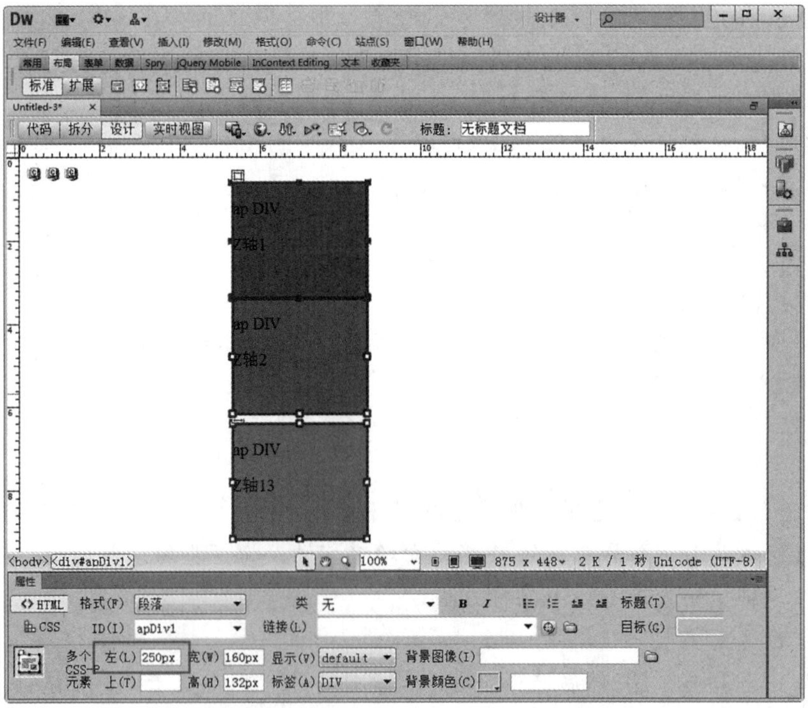

图 7-25

11.层靠齐到网格

在移动网页元素时，可以让其自动靠齐到网格，还可以通过指定网格设置来更改网格或控制靠齐行为。无论网格是否可见，都可以使用靠齐功能。

应用 Dreamweaver CS6 中的靠齐功能，可使层与网格之间的关系如铁块与磁铁之间的关系。层与网格线之间靠齐的距离是可以设定的。

1)层靠齐到网格

选择“查看>网格设置>靠齐到网格”命令，选择一个层并拖曳它，当拖曳它靠近网格线一定距离时，该层会自动跳到最近的网格靠齐，如图 7-26 所示。

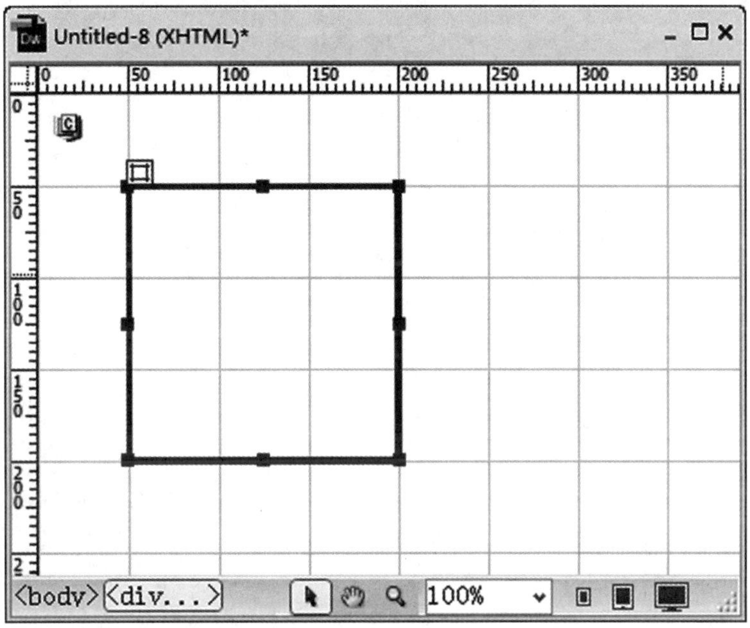

图 7-26

2)更改网格设置

选择“查看>网格设置>网格设置”命令，弹出“网格设置”对话框，如图 7-27 所示，根据需要完成设置后，单击“确定”按钮。

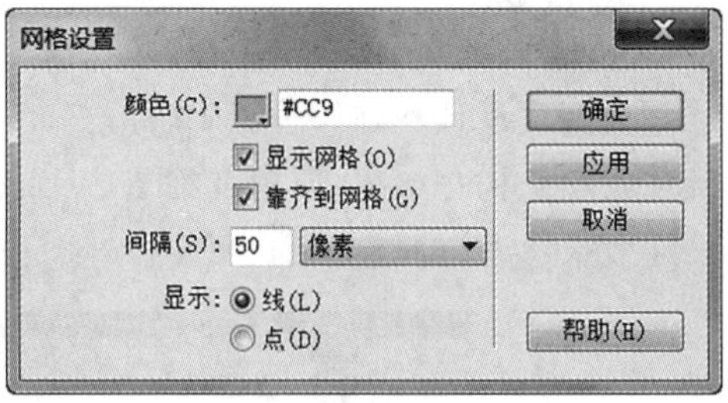

图 7-27

“网格设置”对话框中各选项的作用如下。

- “颜色”选项：设置网格线的颜色。
- “显示网格”选项：使网格在文档窗口的“设计”视图中可见。
- “靠齐到网格”选项：使页面元素靠齐到网格线。
- “间隔”选项：设置网格线的间距。
- “显示”选项：设置网格线是显示为线条还是显示为点。

课堂演练——手机导航网页

使用“绘制 AP Div”按钮，绘制层；使用“图像”按钮，在绘制的图层中插入图像。使用“CSS 样式”命令，设置文字的大小和颜色。最终效果参看资源包中的“源文件\项目七\课堂演练　手机导航网页\index.html”，如图 7-28 所示。

微视频

手机导航网页

图 7-28

任务二 耐磨轮胎网页

任务分析

轮胎是指在各种车辆或机械上装配的接地滚动的圆环形弹性橡胶制品，通常安装在金属轮辋上，能支承车身，缓冲外界冲击，实现与路面的接触并保证车辆的行驶性能。在网页的设计和制作上，要求体现出产品的高耐磨性和耐屈挠性。

设计理念

在网页设计和制作过程中，标志和导航栏的设计简洁明快，方便用户浏览信息。在背景处理上挑选轮胎结构分解图，展现其细节，从而有效地提高产品形象。网页设计简洁直观，突出产品特色。最终效果参看资源包中的“源文件\项目七\任务二　耐磨轮胎网页\index.html”，如图 7-29 所示。

微视频

耐磨轮胎网页

图 7-29

任务实施

STEP 1 选择“文件>打开”命令，在弹出的“打开”对话框中，选择资源包中的“素材文件\项目七\任务二　耐磨轮胎网页\index.html”文件，单击“打开”按钮打开文件，如图 7-30 所示。

图 7-30

STEP 2 选择“修改>转换>将 AP Div 转换为表格”命令，弹出“将 AP Div 转换为表格”对话框，在该对话框中进行设置，如图 7-31 所示。

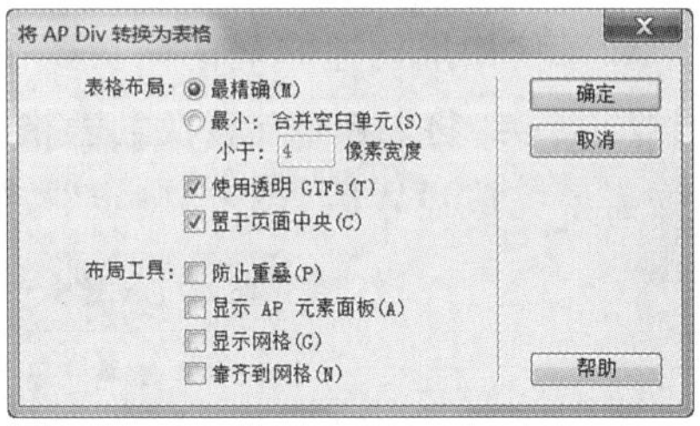

图 7-31

STEP 3 单击“确定”按钮，层转换为表格，效果如图 7-32 所示。保存文档，按 F12 键预览效果，如图 7-33 所示。

图 7-32

图 7-33

知识讲解

1. 将 AP Div 转换为表格

1)如何将 AP Div 转换为表格

如果使用层创建布局的网页要在较早的浏览器中进行查看,需要将 AP Div 转换为表格。选择"修改>转换>将 AP Div 转换为表格"命令,弹出"将 AP Div 转换为表格"对话框,如图 7-34 所示。根据需要完成设置后,单击"确定"按钮。

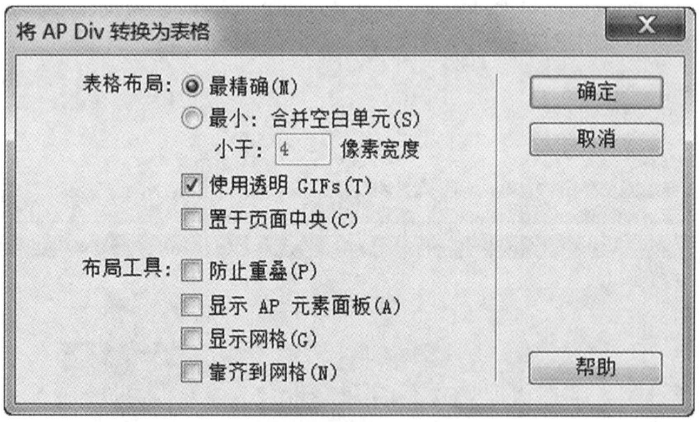

图 7-34

"将 AP Div 转换为表格"对话框中各选项的作用如下。

(1)"表格布局"选项组。

- "最精确"选项:为每个层创建一个单元格,并附加保留层之间的空间所必需的任何单元格。
- "最小"选项:折叠空白单元格设置。如果层定位在设置数目的像素内,则层的边缘应对齐。如果选择此选项,结果表格将包含较少的空行和空列,但可能不与页面布局精确匹配。
- "使用透明 GIFs"选项:用透明的 GIF 填充表的最后一行,确保该表在所有浏览器中以相同的列宽显示。但启用此选项后,不能通过拖动表列来编辑结果表格。当禁用此选项后,结果表格将不包含透明 GIF,但不同的浏览器可能会出现不同的列宽。

● “置于页面中央”选项：将结果表格放置在页面的中央。如果禁用此选项，表格将与页面的左边缘对齐。

(2)“布局工具”选项组。

● “防止重叠”选项：Dreamweaver CS6 无法从重叠层创建表格，所以一般勾选此复选框，防止层重叠。

● “显示 AP 元素面板”选项：设置是否显示层属性面板。

● “显示网格”选项：设置是否显示辅助定位的网格。

● “靠齐到网格”选项：设置是否启用靠齐到网格功能。

2)防止层重叠

因为表单元格不能重叠，所以 Dreamweaver CS6 无法从重叠层中创建表格。如果要将一个文档中的层转换为表格以兼容 IE 3.0 浏览器，则勾选“防止重叠”复选框来约束层的移动和定位，使层不会重叠。防止层重叠有以下两种方法。

(1)勾选“AP 元素”面板中的“防止重叠”复选框，如图 7-35 所示。

(2)选择“修改>排列顺序>防止 AP 元素重叠”命令，如图 7-36 所示。

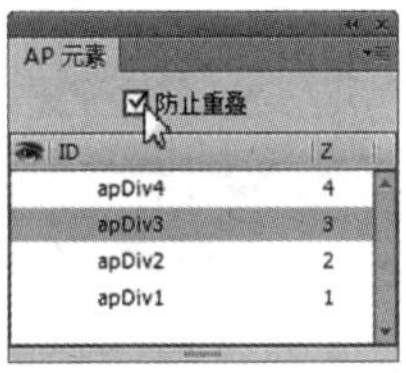

图 7-35

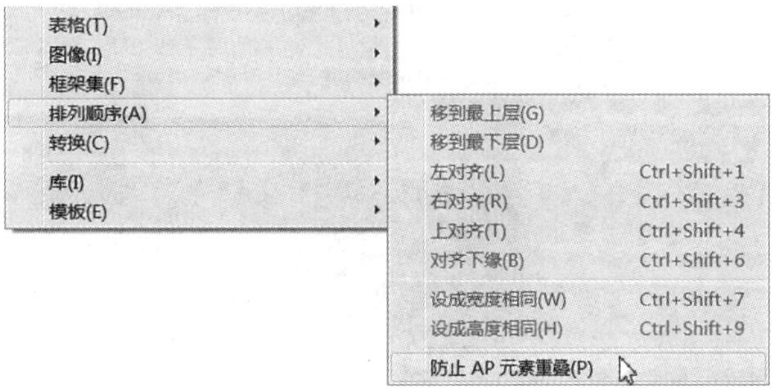

图 7-36

勾选“防止重叠”复选框后，Dreamweaver CS6 不会自动修正页面上现有的重叠层，需要在“设计”视图中手工拖曳各重叠层，以使其分离。即使勾选“防止重叠”复选框，某些操作也会导致层重叠。例如，使用“插入”菜单插入一个层，在属性检查器中输入数字，或者通过编辑 HTML 源代码来重新定位层，这些操作都可能导致层重叠。此时，需要在“设计”视图中手工拖曳各重叠层，以使其分离。

2. 将表格转换为 AP Div

当不满意页面布局时，就需要对其进行调整，但层布局要比表格布局调整起来方便，所以需要将表格转换为 AP Div。若将表格转换为 AP Div，则选择“修改>转换>将表格转换为 AP Div”命令，弹出“将表格转换为 AP Div”对话框，如图 7-37 所示。根据需要完成设置后，单击“确定”按钮。

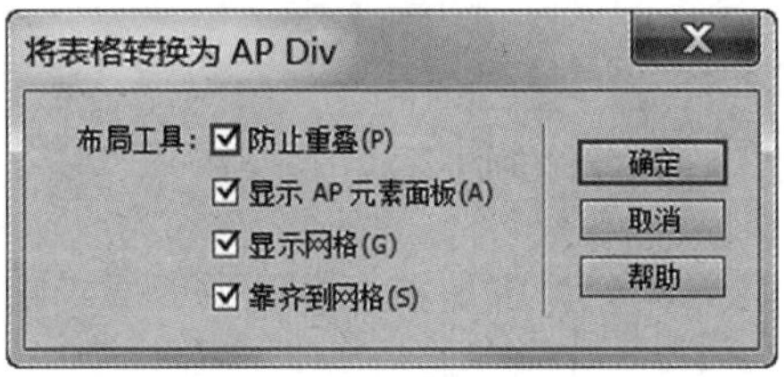

图 7-37

“将表格转换为 AP Div”对话框中各选项的作用如下。

● “防止重叠”选项：用于防止 AP 元素重叠。

● “显示 AP 元素面板”选项：设置是否显示“AP 元素”面板。

● “显示网格”选项：设置是否显示辅助定位的网格。

● “靠齐到网格”选项：设置是否启用“靠齐到网格”功能。

一般情况下，空白单元格不会转换为 AP Div，但具有背景颜色的空白单元格除外。将表格转换为 AP Div 时，位于表格外的页面元素也会被放入层中。

提示

不能转换单个表格或层，只能将整个网页的层转换为表格或将整个网页的表格转换为层。

课堂演练——数码产品网页

使用“将表格转换为 AP Div”命令，将表格转换为层。最终效果参看资源包中的“源文件\项目七\课堂演练　数码产品网页\index. html”，如图 7-38 所示。

微视频

数码产品网页

图 7-38

实战演练——充气浮床网页

案例分析

充气浮床是水上娱乐中不可或缺的娱乐设施，深受不同年龄层人们的喜爱。网站设计要求营造出欢乐的氛围。

设计理念

在网页设计和制作过程中，彩色的线条在画面中多次出现，代表着充气床的多样魅力，并且起到丰富画面效果的作用，营造充满快乐的画面氛围，达到宣传的目的；整个网页设计集欢乐、明快、现代为一体，并且体现出水上运动的动感和时尚。

制作要点

使用“绘制 AP Div”按钮，绘制层；使用“图像”按钮，在绘制的图层中插入图像。最终效果参看资源包中的“源文件\项目七\实战演练　充气浮床网页\index. html”，如图 7-39 所示。

图 7-39

微视频

充气浮床网页

实战演练——时尚前沿网页

案例分析

时尚不仅是为了修饰，甚至已经演化成一种追求真善美的意识。网页设计要求体现出时尚特色。

设计理念

在网页设计和制作过程中，使用时尚模特照片作为背景，呼应主题并起到衬托的效果，突出画面中的主要内容；网页的信息内容使用矩形在画面中排列，图文搭配合理舒适，整体风格简单大方，能够体现出休闲随意的时尚感。

制作要点

使用“绘制 AP Div”按钮，绘制层；使用“图像”按钮，在绘制的图层中插入图像；使用“CSS 样式”命令，设置背景图像。最终效果参看资源包中的“源文件\项目七\实战演练　时尚前沿网页\index. html”，如图 7-40 所示。

中文 English
时尚前沿
奢侈品欣赏
明星服饰
服装搭配
设计新闻
时装设计师
服装百科
服装科技
源于生活的
时尚 CLICK!
街头即T台
左右时尚界
Let's go !

图 7-40

微视频
时尚前沿网页

项目八

CSS 样式

层叠样式表(CSS)是 W3C 组织批准的一个辅助 HTML 设计的新特性,能保持整个 HTML 的统一外观。CSS 的功能强大、操作灵活,当用 CSS 改变一个文件外观时,可以同时改变数百个文件的外观,而且个性化的表现更能吸引访问者。

项目目标

- CSS 样式的概念
- CSS 的属性
- CSS 样式的类型与创建
- 过滤器的种类与作用

任务一 环境保护网页

任务分析

环境保护是指人类为解决现实或潜在的环境问题,协调人类与环境的关系,保护人类的生存环境而采取的各种行动的总称。环境保护对人类生活有着重要影响。网页设计要求体现出环境保护的重要性。

设计理念

在网页设计和制作过程中,使用灰色调作为底色,搭配生活垃圾的图片,与环境保护的内容相呼应;右侧的文字与白色背景搭配,使文字内容突出显示,让人一目了然;整体设计简单、大气,体现出环境保护的重要性,能够使人印象深刻。最终效果参看资源包中的“源文件\项目八\任务一 环境保护网页\index. html”,如图 8-1 所示。

图 8-1

微视频

环境保护网页

任务实施

STEP 1 选择“文件>打开”命令，在弹出的“打开”对话框中，选择资源包中的“素材文件\项目八\任务一 环境保护网页\index. html”文件，单击“打开”按钮打开文件，如图 8-2 所示。

图 8-2

STEP 2 选择“窗口>CSS 样式”命令，弹出“CSS 样式”面板，单击面板下方的“新建 CSS 规则”按钮，在弹出的“新建 CSS 规则”对话框中进行设置，如图 8-3 所示。

STEP 3 单击“确定”按钮，弹出“. dh 的 CSS 规则定义”对话框，在左侧的“分类”列表中选择“类型”选项，将 Font-family 选项设置为“微软雅黑”，Font-size 选项设置为 15，在 Font-weight 选项

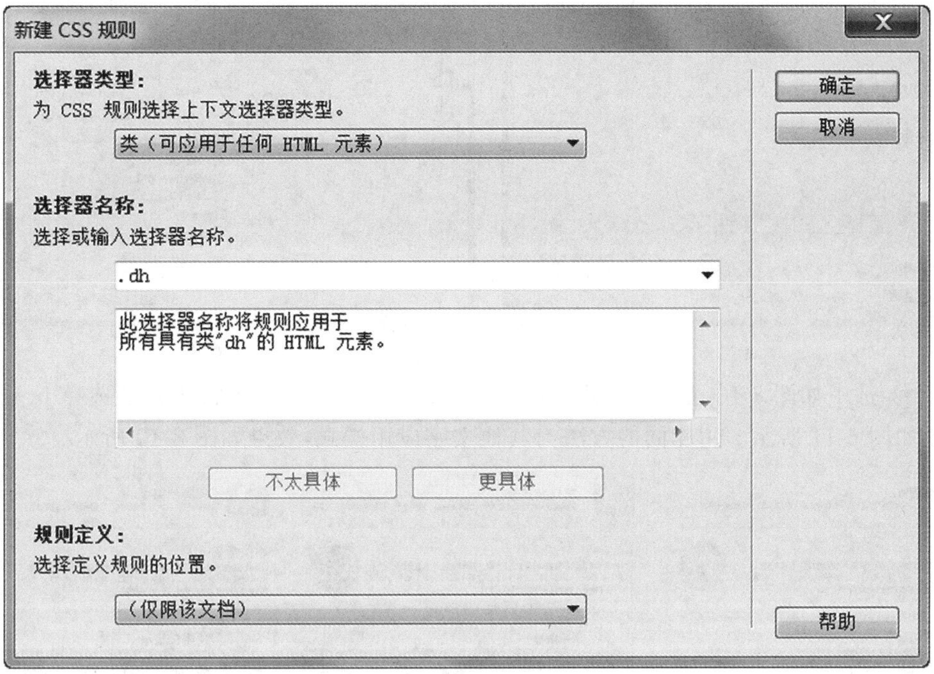

图 8-3

的下拉列表中选择 bold 选项，Color 选项设置为绿色（＃24ad02），如图 8-4 所示。单击“确定”按钮，完成.dh 样式的创建。选中如图 8-5 所示的文字。

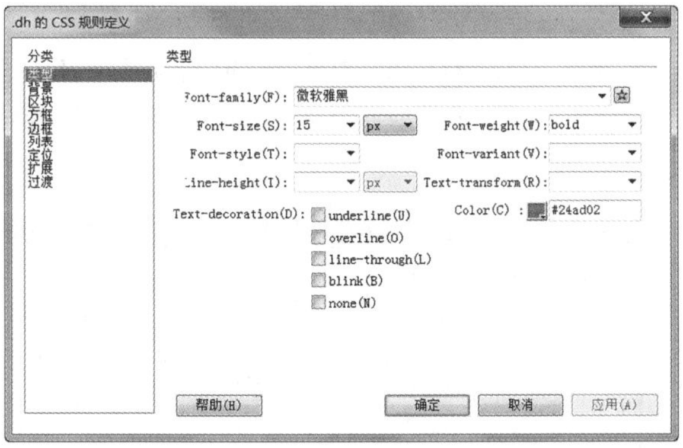

图 8-4

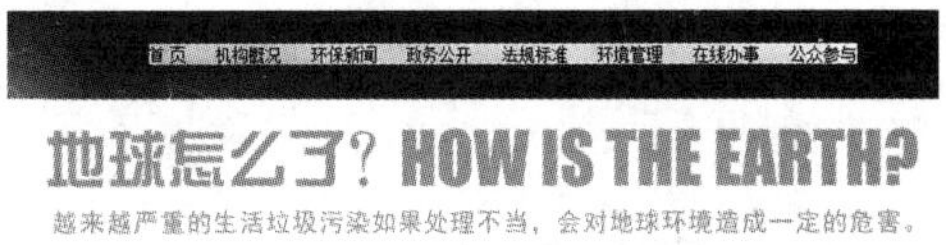

图 8-5

STEP 4 在“属性”面板“类”选项的下拉列表中选择 dh 选项，如图 8-6 所示。应用样式，效果如图 8-7 所示。

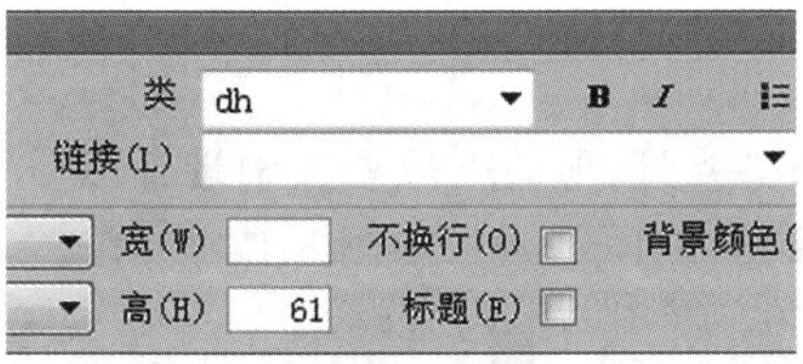

图 8-6

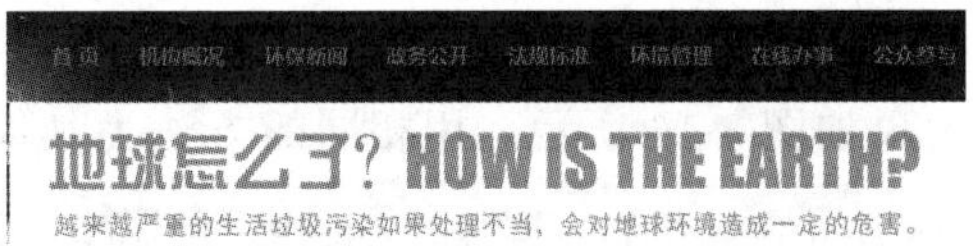

图 8-7

STEP 5 单击“CSS 样式”面板下方的“新建 CSS 规则”按钮，在弹出的“新建 CSS 规则”对话框中进行设置，如图 8-8 所示。

STEP 6 单击“确定”按钮，弹出“.bt 的 CSS 规则定义”对话框，在左侧的“分类”列表中选择“类型”选项，将 Font-family 选项设置为“黑体”，Font-size 选项设置为 21，如图 8-9 所示。单击“确定”按钮，完成.bt 样式的创建。

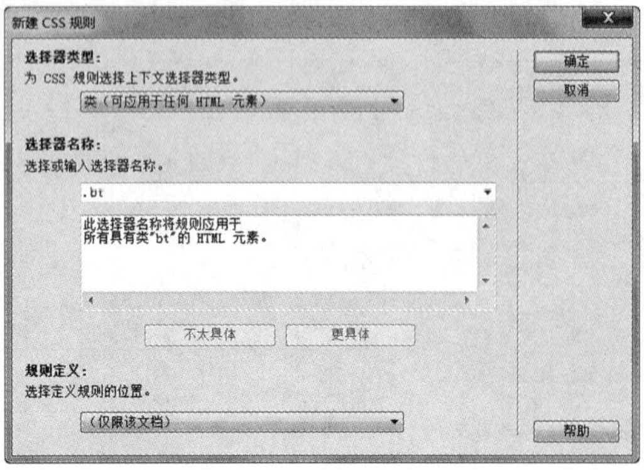

图 8-8

图 8-9

STEP 7 选中如图 8-10 所示的文字，在“属性”面板“类”选项的下拉列表中选择 bt 选项，应用样式，效果如图 8-11 所示。用相同的方法为其他文字应用样式，效果如图 8-12 所示。

图 8-10

图 8-11

图 8-12

STEP 8 单击“CSS 样式”面板下方的“新建 CSS 规则”按钮，在弹出的“新建 CSS 规则”对话框中进行设置，如图 8-13 所示。

STEP 9 单击“确定”按钮，弹出“. text 的 CSS 规则定义”对话框，在左侧的“分类”列表中选择“类型”选项，将 Font-family 选项设置为“宋体”，Font-size 选项设置为 13，Line-height 选项设置为 20，如图 8-14 所示。单击“确定”按钮，完成. text 样式的创建。

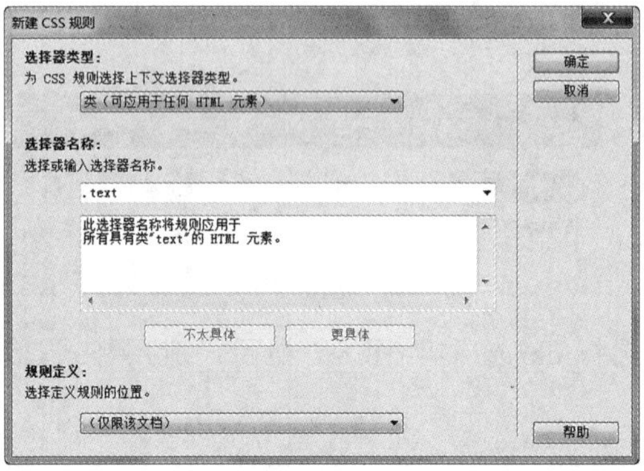

图 8-13

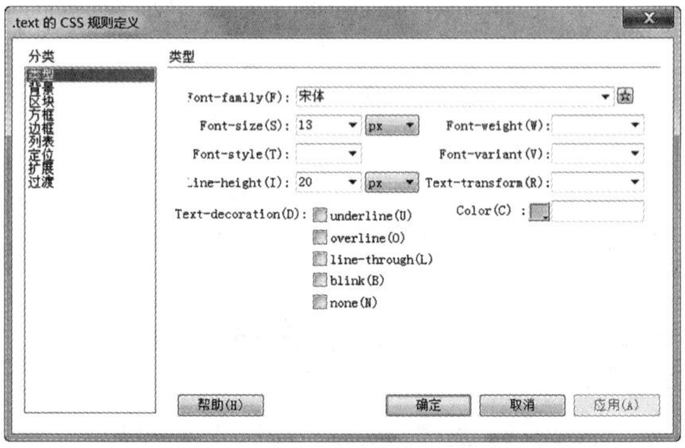

图 8-14

STEP 10 选中如图 8-15 所示的文字，在“属性”面板“类”选项的下拉列表中选择 text 选项，应用样式，效果如图 8-16 所示。用相同的方法为其他文字应用样式，效果如图 8-17 所示。

图 8-15

图 8-16

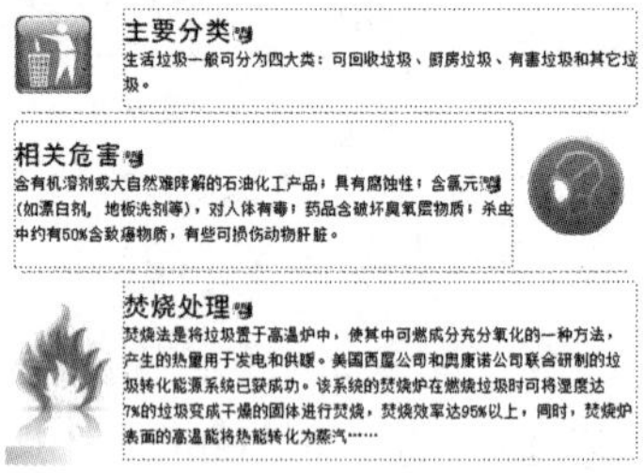

图 8-17

STEP 11 保存文档，按 F12 键预览效果，如图 8-18 所示。

图 8-18

知识讲解

1. CSS 样式的概念

CSS 是 Cascading Style Sheets 的缩写，一般译为“层叠样式表”或“级联样式表”。层叠样式表是对 HTML 3.2 之前的版本的语法变革，将某些 HTML 标签属性简化。例如，要将一段文字的大小变成 36 像素，在 HTML 3.2 中写成“<p><font size="36">文字的大小</font></p>”，标签的层层嵌套使 HTML 程序臃肿不堪，而用层叠样式表可简化 HTML 标签属性，写成“<p style="font-size:36px">文字的大小</p>”即可。

层叠样式表是 HTML 的一部分，它将对象引入 HTML 中，可以通过脚本程序调用和改变对象的属性，产生动态效果。例如，当鼠标指针移至文字上时，文字的字号变大，用层叠样式表写成“<p onMouseOver="className='aa'">动态文字</p>”即可。

2. “CSS 样式”面板

使用“CSS 样式”面板可以创建、编辑和删除 CSS 样式，并且可以将外部样式表附加到文档中。

1）打开“CSS 样式”面板

打开“CSS 样式”面板有以下两种方法。

（1）选择“窗口>CSS 样式”命令。

（2）按 Shift+F11 组合键。

图 8-19

“CSS 样式”面板如图 8-19 所示。它由样式列表和底部的按钮组成。样式列表用于查看与当前文档相关联的样式定义以及样式的层次结构。“CSS 样式”面板可以显示重定义的 HTML 标签、CSS 选择器样式、自定义 CSS 样式。

“CSS 样式”面板底部共有 5 个快捷按钮，分别为“附加样式表”按钮、“新建 CSS 规则”按钮、“编辑样式表”按钮、“禁用/启用 CSS 属性”按钮和“删除 CSS 规则”按钮。它们的含义如下。

- “附加样式表”按钮：用于将创建的任何样式表附加到页面或复制到站点中。
- “新建 CSS 规则”按钮：用于创建重定义的 HTML 标签、CSS 选择器样式、自定义 CSS 样式。
- “编辑样式表”按钮：用于编辑当前文档或外部样式表中的任何样式。
- “禁用/启用 CSS 属性”按钮：用于禁用或启用“CSS 样式”面板中所选的属性。
- “删除 CSS 规则”按钮：用于删除“CSS 样式”面板中所选的样式，并从应用该样式的所有元素中删除格式。

2)样式表的功能

层叠样式表是 HTML 格式的代码，浏览器处理起来速度比较快。样式表的功能归纳如下。

(1)灵活地控制网页中文字的字体、颜色、大小、位置、间距等。

(2)方便地为网页中的元素设置不同的背景颜色和背景图片。

(3)精确地控制网页各元素的位置。

(4)为文字或图片设置滤镜效果。

(5)与脚本语言结合制作动态效果。

3.CSS 样式的类型

层叠样式表是一系列格式规则，它们控制网页各元素的定位和外观，实现 HTML 无法实现的效果。在 Dreamweaver CS6 中可以运用的样式分为重定义 HTML 标签样式、CSS 选择器样式和自定义样式 3 类。

1)重定义 HTML 标签样式

重定义 HTML 标签样式是对某一 HTML 标签的默认格式进行重定义，从而使网页中所有该标签的样式都自动跟着变化。例如，我们重新定义图片的边框线是红色实线，则页面中所有图片的边框都会自动被修改。原图效果如图 8-20 所示，重定义<img>标签后的效果如图 8-21 所示。

2)CSS 选择器样式

一般网页中某些特定的网页元素使用 CSS 选择器定义样式。例如，设置 ID 为第 2 列中的图片更改边框样式，如图 8-22 所示。

图 8-20

图 8-21

图 8-22

3)自定义样式

先定义一个样式，然后选择不同的网页元素应用此样式。一般情况下，自定义样式与脚本程序配合改变对象的属性，从而产生动态效果。例如，多个表格的标题行背景色均设置为黄色，如图 8-23 所示。

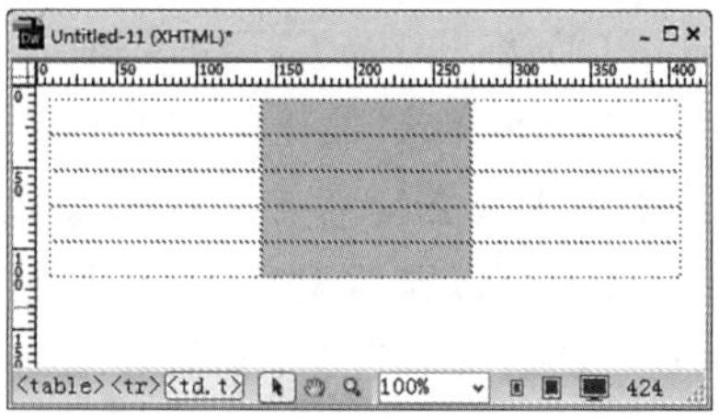

图 8-23

4.创建重定义 HTML 标签样式

当重新定义某个 HTML 标签默认格式后，网页中的该 HTML 标签元素都会自动变化。因此，当需要修改网页中某个 HTML 标签的所有样式时，只需重新定义该 HTML 标签样式即可。

1)打开“新建 CSS 规则”对话框

打开如图 8-24 所示的“新建 CSS 规则”对话框，有以下 5 种方法。

(1)在“CSS 样式”面板中，单击“新建 CSS 规则”按钮。

(2)在“设计”视图状态下，在文档窗口中右击鼠标，在弹出的快捷菜单中选择“CSS 样式>新建”命令，如图 8-25 所示。

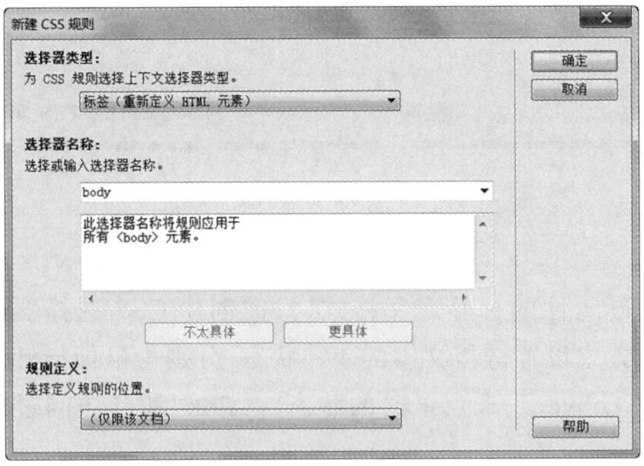

图 8-24

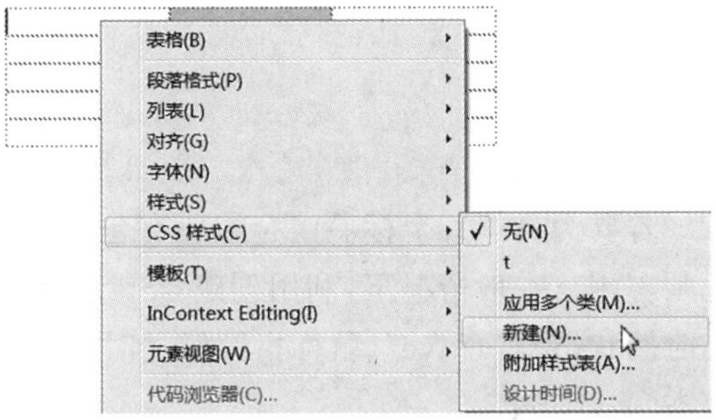

图 8-25

(3)单击“CSS 样式”面板右上方的菜单按钮，在弹出的菜单中选择“新建”命令，如图 8-26 所示。

(4)选择“格式>CSS 样式>新建”命令。

(5)在“CSS 样式”面板中右击鼠标，在弹出的快捷菜单中选择“新建”命令，如图 8-27 所示。

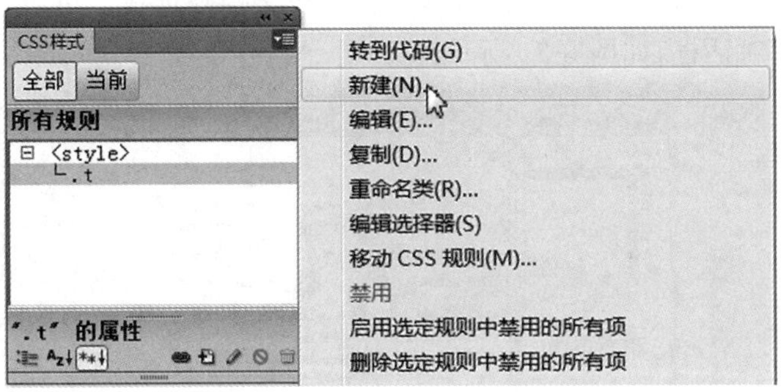

图 8-26

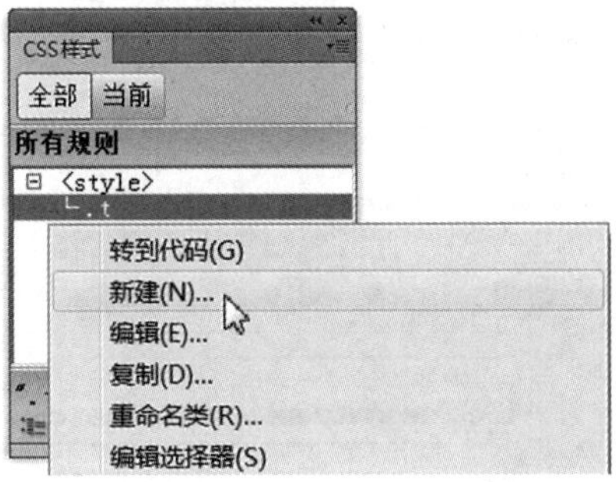

图 8-27

2)重新定义 HTML 标签样式

具体操作步骤如下。

STEP 1 将光标移至文档中，然后打开“新建 CSS 规则”对话框。

STEP 2 在“选择器类型”选项的下拉列表中选择“标签(重新定义 HTML 元素)”选项；在“选择器名称”选项的下拉列表中选择要更改的 HTML 标签，如图 8-28 所示。在“规则定义”选项的下拉列表中选择定义样式的位置，如果不创建外部样式表，则选择“(仅限该文档)”选项。单击“确定”按钮，弹出“img 的 CSS 规则定义”对话框，如图 8-29 所示。

STEP 3 根据需要设置 CSS 属性，单击“确定”按钮完成设置。

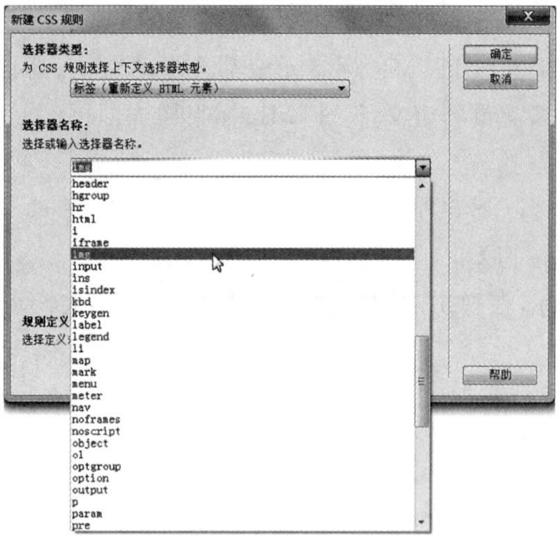

图 8-28

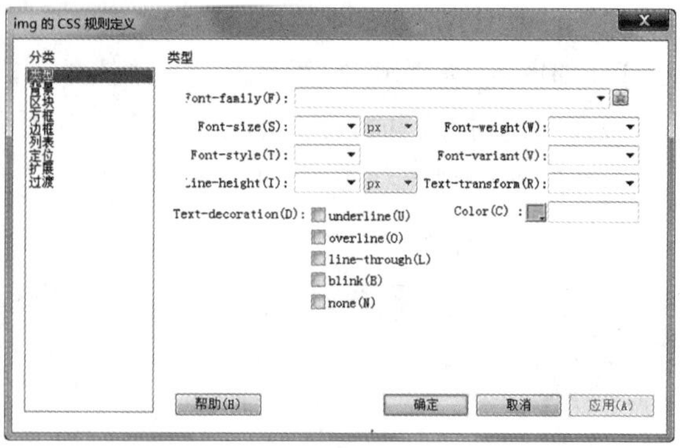

图 8-29

5.创建 CSS 选择器

若要为具体某个标签组合或所有包含特定 ID 属性的标签定义格式，只需创建 CSS 选择器而无须应用。一般情况下，利用创建 CSS 选择器的方式设置链接文本的 4 种状态，分别为鼠标指针点击时的状态“a:active”、鼠标指针经过时的状态“a:hover”、未点击时的状态“a:link”和已访问过的状态“a:visited”。

1)重定义链接文本的状态

若重定义链接文本的状态，则需创建 CSS 选择器，其具体操作步骤如下。

STEP 1 将光标移至文档中，然后打开“新建 CSS 规则”对话框。

STEP 2 在“选择器类型”选项的下拉列表中选择“复合内容(基于选择的内容)”选项；在“选择器名称”选项的下拉列表中选择要重新定义链接文本的状态，如图 8-30 所示。最后在“规则定义”下拉列表中选择定义样式的位置。如果不创建外部样式表，则选择“(仅限该文档)”选项。单击“确定”按钮，弹出“a:hover 的 CSS 规则定义”对话框，如图 8-31 所示。

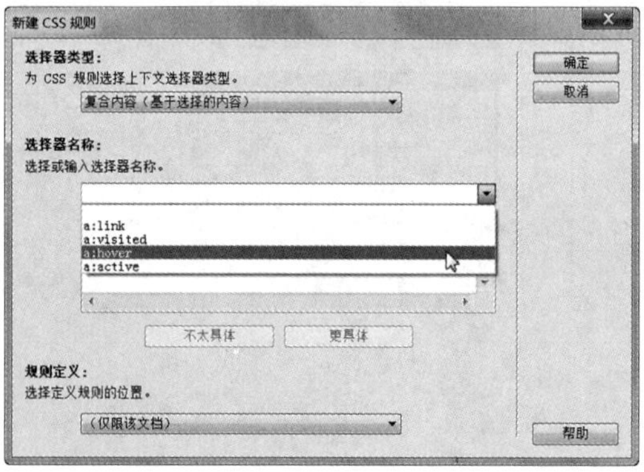

图 8-30

图 8-31

STEP 3 根据需要设置 CSS 属性，单击“确定”按钮完成设置。

2)某个特定的网页对象定义样式

若修改某个特定网页对象的外观，则需先定义该网页对象的 ID 属性名，然后再给该对象创建 CSS 选择器样式，其具体操作步骤如下。

STEP 1 选择“窗口>标签检查器”命令，弹出“标签检查器”面板。在文档窗口中选择某个特定网页元素，在面板的“id”属性中自定义一个名称，如图 8-32 所示。

图 8-32

STEP② 将光标移至文档中，然后打开“新建 CSS 规则”对话框。

STEP③ 在“选择器类型”选项的下拉列表中选择“ID(仅应用于一个 HTML 元素)”选项；在“选择器名称”文本框中输入“#对象名称”，如图 8-33 所示。在“规则定义”选项的下拉列表中选择定义样式的位置，如果不创建外部样式表，则选择“(仅限该文档)”选项。单击“确定”按钮，弹出“#pic 的 CSS 规则定义”对话框，如图 8-34 所示。

STEP④ 根据需要设置 CSS 属性，单击“确定”按钮完成设置。

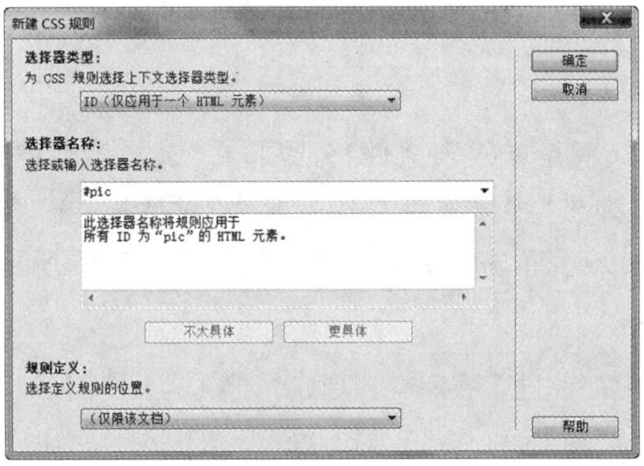

图 8-33

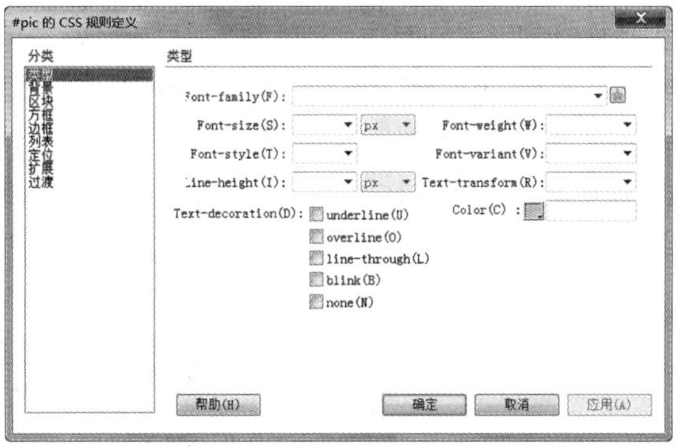

图 8-34

6. 创建和应用自定义样式

若要为不同网页元素设定相同的格式，可先创建一个自定义样式，然后将它应用到文档的网页元素上。

1)创建自定义样式

具体操作步骤如下。

STEP① 将光标移至文档中，然后打开“新建 CSS 规则”对话框。

STEP② 在“选择器类型”选项的下拉列表中选择“类(可应用于任何 HTML 元素)”选项；在“选择器名称”文本框中输入自定义样式的名称，如“. text”；然后在“规则定义”选项的下拉列表中选择定义样式的位置，如果不创建外部样式表，则选择“(仅限该文档)”选项。单击“确定”按钮，弹出“. text 的 CSS 规则定义”对话框，如图 8-35 所示。

STEP 3 根据需要设置 CSS 属性，单击“确定”按钮完成设置。

2)应用样式

创建自定义样式后，还要为不同的网页元素应用不同的样式，其具体操作步骤如下。

STEP 1 在文档窗口中选择网页元素。

STEP 2 在文档窗口左下方的标签<p>上右击，在弹出的快捷菜单中选择“设置类>text”命令，如图 8-36 所示。此时该网页元素应用样式修改了外观。若想撤销应用的样式，则在文档窗口左下方的标签上右击鼠标，在弹出的快捷菜单中选择“设置类>无”命令即可。

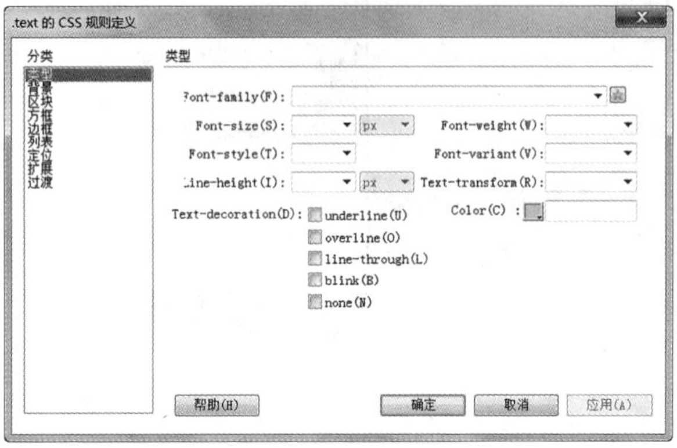

图 8-35

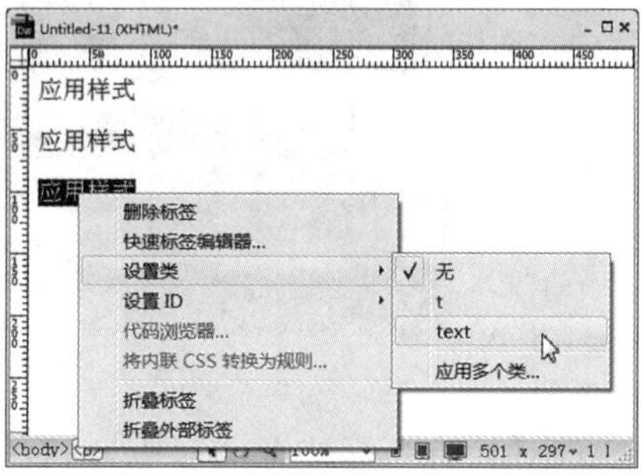

图 8-36

7.创建和引用外部样式

如果不同网页的不同元素需要同一样式，可通过引用外部样式来实现。首先创建一个外部样式，然后在不同网页的不同 HTML 元素中引用定义好的外部样式。

1)创建外部样式

具体操作步骤如下。

STEP 1 打开“新建 CSS 规则”对话框。

STEP 2 在“规则定义”选项的下拉列表中选择“(新建样式表文件)”选项，在“选择器名称”文本框中输入名称，如图 8-37 所示。单击“确定”按钮，弹出“将样式表文件另存为”对话框，在“文件名”文本框中输入自定义的样式文件名，如图 8-38 所示。单击“保存”按钮，弹出如图 8-39 所示的“.tt 的 CSS 规则定义(在 style.css 中)”对话框。

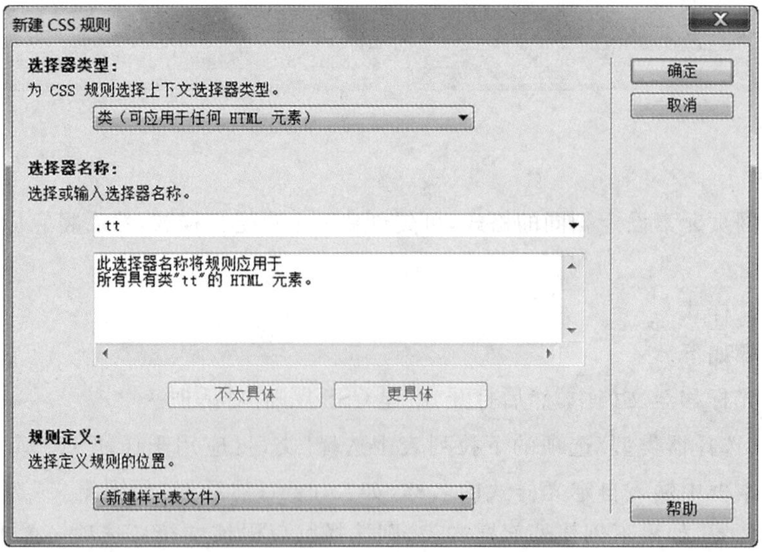

图 8-37

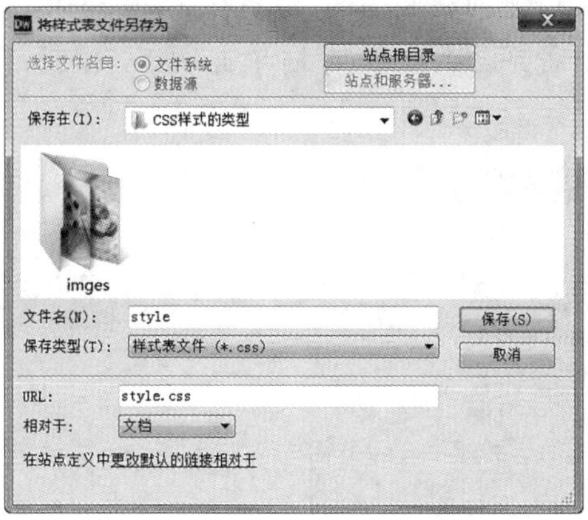

图 8-38

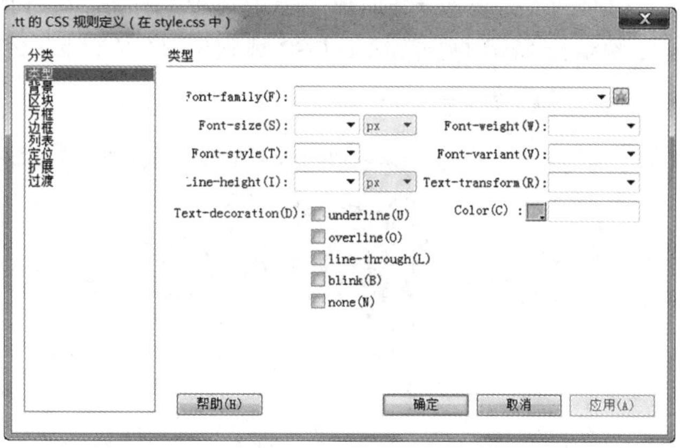

图 8-39

STEP 3 根据需要设置 CSS 属性，单击“确定”按钮完成设置。刚创建的外部样式会出现在“CSS 样式”面板的样式列表中。

2）引用外部样式

不同网页的不同 HTML 元素可以引用相同的外部样式，具体操作步骤如下。

STEP 1 在文档窗口中选择网页元素。

STEP 2 单击“CSS 样式”面板下方的“附加样式表”按钮，弹出“链接外部样式表”对话框，如图 8-40 所示。

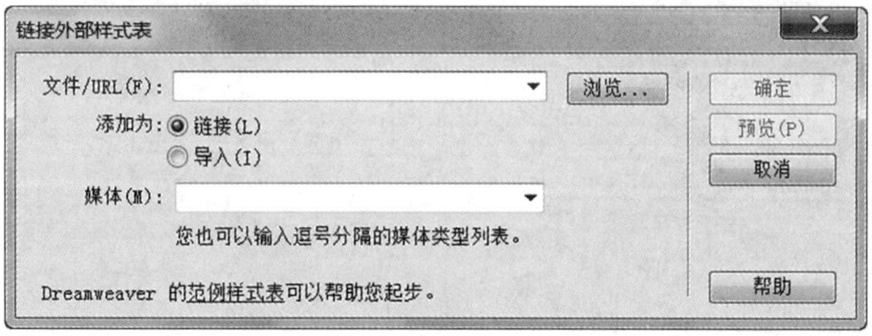

图 8-40

“链接外部样式表”对话框中各选项的作用如下。

● “文件/URL”选项：直接输入外部样式文件名，或单击“浏览”按钮选择外部样式文件。

● “添加为”选项组：包括“链接”和“导入”两个选项。“链接”选项表示传递外部 CSS 样式信息而不将其导入网页文档，在页面代码中生成<link>标签。“导入”选项表示将外部 CSS 样式信息导入网页文档，在页面代码中生成<@Import>标签。

STEP 3 在该对话框中根据需要设定参数，单击“确定”按钮完成设置。此时，引用的外部样式会出现在“CSS 样式”面板的样式列表中，如图 8-41 所示。

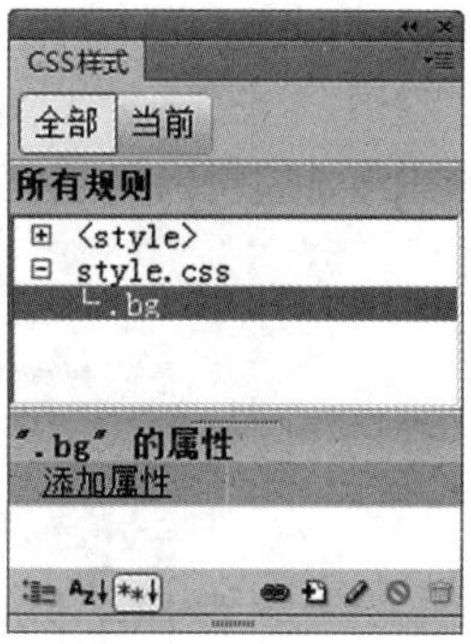

图 8-41

8. 编辑样式

网站设计者有时需要修改应用于文档的内部样式和外部样式。如果修改内部样式，则会自动重新设置受它控制的所有 HTML 对象的格式；如果修改外部样式，则自动重新设置与它链接的所有 HTML 文档。

编辑样式有以下 3 种方法。

(1)先在"CSS 样式"面板中单击选中某样式，然后单击位于面板底部的"编辑样式"按钮，弹出如图 8-42 所示的"＃pic 的 CSS 规则定义"对话框。根据需要设置 CSS 属性，单击"确定"按钮，完成设置。

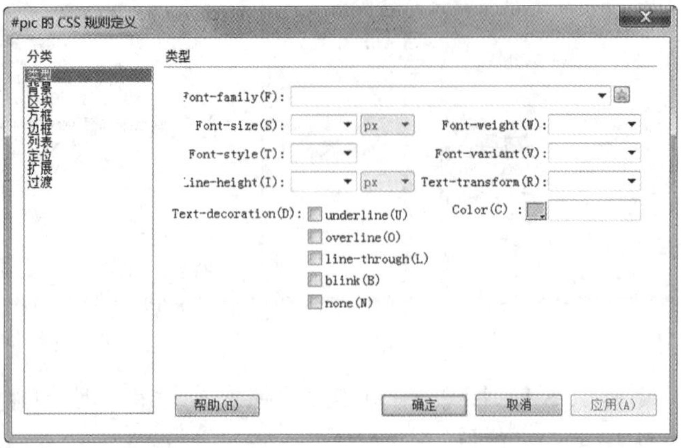

图 8-42

(2)在"CSS 样式"面板中右击样式，然后在弹出的快捷菜单中选择"编辑"命令，如图 8-43 所示。弹出"＃pic 的 CSS 规则定义"对话框。根据需要设置 CSS 属性，单击"确定"按钮完成设置。

(3)在"CSS 样式"面板中选择样式，然后在"CSS 属性检查器"面板中编辑它的属性，如图 8-44 所示。

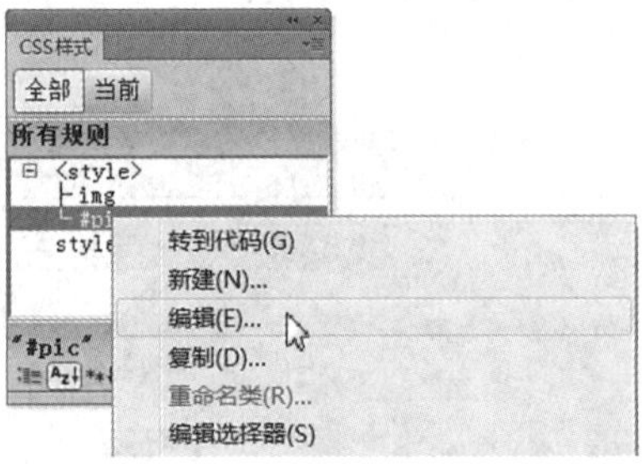

图 8-43

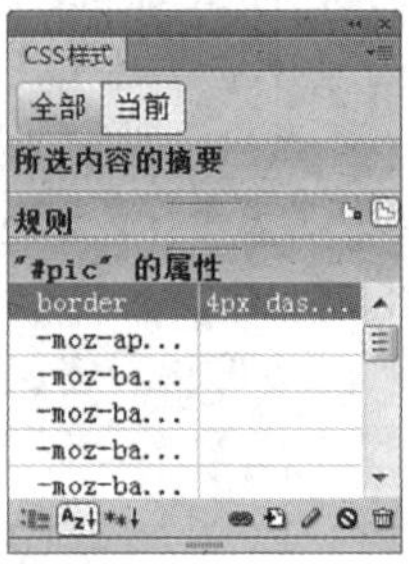

图 8-44

课堂演练——GPS 导航仪网页

使用"项目列表"按钮，将所选文字转为无序列表；使用"属性"面板，为文字添加空链接；使用"CSS 样式"命令，设置超链接的显示效果。最终效果参看资源包中的"源文件\项目八\课堂演练 GPS 导航仪网页\index. html"，如图 8-45 所示。

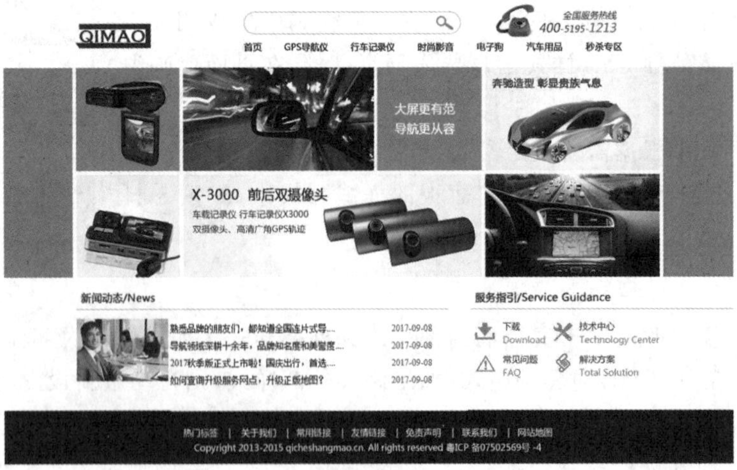

微视频

GPS导航仪网页

图 8-45

任务二　爱越野网页

任务分析

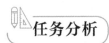

汽车越野赛是集竞技性、观赏性、刺激性于一体的比赛，是展示车辆性能和赛车手高超竞技水平，挑战自我、挑战极限的运动，因其所具有的超越极限、人车结合、积极拼搏的精神而深受人们的喜爱。网页设计要求体现出汽车越野赛的刺激性和观赏性。

设计理念

在网页设计和制作过程中，使用沙地赛车实景照片作为网页背景，很好地衬托出前方的图形与文字内容；透明色块的运用，使画面充满空间感和韵律感，并且能够对文字信息进行分类与规划，使画面具有统一性和条理性；酷炫的页面设计体现出产品的特色和魅力，让人耳目一新。最终效果参看资源包中的“源文件\项目八\任务二　爱越野网页\index. html”，如图 8-46 所示。

微视频

爱越野网页

图 8-46

任务实施

1. 插入表格并输入文字

STEP 1 选择“文件>打开”命令，在弹出的“打开”对话框中，选择资源包中的“素材文件\项目八\任务二　爱越野网页\index. html”文件，单击“打开”按钮打开文件，如图 8-47 所示。将光标置于如图 8-48 所示的单元格中。

图 8-47

图 8-48

STEP② 在“插入”面板的“常用”选项卡中单击“表格”按钮，在弹出的“表格”对话框中进行设置，如图 8-49 所示。单击“确定”按钮，完成表格的插入，效果如图 8-50 所示。

STEP③ 在“属性”面板的“表格”文本框中输入“Nav”，如图 8-51 所示。在单元格中分别输入文字，如图 8-52 所示。

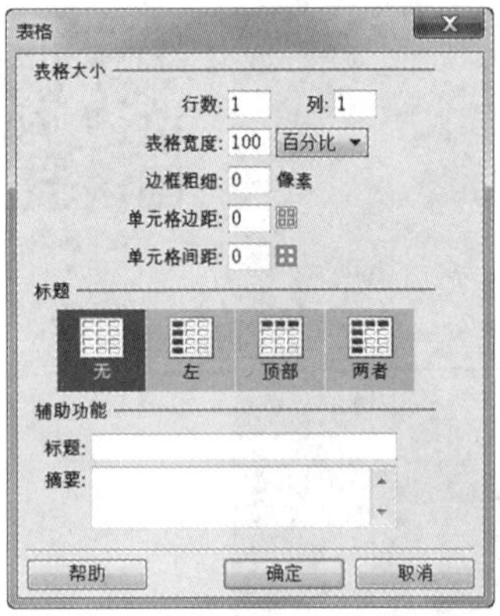

图 8-49

图 8-50

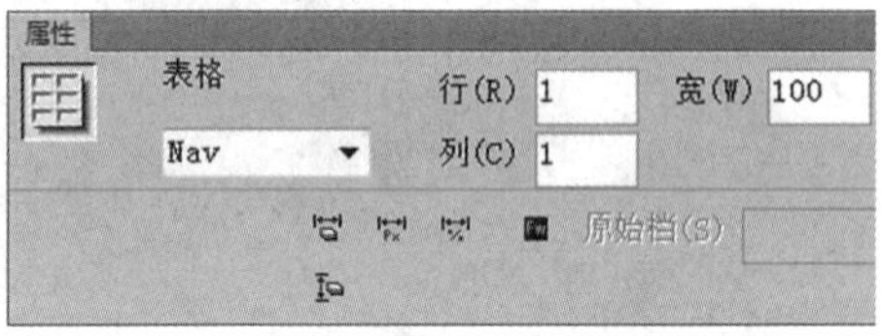

图 8-51

图 8-52

STEP④ 选中文字“拉力赛”，如图 8-53 所示。在“属性”面板的“链接”文本框中输入“#”，为文字制作空链接效果，如图 8-54 所示。用相同的方法为其他文字添加链接，效果如图 8-55 所示。

图 8-53

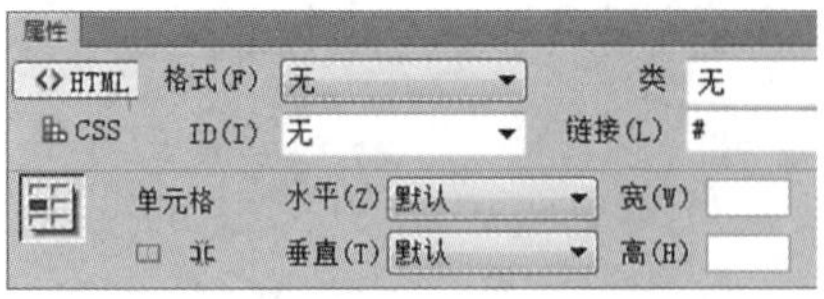

图 8-54

图 8-55

2. 设置 CSS 属性

STEP① 选择“窗口>CSS 样式”命令，弹出“CSS 样式”面板，单击面板下方的“新建 CSS 规则”按钮，弹出“新建 CSS 规则”对话框，在该对话框中进行设置，如图 8-56 所示。

STEP② 单击“确定”按钮，弹出“将样式表文件另存为”对话框，在“保存在”选项的下拉列表中选择当前站点目录保存路径，在“文件名”文本框中输入“style”，如图 8-57 所示。

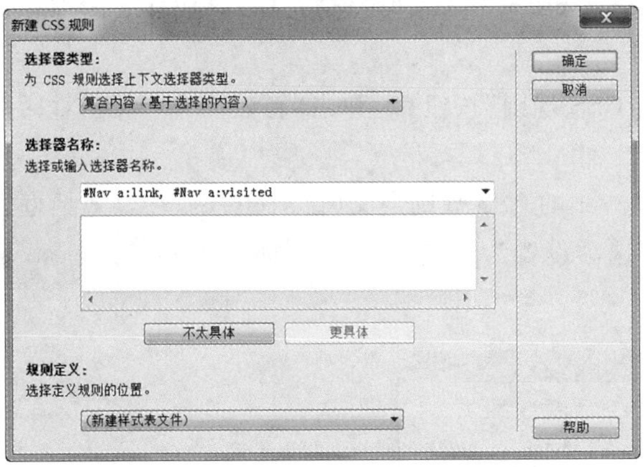

图 8-56

图 8-57

STEP 3 单击“保存”按钮，弹出“#Nav a:link，#Nav a:visited 的 CSS 规则定义（在 style.css 中）”对话框，在左侧的“分类”列表中选择“类型”选项，将 Color 选项设置为深灰色（#333），勾选 Text-decoration 选项组中的 none 复选框，如图 8-58 所示。在左侧的“分类”列表中选择“背景”选项，将 Background-color 选项设置为灰白色（#f2f2f2），如图 8-59 所示。

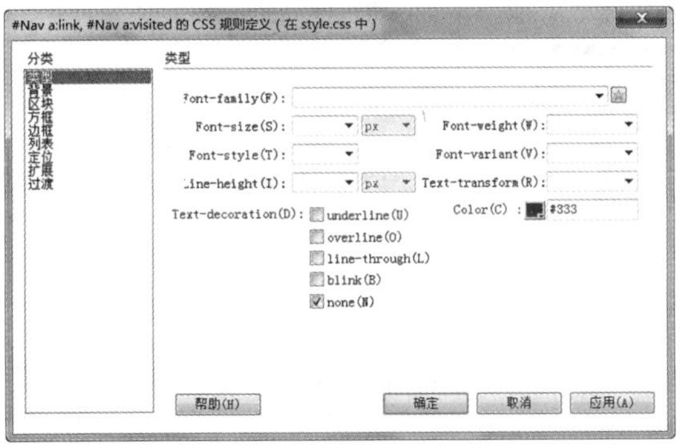

图 8-58

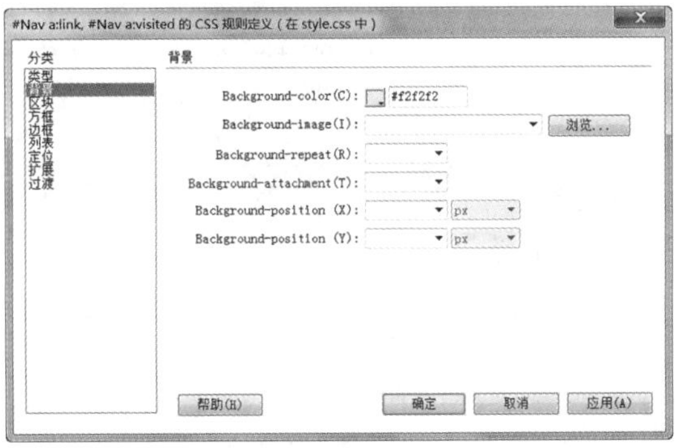

图 8-59

STEP 4 在左侧的“分类”列表中选择“区块”选项，在 Text-align 选项的下拉列表中选择 center 选项，在 Display 选项的下拉列表中选择 block 选项，如图 8-60 所示。

STEP 5 在左侧的“分类”列表中选择“方框”选项，在 Padding 选项组中勾选“全部相同”复选框，将 Top、Right、Bottom、Left 选项设置为 4，在 Margin 选项组中取消勾选“全部相同”复选框，将 Top 选项设置为 5，Bottom 选项设置为 5，如图 8-61 所示。

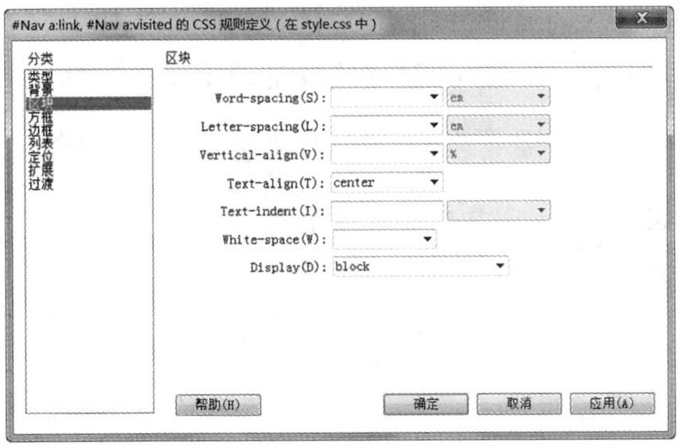

图 8-60

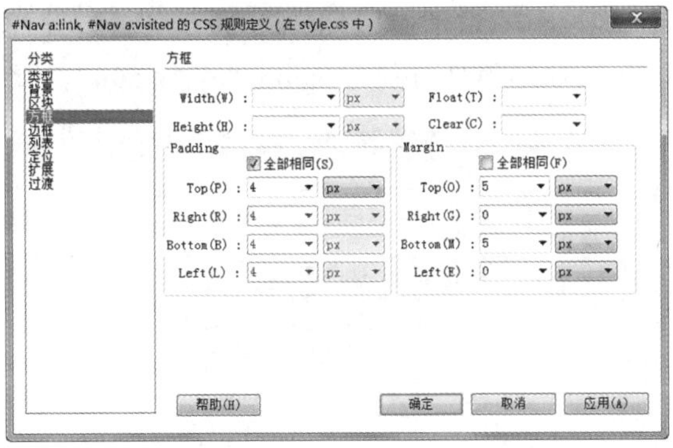

图 8-61

STEP 6 在左侧的“分类”列表中选择“边框”选项，分别在 Style 选项组、Width 选项组和 Color 选项组中，取消勾选“全部相同”复选框，设置 Right 选项的属性分别为“solid”“5”“#f2f2f2”，设置

Left 选项的属性分别为“solid”“5”“＃F90”，如图 8-62 所示。单击“确定”按钮，完成样式的创建，效果如图 8-63 所示。

STEP 7 单击“CSS 样式”面板下方的“新建 CSS 规则”按钮，弹出“新建 CSS 规则”对话框，在该对话框中进行设置，如图 8-64 所示。

STEP 8 单击“确定”按钮，弹出“＃Nav a:hover 的 CSS 规则定义(在 style.css 中)”对话框，在左侧的“分类”列表中选择“类型”选项，将 Color 选项设置为黄色(＃F90)，勾选 Text-decoration 选项组中的 underline 复选框，如图 8-65 所示。

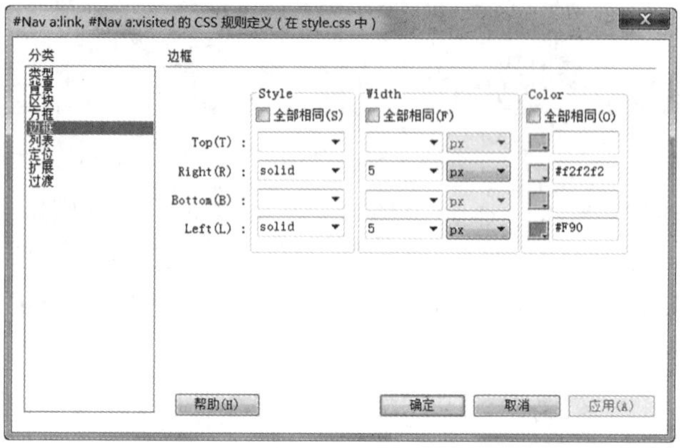

图 8-62

图 8-63

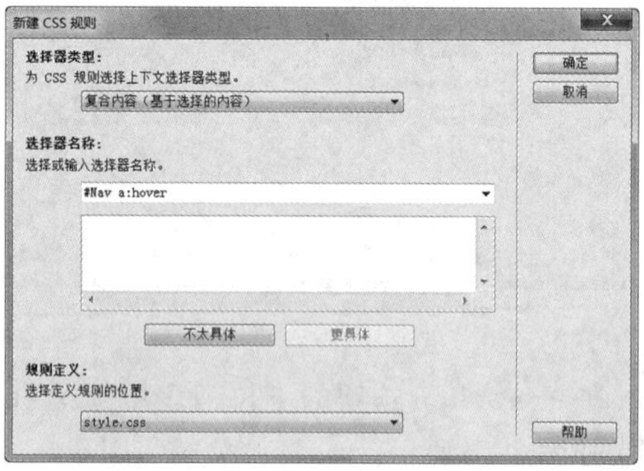

图 8-64

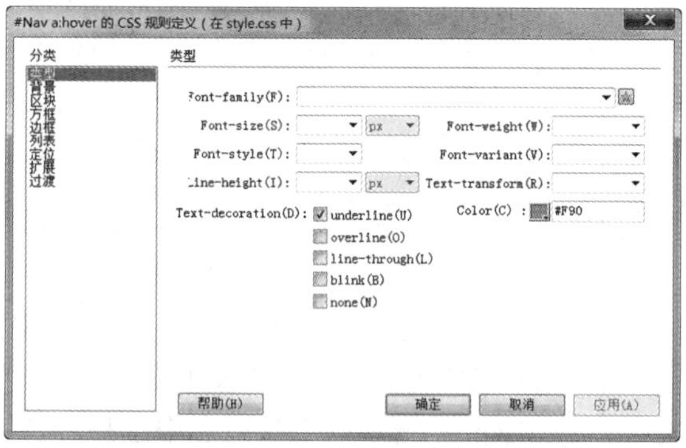

图 8-65

STEP 9 在左侧的“分类”列表中选择“背景”选项，将 Background-color 选项设置为白色，如图 8-66 所示。在左侧的“分类”列表中选择“边框”选项，分别在 Style 选项组、Width 选项组和 Color 选项组中，取消勾选“全部相同”复选框，设置 Right 选项的属性分别为“solid”“5”“＃FFF”，设置 Left 选项的属性分别为“solid”“5”“＃666”，如图 8-67 所示。单击“确定”按钮，完成样式的创建。

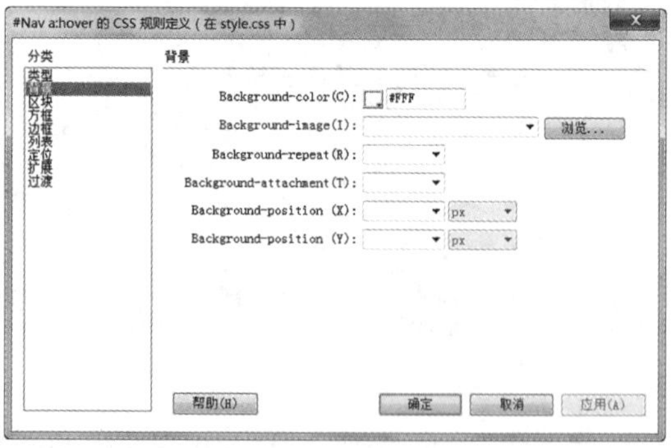

图 8-66

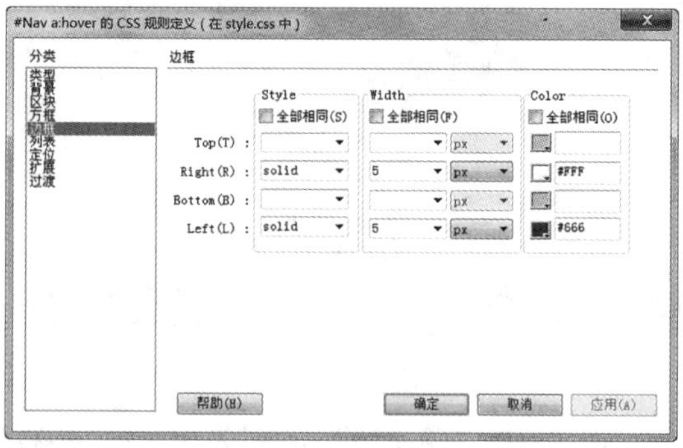

图 8-67

STEP 10 保存文档，按 F12 键预览效果，如图 8-68 所示。当鼠标指针滑过导航按钮时，背景和边框颜色改变，效果如图 8-69 所示。

图 8-68

图 8-69

知识讲解

1. 类型

“类型”分类主要是定义网页中文字的字体、字号、颜色等，如图 8-70 所示。

“类型”分类包括以下 9 种 CSS 属性。

● Font-family 选项：为文字设置字体。一般情况下，使用用户系统中安装的字体系列中的第一种字体显示文本。用户可以手动编辑字体列表。首先单击 Font-family 选项右侧的下拉列表，选择“编辑字体列表”选项，如图 8-71 所示。弹出“编辑字体列表”对话框，如图 8-72 所示。然后在“可用字体”列表中双击要选择的字体，使其出现在“字体列表”选项框中，单击“确定”按钮，完成“编辑字体列表”的设置。最后再单击 Font-family 选项右侧的下拉列表，选择刚刚编辑的字体，如图 8-73 所示。

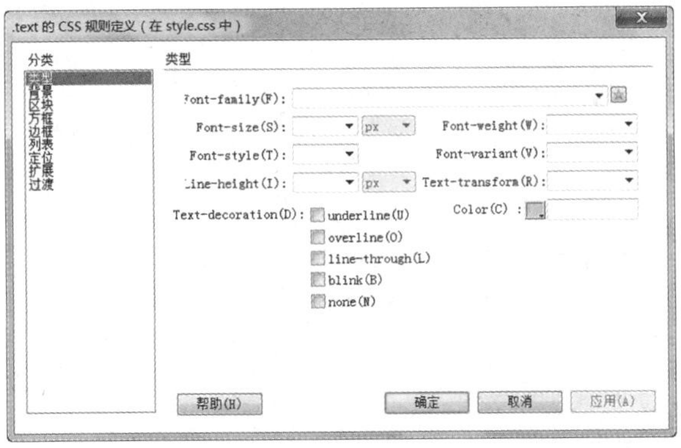

图 8-70

图 8-71

● Font-size 选项：定义文本的大小。在选项右侧的下拉列表中选择具体数值和度量单位。一般以像素为单位，因为它可以有效地防止浏览器破坏文本的显示效果。

● Font-style 选项：指定字体的风格为“normal(正常)”“italic(斜体)”或“oblique(偏斜体)”。默认设置为“normal(正常)”。

● Line-height 选项：设置文本所在行的行高度。在选项右侧的下拉列表中选择具体数值和度量单位。若选择“正常”选项，则系统自动计算字体大小以适应行高。

图 8-72

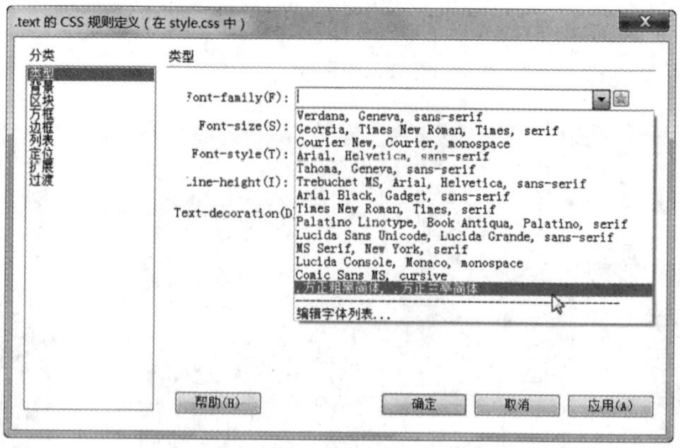

图 8-73

● Text-decoration 选项组：控制链接文本的显示形态，包括 underline、overline、line-through、blink（闪烁）和 none 5 个选项。正常文本的默认设置是“none”，链接的默认设置是“underline”。

● Font-weight 选项：为字体设置粗细效果。它包含 normal、bold、bolder、lighter 和具体粗细值多个选项。通常 normal 选项等于 400 像素，bold 选项等于 700 像素。

● Font-variant 选项：将正常文本缩小一半尺寸后大写显示，IE 浏览器不支持该选项。Dreamweaver CS6 不在文档窗口中显示该选项。

● Text-transform 选项：将选定内容中的每个单词的首字母大写，或将文本设置为全部大写或小写。它包括 capitalize、uppercase、lowercase 和 none 4 个选项。

● Color 选项：设置文本的颜色。

2. 背景

“背景”分类用于在网页元素后加入背景图像或背景颜色，如图 8-74 所示。

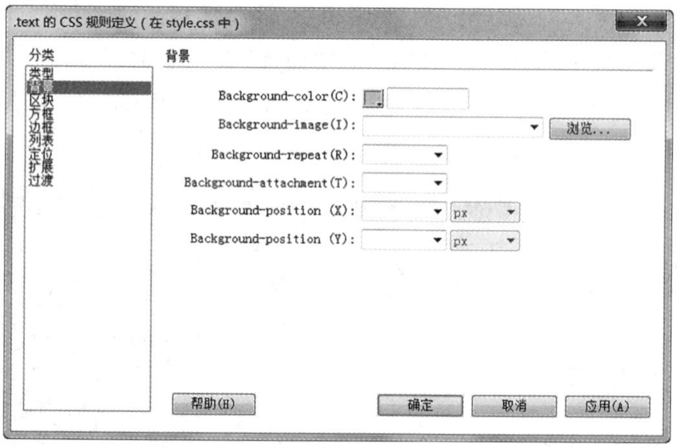

图 8-74

“背景”分类包括以下 6 种 CSS 属性。

● Background-color 选项：设置网页元素的背景颜色。

● Background-image 选项：设置网页元素的背景图像。

● Background-repeat 选项：控制背景图像的平铺方式，包括 no-repeat、repeat、repeat-x 和 repeat-y 4 个选项。若选择 no-repeat 选项，则在元素开始处按原图大小显示一次图像；若选择 repeat 选项，则在元素的后面水平或垂直平铺图像；若选择 repeat-x 或 repeat-y 选项，则分别在元素的后面沿水平方向平铺图像或沿垂直方向平铺图像，此时图像将被剪辑以适合元素的边界。

● Background-attachment 选项：设置背景图像是固定在它的原始位置还是随内容一起滚动。IE 浏览器支持该选项，但 Netscape Navigator 浏览器不支持。

● Background-position(X)和 Background-position(Y)选项：设置背景图像相对于元素的初始位置，它包括 left、center、right、top、center、bottom(底部)和“(值)”7 个选项。该选项可将背景图像与页面中心垂直和水平对齐。

3. 区块

“区块”分类用于控制网页中块元素的间距、对齐方式、文字缩进等属性。块元素可以是文本、图像、层等，如图 8-75 所示。

图 8-75

“区块”分类包括 7 种 CSS 属性。

● Word-spacing 选项：设置文字间的间距，包括 normal 和“(值)”两个选项。若要减小单词间距，则可以设置为负值，但其显示取决于浏览器。

● Letter-spacing 选项：设置字母间的间距，包括 normal 和“(值)”两个选项。若要减小字母间距，则可以设置为负值。IE 浏览器 4.0 版本和更高版本以及 Netscape Navigator 浏览器 6.0 版本支持该选项。

● Vertical-align 选项：控制文字或图像相对于其母体元素的垂直位置。若将图像同其母体元素文字的顶部垂直对齐，则该图像将在该行文字的顶部显示。该选项包括 baseline、sub、super、top、text-top、middle、bottom、text-bottom 和“(值)”9 个选项。baseline 选项表示将元素的基准线同母体元素的基准线对齐；top 选项表示将元素的顶部同最高的母体元素对齐；bottom 选项表示将元素的底部同最低的母体元素对齐；sub 选项表示将元素以下标形式显示；super 选项表示将元素以上标形式显示；text-top 选项表示将元素顶部同母体元素文字的顶部对齐；middle 选项表示将元素中点同母体元素文字的中点对齐；text-bottom 选项表示将元素底部同母体元素文字的底部对齐。

提示

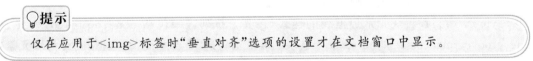

仅在应用于<img>标签时“垂直对齐”选项的设置才在文档窗口中显示。

● Text-align 选项：设置区块文本的对齐方式，包括 left、right、center 和 justify 4 个选项。

● Text-indent 选项：设置区块文本的缩进程度。若让区块文本凸出显示，则该选项值为负值，但显示主要取决于浏览器。

● White-space 选项：控制元素中的空格输入，包括 normal、pre 和 nowrap 3 个选项。

● Display 选项：指定是否以及如何显示元素。选择 none 选项，关闭应用此属性的元素的显示。

提示

Dreamweaver CS6 不在文档窗口中显示“空格”选项值。

4. 方框

块元素可被看成包含在盒子中的内容。这个盒子分成 4 部分，如图 8-76 所示。

“方框”分类用于控制网页中块元素的内容距区块边框的距离、区块的大小、区块间的间隔等。块元素可为文本、图像、层等，如图 8-77 所示。

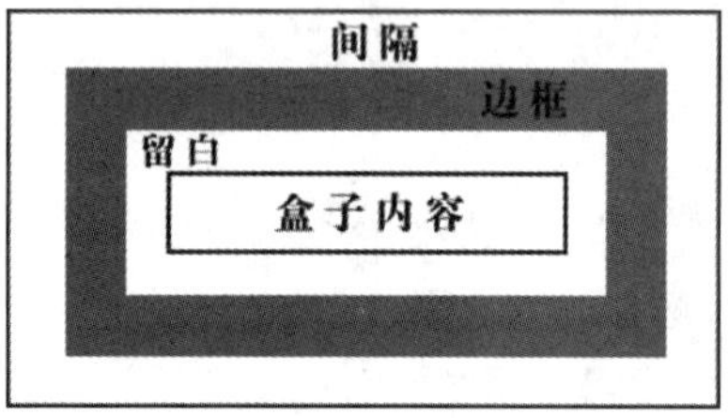

图 8-76

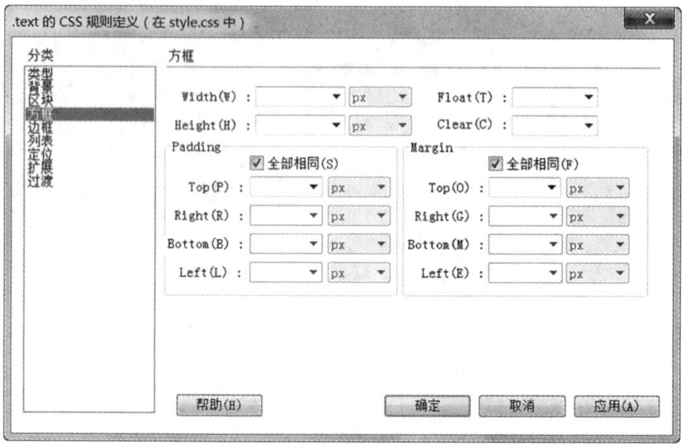

图 8-77

“方框”分类包括以下 6 种 CSS 属性。

- Width 和 Height 选项：设置元素的宽度和高度，使盒子的宽度不受所包含内容的影响。
- Float 选项：设置网页元素（如文本、层、表格等）的浮动效果。IE 浏览器和 Netscape 浏览器都支持“（浮动）”选项的设置。
- Clear 选项：清除设置的浮动效果。
- Padding 选项组：控制元素内容与盒子边框的间距，包括 Top、Bottom、Right 和 Left 4 个选项。若取消勾选“全部相同”复选框，则可单独设置块元素的各个边的填充效果，否则块元素的各个边设置相同的填充效果。
- Margin 选项组：控制围绕块元素的间隔数量，包括 Top、Bottom、Right 和 Left 4 个选项。若取消勾选“全部相同”复选框，则可设置块元素不同的间隔效果，否则块元素有相同的间隔效果。

5. 边框

“边框”分类主要针对块元素的边框，如图 8-78 所示。

“边框”分类包括以下 3 种 CSS 属性。

- Style 选项组：设置块元素边框线的样式，在其下拉列表中包括 none、dotted、dashed、solid、double、groove、ridge、inset 和 outset 9 个选项。若取消勾选“全部相同”复选框，则可为块元素的各边框设置不同的样式。
- Width 选项组：设置块元素边框线的粗细，在其下拉列表中包括 thin、medium、thick 和“（值）”4 个选项。
- Color 选项组：设置块元素边框线的颜色。若取消勾选“全部相同”复选框，则为块元素各边框设置不同的颜色。

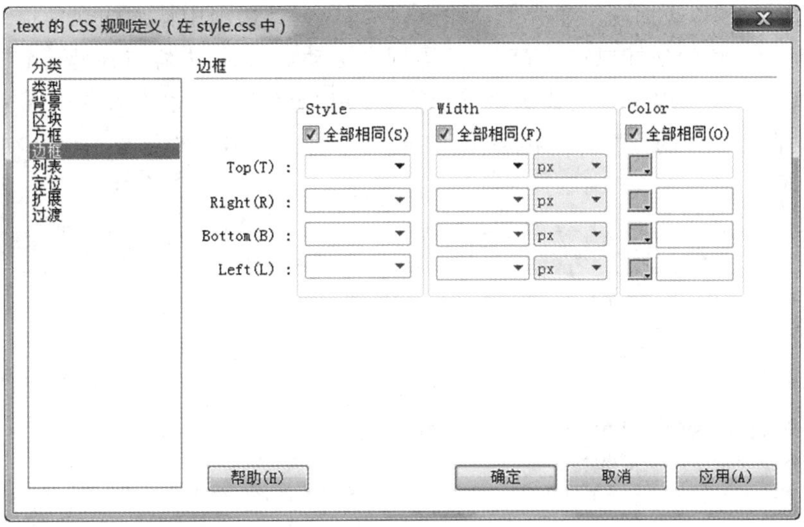

图 8-78

6. 列表

“列表”分类用于设置项目符号或编号的外观，如图 8-79 所示。

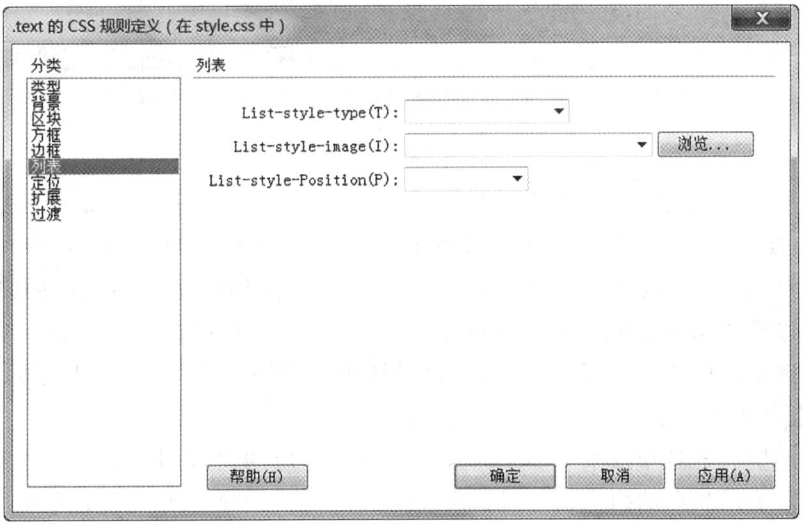

图 8-79

“列表”分类包括以下 3 种 CSS 属性。

● List-style-type 选项：设置项目符号或编号的外观。在其下拉列表中包括 disc、circle、square、decimal、lower-roman、upper-roman、lower-alpha、upper-alpha 和 none 9 个选项。

● List-style-image 选项：为项目符号指定自定义图像。单击选项右侧的“浏览”按钮可选择图像，或直接在选项的文本框中输入图像的路径。

● List-style-Position 选项：用于描述列表的位置，包括 inside 和 outside 两个选项。

7. 定位

“定位”分类用于精确控制网页元素的位置，主要针对层的位置进行控制，如图 8-80 所示。

“定位”分类包括以下几种 CSS 属性。

● Position 选项：确定定位的类型，其下拉列表中包括 absolute、fixed、relative 和 static 4 个选项。absolute 选项表示以页面左上角为坐标原点，使用“定位”选项中输入的坐标值来放置层；fixed 选项表示以页面左上角为坐标原点放置内容，当用户滚动页面时，内容将在此位置保持固定；relative 选项表示以对象在文档中的位置为坐标原点，使用“定位”选项中输入的坐标来放置层；static 选项表示以对象在文档中的位置为坐标原点，将层放在它在文本中的位置。该选项不显示在文档窗口中。

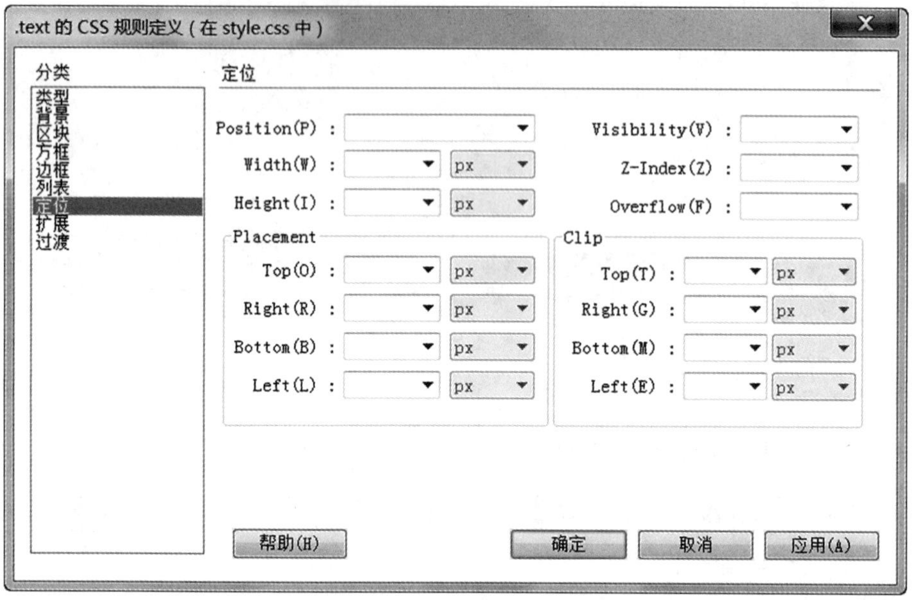

图 8-80

● Visibility 选项：确定层的初始显示条件，包括 inherit、visible 和 hidden 3 个选项。inherit 选项表示继承上一层的可见性属性。如果层没有上一层，它将是可见的。visible 选项表示无论上一层如何设置，都显示该层的内容。hidden 选项表示无论上一层如何设置，都隐藏层的内容。如果不设置 Visibility 选项，则默认情况下大多数浏览器都继承上一层的属性。

● Z-Index 选项：确定层的堆叠顺序，为元素设置重叠效果。编号较高的层显示在编号较低的层的上面。该选项使用整数，可以为正，也可以为负。

● Overflow 选项：此选项仅限于 CSS 层，用于确定在层的内容超出它的尺寸时的显示状态。其中，visible 选项表示当层的内容超出层的尺寸时，层向右下方扩展以增加层的大小，使层内的所有内容均可见。hidden 选项表示保持层的大小并剪辑层内任何超出层尺寸的内容。scroll 选项表示不论层的内容是否超出层的边界，都在层内添加滚动条。scroll 选项不显示在文档窗口中，并且仅适用于支持滚动条的浏览器。auto 选项表示滚动条仅在层的内容超出层的边界时才显示。auto 选项不显示在文档窗口中。

● Placement 选项组：此选项用于设置样式在页面中的位置。

● Clip 选项组：此选项用于设置样式的剪裁位置。

8.扩展

“扩展”分类主要用于控制鼠标指针的形状、控制打印时的分页以及为网页元素添加滤镜效果，但它仅支持 IE 浏览器 4.0 以上的版本，如图 8-81 所示。

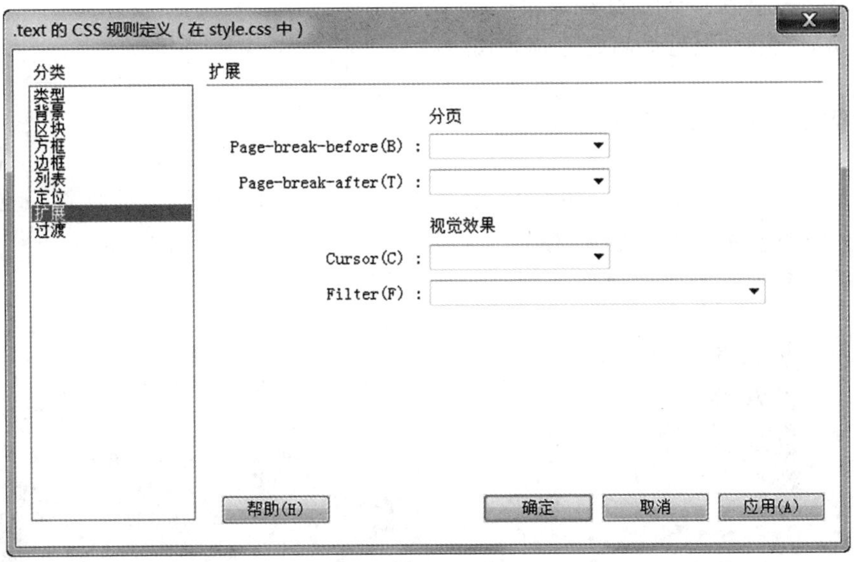

图 8-81

“扩展”分类包括以下几种 CSS 属性。

● “分页”选项组：在打印期间为打印的页面设置强行分页，包括 Page-break-before 和 Page-break-after 两个选项。

● Cursor 选项：当鼠标指针位于样式所控制的对象上时改变鼠标指针的形状。IE 浏览器 4.0 版本和更高版本以及 Netscape Navigator 浏览器 6.0 版本支持该属性。

● Filter 选项：对样式控制的对象应用特殊效果，常用对象有图形、表格、图层等。

9. 过渡

“过渡”分类主要用于控制动画属性的变化，以响应触发器事件，如悬停、单击、聚焦等，如图 8-82 所示。

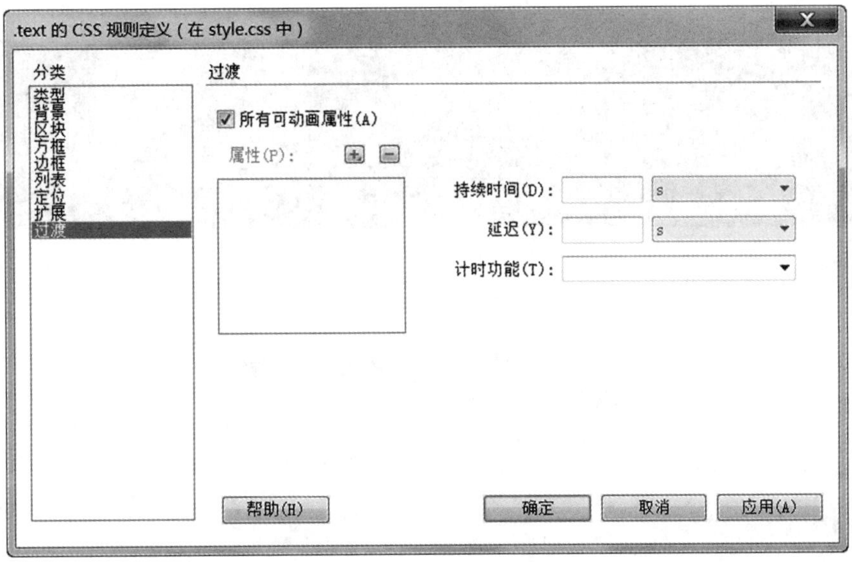

图 8-82

“过渡”分类包括以下几种 CSS 属性。

● “所有可动画属性”选项：勾选该复选框后可以设置所有的动画属性。

● “属性”选项：可以为 CSS 过渡效果添加属性。

● “持续时间”选项：设置 CSS 过渡效果的持续时间。

● “延迟”选项：设置 CSS 过渡效果的延迟时间。
● “计时功能”选项：设置动画的计时方式。

课堂演练——防水工程网页

微视频

防水工程网页

使用“表格”按钮，插入表格；使用“CSS 样式”命令，设置超链接的显示效果。最终效果参看资源包中的“源文件\项目八\课堂演练　防水工程网页\index.html”，如图 8-83 所示。

图 8-83

任务三　爱插画网页

任务分析

插画是一种艺术形式，也是现代设计的一种重要的视觉传达形式。插图画家一般都是职业插画家或自由艺术家，具有各自的擅长题材，形成各自的绘画风格。网页设计要求画面整洁干净，突出主题。

设计理念

在网页设计和制作过程中，使用黑色背景突出插画作品，体现插画设计的主题；整齐排列的矩形块特色鲜明；版面设计简洁，文字清晰，导航栏内容明确，使人阅读方便。最终效果参看资源包中的“源文件\项目八\任务三　爱插画网页\index. html”，如图 8-84 所示。

微视频

爱插画网页

图 8-84

任务实施

STEP 1 选择“文件>打开”命令，在弹出的“打开”对话框中，选择资源包中的“素材文件\项目八\任务三　爱插画网页\index. html”文件，单击“打开”按钮打开文件，如图 8-85 所示。

图 8-85

STEP 2 选择“窗口>CSS 样式”命令，弹出“CSS 样式”面板，单击面板下方的“新建 CSS 规则”按钮，在弹出的“新建 CSS 规则”对话框中进行设置，如图 8-86 所示。

STEP 3 单击“确定”按钮，弹出“.pic 的 CSS 规则定义”对话框，在左侧的“分类”选项列表中选择“扩展”选项，如图 8-87 所示。在“过滤器”选项的下拉列表中选择 Alpha 选项，将过滤器各参数值设置为“Alpha(Opacity=100，FinishOpacity=0，Style=3，StartX=0，StartY=0，FinishX=80，FinishY=80)”，单击“确定”按钮，完成.pic 样式的创建。

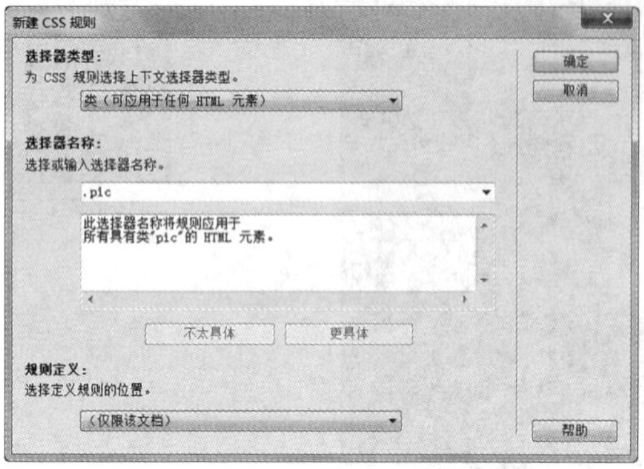

图 8-86

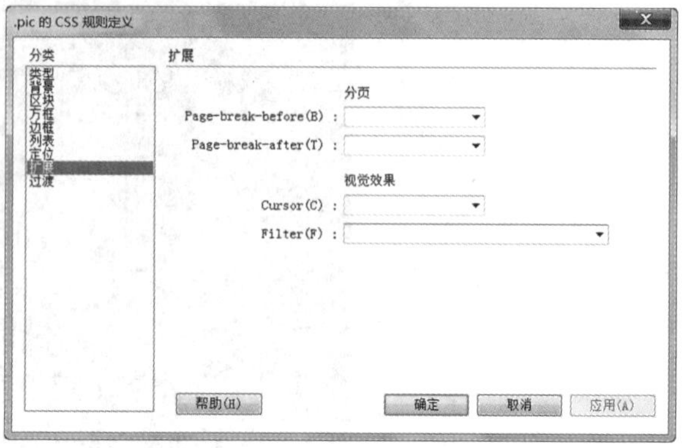

图 8-87

STEP 4 选中如图 8-88 所示的图片，在“属性”面板“类”选项的下拉列表中选择 pic 选项，如图 8-89 所示。应用样式，使用相同的方法为其他图像添加样式效果。

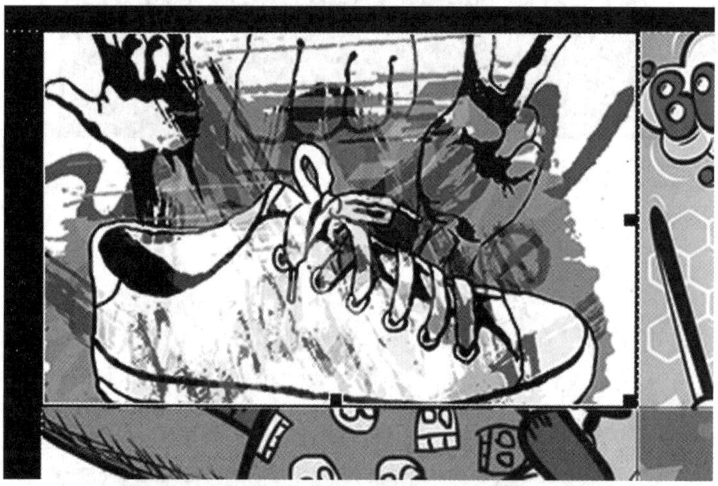

图 8-88

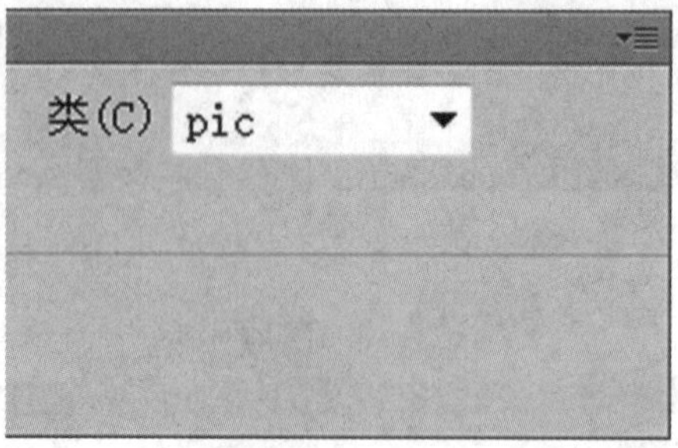

图 8-89

STEP 5 在 Dreamweaver CS6 中看不到过滤器的真实效果，只有在浏览器的状态下才能看到真实效果。保存文档，按 F12 键预览效果，如图 8-90 所示。

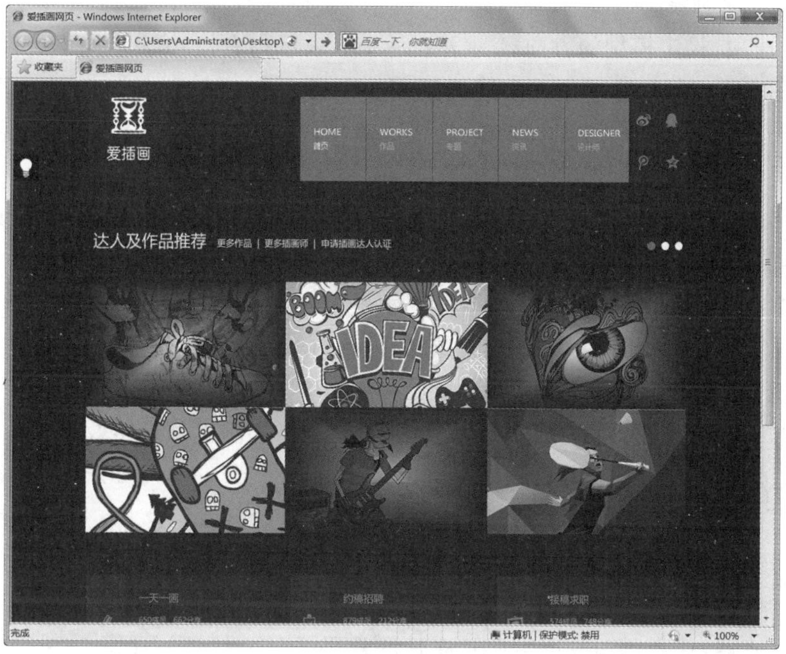

图 8-90

知识讲解

1.可应用过滤的 HTML 标签

CSS 过滤器不仅可以施加在图像上，还可以施加在文字、表格、图层等网页元素上，但并不是所有的 HTML 标签都可以施加 CSS 过滤器，只有 BODY（网页主体）、BUTTON（按钮）、DIV（层）、IMG（图像）、INPUT（表单的输入元素）、MARQUEE（滚动）、SPAN（段落内的独立行元素）、TABLE（表格）、TD（表格内单元格）、TEXTAREA（表单的多行输入元素）、TFOOT（当作注脚的表格行）、TH（表格的表头）、THEAD（表格的表头行）、TR（表格的一行）等 HTML 标签上可以施加 CSS 过滤器。

2.CSS 的静态过滤器

CSS 中有静态过滤器和动态过滤器两种过滤器。静态过滤器使被施加的对象产生各种静态的特殊效果。IE 浏览器 4.0 及更高版本支持以下 13 种静态过滤器。

(1)Alpha 过滤器：让对象呈现渐变的半透明效果，包含的选项及其功能如下。

- Opacity 选项：以百分比的方式设置图片的透明程度，值为 0～100。0 表示完全透明，100 表示完全不透明。
- FinishOpacity 选项：和 Opacity 选项一起以百分比的方式设置图片的透明渐进效果，值为 0～100。0 表示完全透明，100 表示完全不透明。
- Style 选项：设定渐进的显示形状。
- StartX 选项：设定渐进开始的 X 坐标值。
- StartY 选项：设定渐进开始的 Y 坐标值。
- FinishX 选项：设定渐进结束的 X 坐标值。
- FinishY 选项：设定渐进结束的 Y 坐标值。

(2)Blur 过滤器：让对象产生风吹的模糊效果，包含的选项及其功能如下。

- Add 选项：是否在应用 Blur 过滤器的 HTML 元素上显示原对象的模糊方向。0 表示不显示原对象，1 表示显示原对象。

● Direction 选项：设定模糊的方向，0 表示向上，90 表示向右，180 表示向下，270 表示向左。

● Strength 选项：以像素为单位设定图像模糊的半径大小，默认值是 5，取值范围是自然数。

(3)Chroma 过滤器：将图片中的某个颜色变成透明的，包含 Color 选项，用来指定要变成透明的颜色。

(4)DropShadow 过滤器：让文字或图像产生下落式的阴影效果，包含的选项及其功能如下。

● Color 选项：设定阴影的颜色。

● OffX 选项：设定阴影相对于文字或图像在水平方向上的偏移量。

● OffY 选项：设定阴影相对于文字或图像在垂直方向上的偏移量。

● Positive 选项：设定阴影的透明程度。

(5)FlipH 和 FlipV 过滤器：在 HTML 元素上产生水平和垂直的翻转效果。

(6)Glow 过滤器：在 HTML 元素的外轮廓上产生光晕效果，包含 Color 和 Strength 两个选项。

● Color 选项：用于设定光晕的颜色。

● Strength 选项：用于设定光晕的范围。

(7)Gray 过滤器：让彩色图片产生灰色调效果。

(8)Invert 过滤器：让彩色图片产生照片底片的效果。

(9)Light 过滤器：在 HTML 元素上产生模拟光源的投射效果。

(10)Mask 过滤器：在图片上加上遮罩色，包含 Color 选项，用于设定遮罩的颜色。

(11)Shadow 过滤器：与 DropShadow 过滤器一样，让文字或图像产生下落式的阴影效果，但 Shadow 过滤器生成的阴影有渐进效果。

(12)Wave 过滤器：在 HTML 元素上产生垂直方向的波浪效果，包含的选项及其功能如下。

● Add 选项：是否在应用 Wave 过滤器的 HTML 元素上显示原对象的模糊方向，0 表示不显示原对象，1 表示显示原对象。

● Freq 选项：设定波动的数量。

● LightStrength 选项：设定光照效果的光照程度，值为 0～100。0 表示光照最弱，100 表示光照最强。

● Phase 选项：以百分数的方式设定波浪的起始相位，值为 0～100。

● Strength 选项：设定波浪的摇摆程度。

(13)Xray 过滤器：显示图片的轮廓，如同 X 光片的效果。

3.CSS 的动态过滤器

动态过滤器也叫作转换过滤器。Dreamweaver CS6 提供的动态过滤器可以设定产生翻换图片的效果。

(1)BlendTrans 过滤器：混合转换过滤器，在图片间产生淡入、淡出效果，包含 Duration 选项，用于表示淡入、淡出的时间。

(2)RevealTrans 过滤器：显示转换过滤器，提供更多的图像转换效果，包含 Duration 和 Transition 选项。Duration 选项表示转换的时间，Transition 选项表示转换的类型。

提示

打开“Table 的 CSS 规则定义”对话框，在“分类”列表框中选择“扩展”选项，在右侧“滤镜”选项的下拉列表中可以选择静态过滤器或动态过滤器。

课堂演练——汽车配件网页

微视频

汽车配件网页

使用“图像”按钮，插入图像；使用 Gray 滤镜，把图像设定为黑白效果。最终效果参看资源包中的“源文件\项目八\课堂演练　汽车配件网页\index. html”，如图 8-91 所示。

图 8-91

实战演练——咖啡屋网页

案例分析

咖啡屋为喜欢喝咖啡的人和品味生活的人提供一个交流之地。当然，这里也有美食，让味蕾和思想一起放松。本设计是为某咖啡屋制作网页，要求画面整洁干净，并体现出咖啡屋主题和特色。

设计理念

在网页设计和制作过程中，背景色彩丰富，搭配适宜，给人温馨和干净的感觉；将产品照片作为网页设计的主体，直观地展示出网页的宣传主题，网站分类明确，与背景颜色相呼应；简洁直观的设计让人一目了然，易于浏览。

制作要点

使用“CSS 样式”命令，设置文字的大小和颜色。最终效果参看资源包中的“源文件\项目八\实战演练　咖啡屋网页\index. html”，如图 8-92 所示。

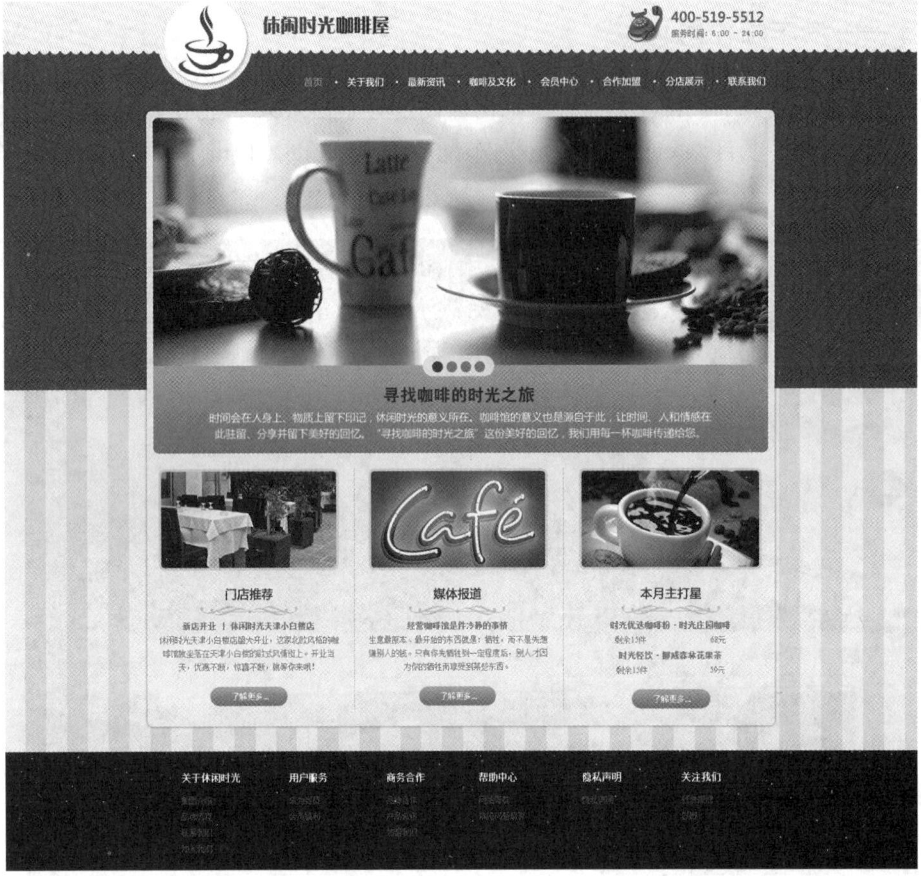

图 8-92

微视频

咖啡屋网页

实战演练——爱美化妆品网页

案例分析

爱美之心，人皆有之。人类自古以来就对化妆品有追求。随着人们审美品位的不断提升，对化妆品有了更高的要求。本例是制作化妆品网页，在设计上希望体现出化妆品种类齐全、妆容亲肤等特点。

设计理念

在网页设计和制作过程中，采用淡雅的色彩作为背景，图文的搭配及色块的添加，给人精致、优雅的感觉，符合产品的特色，增添了画面的美感，与宣传的主题相呼应，让浏览者一目了然。

制作要点

使用“Alpha 滤镜”命令，把图像设定为半透明效果。最终效果参看资源包中的“源文件\项目八\实战演练　爱美化妆品网页\index. html”，如图 8-93 所示。

★ 微视频

爱美化妆品网页

图 8-93

项目九
模板和库

网站是由多个整齐、规范、流畅的网页组成的。为了保持站点中网页风格的统一，需要在每个网页中制作一些相同的内容，如相同栏目下的导航条、各类图标等。为了减轻网页制作者的工作量，提高工作效率，Dreamweaver CS6 提供了模板和库功能。

项目目标

- 熟悉“资源”面板
- 创建与管理模板
- 创建及更新库文件

任务一 水果慕斯网页

任务分析

慕斯是一种以慕斯粉为主材料的糕点，是一种奶冻式的甜点，可以直接吃或作为蛋糕夹层。水果慕斯即在原材料中加入水果并将其点缀在蛋糕上。本任务是为水果慕斯蛋糕设计网页，在网页设计中要求体现水果慕斯的特点。

设计理念

在网页设计和制作过程中，背景为卡通图片和水果，展现水果慕斯能给人带来的愉悦心情；中间是网页的核心信息，包括样品展示、活动信息等，方便浏览。整个页面结构清晰，有利于浏览者查询，独具个性的设计使浏览者感受到水果慕斯的魅力。最终效果参看资源包中的“Templates\TPL.dwt”，如图 9-1 所示。

图 9-1

微视频

水果慕斯网页

任务实施

1.创建模板

STEP 1 选择“文件>打开”命令，在弹出的“打开”对话框中，选择资源包中的“素材文件\项目九\任务一　水果慕斯网页\index.html”文件，单击“打开”按钮打开文件，如图 9-2 所示。

图 9-2

STEP 2 在“插入”面板“常用”选项卡中，单击“创建模板”按钮，在弹出的“另存模板”对话框中进行设置，如图 9-3 所示。单击“保存”按钮，弹出 Dreamweaver 对话框，如图 9-4 所示。单击“是”按钮，将当前文档转换为模板文档，文档名称也随之改变，如图 9-5 所示。

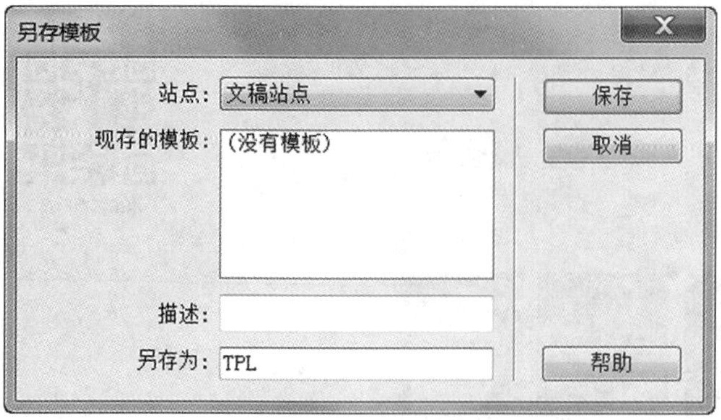

图 9-3

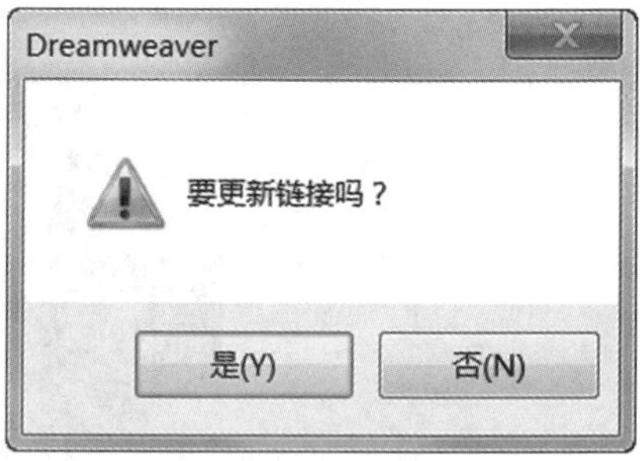

图 9-4

图 9-5

2. 创建可编辑区域

STEP 1 选中如图 9-6 所示的图片，在“插入”面板“常用”选项卡中，单击“可编辑区域”按钮，弹出“新建可编辑区域”对话框，在“名称”文本框中输入名称，如图 9-7 所示。单击“确定”按钮创建可编辑区域，如图 9-8 所示。

图 9-6

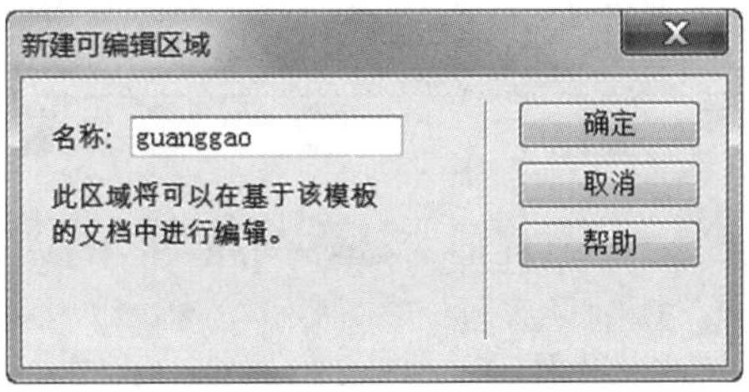

图 9-7

图 9-8

STEP 2 选中如图 9-9 所示的单元格，在“插入”面板“常用”选项卡中，单击“重复区域”按钮，在弹出的“新建重复区域”对话框中进行设置，如图 9-10 所示。单击“确定”按钮，效果如图 9-11 所示。

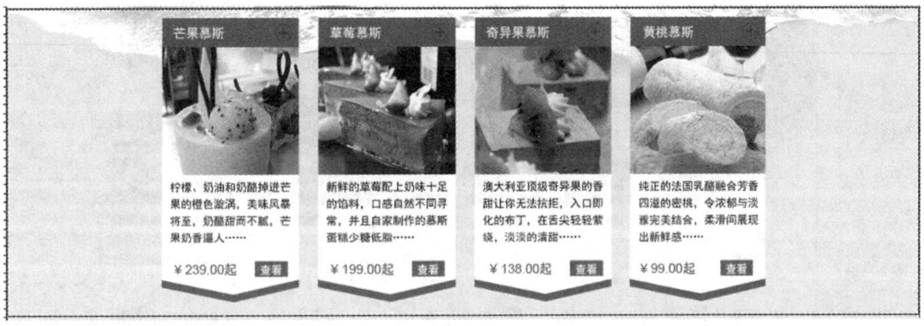

图 9-9

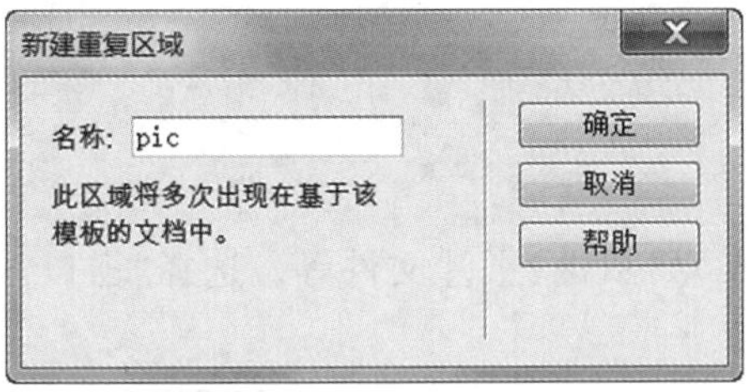

图 9-10

图 9-11

STEP 3 选中如图 9-12 所示的图像，在“插入”面板“模板”选项卡中，再次单击“可编辑区域”按钮，在弹出的“新建可编辑区域”对话框中进行设置，如图 9-13 所示。单击“确定”按钮，创建可编辑区域，如图 9-14 所示。

图 9-12

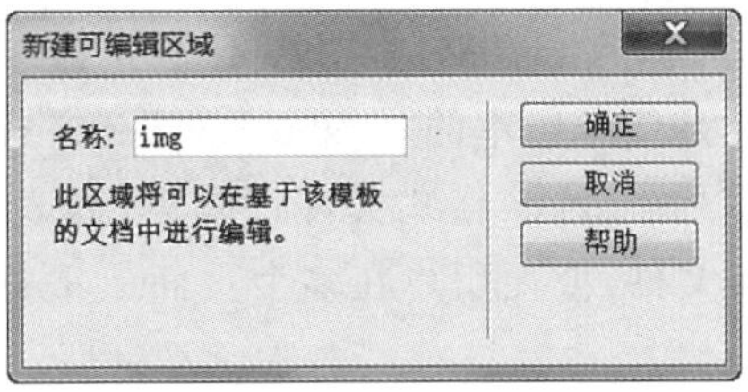

图 9-13

图 9-14

STEP 4 模板网页效果制作完成，如图 9-15 所示。

图 9-15

知识讲解

1. “资源”面板

“资源”面板用于管理和使用制作网站的各种元素，如图像、影片文件等。选择“窗口>资源”命令，弹出“资源”面板，如图 9-16 所示。

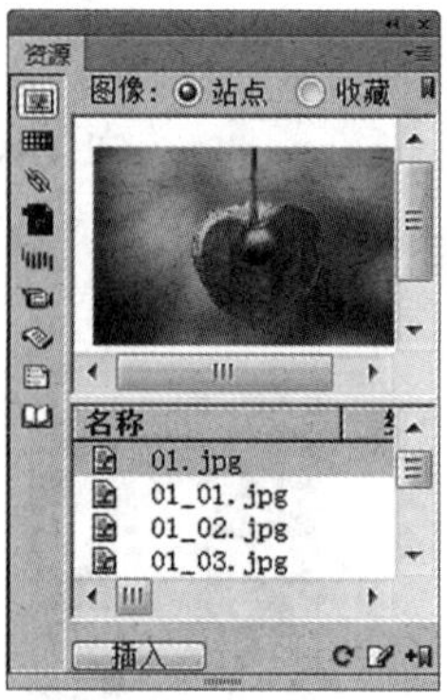

图 9-16

“资源”面板提供了“站点”和“收藏”两种查看资源的方式：“站点”列表显示站点的所有资源，“收藏”列表仅显示用户曾明确选择的资源。在这两个列表中，资源被分成图像、颜色、URLs、SWF、Shockwave、影片、脚本、模板和库 9 种类别，显示在“资源”面板的左侧。“图像”列表中只显示 GIF、JPEG 或 PNG 格式的图像文件；“颜色”列表显示站点的文档和样式表中使用的颜色，包括文本颜色、背景颜色和链接颜色；URLs 列表显示当前站点文档中的外部链接，包括 FTP、Gopher、HTTP、HTTPS、JavaScript、电子邮件（mailto）和本地文件（file://）类型的链接；“SWF”列表显示任意版本的“＊swf”格式文件，不显示 Flash 源文件；“Shockwave”列表显示的影片是任意版本的“＊shockwave”格式文件；“影片”列表显示“＊quicktime”或“＊mpeg”格式文件；“脚本”列表显示独立的 JavaScript 或 VBScript 文件；“模板”列表显示模板文件，方便用户在多个页面上重复使用同一页面布局；“库”列表显示自定义的库项目。

在“资源”面板中，面板底部排列 4 个按钮，分别是“插入”按钮、“刷新站点列表”按钮、“编辑”按钮、“新建模板”按钮和“删除”按钮。“插入”按钮用于将“资源”面板中选定的元素直接插入文档中；“刷新站点列表”按钮用于刷新站点列表；“编辑”按钮用于编辑当前选定的元素；“新建模板”按钮用于建立新的模板。单击“资源”面板右上方的“菜单”按钮，弹出一个菜单，菜单中包括“资源”面板中的一些常用命令，如图 9-17 所示。

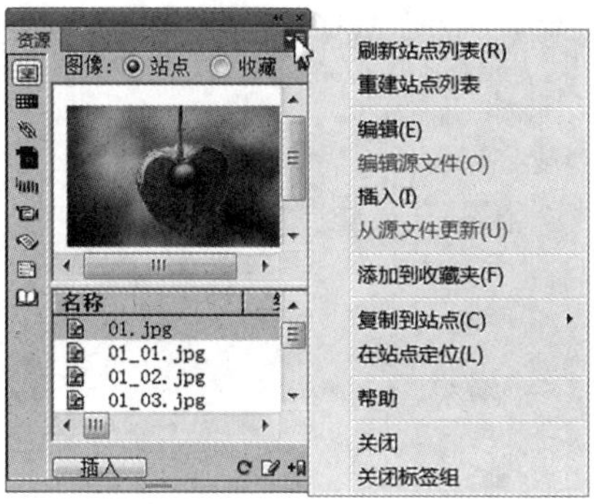

图 9-17

2. 创建模板

在 Dreamweaver CS6 中创建模板非常容易，如同制作网页一样。当用户创建模板之后，Dreamweaver CS6 自动把模板存储在站点的本地根目录下的“Templates”子文件夹中，使用文件扩展名为. dwt。如果此文件夹不存在，当存储一个新模板时，Dreamweaver CS6 将自动生成此子文件夹。

1）创建空模板

创建空模板有以下 3 种方法。

（1）在打开的文档窗口中单击“插入”面板“常用”选项卡中的“创建模板”按钮，将当前文档转换为模板文档。

（2）在“资源”面板中单击“模板”按钮，此时列表为模板列表，如图 9-18 所示。单击下方的“新建模板”按钮，创建空模板，此时新的模板添加到“资源”面板的“模板”列表中，为该模板输入名称，如图 9-19 所示。

图 9-18

图 9-19

（3）在“资源”面板的“模板”列表中右击鼠标，在弹出的快捷菜单中选择“新建模板”命令。

如果修改新建的空模板，则先在“模板”列表中选中该模板，然后单击“资源”面板右下方的“编辑”按钮。如果重命名新建的空模板，则单击“资源”面板右上方的菜单按钮，从弹出的菜单中选择“重命名”命令，然后输入新的名称。

2）将现有文档存为模板

具体操作步骤如下。

STEP 1 选择“文件>打开”命令，弹出“打开”对话框，在对话框中选择要作为模板的网页，如图 9-20 所示。单击“打开”按钮打开文档。

STEP 2 选择“文件>另存为模板”命令，弹出“另存模板”对话框，输入模板名称，如图 9-21 所示。

STEP 3 单击“保存”按钮，此时窗口标题栏显示“Tpl. dwt”字样，表明当前文档是一个模板文档，如图 9-22 所示。

图 9-20

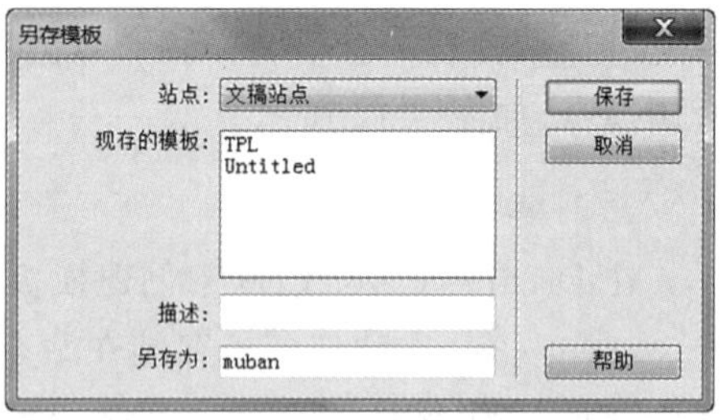

图 9-21

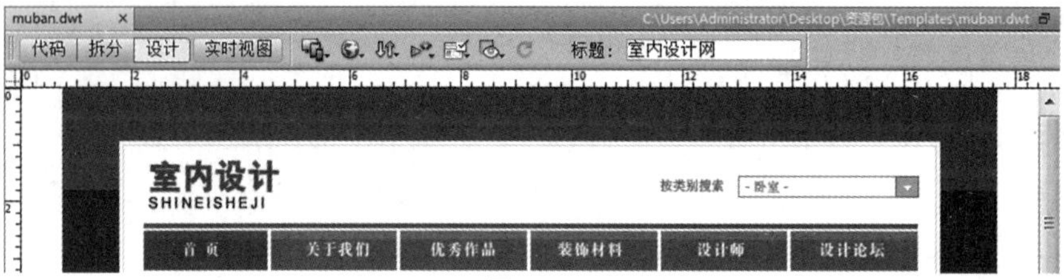

图 9-22

3.定义和取消可编辑区域

创建模板后，网站设计者需要根据用户的需求对模板的内容进行编辑，确定哪些内容是可以编辑的，哪些内容是不可以编辑的。模板的不可编辑区域是指基于模板创建的网页中固定不变的元素，模板的可编辑模板区域是指基于模板创建的网页中用户可以编辑的区域。当创建一个模板或将一个网页另存为模板时，Dreamweaver CS6 默认将所有区域标志为锁定，因此，用户要根据具体要求定义和修改模板的可编辑区域。

1)对已有的模板进行修改

在“资源”面板的“模板”列表中选择要修改的模板名，单击“资源”面板右下方的“编辑”按钮或双击模板名后，就可以在文档窗口中编辑该模板了。

提示

当模板应用于文档时，用户只能在可编辑区域中进行更改，无法修改锁定区域。

2)定义可编辑区域

(1)选择区域。

选择区域有以下两种方法。

① 在文档窗口中选择要设置为可编辑区域的文本或内容。

② 在文档窗口中将光标放在要插入可编辑区域的地方。

(2)打开“新建可编辑区域”对话框。

打开“新建可编辑区域”对话框有以下 4 种方法。

① 在“插入”面板的“常用”选项卡中，单击“模板”展开式按钮，选择“可编辑区域”按钮。

② 按 Ctrl+Alt+V 组合键。

③ 选择“插入>模板对象>可编辑区域”命令。

④ 在文档窗口中右击鼠标，在弹出的快捷菜单中选择“模板>新建可编辑区域”命令。

(3)创建可编辑区域。

在“名称”文本框中为该区域输入唯一的名称，如图 9-23 所示。单击“确定”按钮创建可编辑区域，如图 9-24 所示。

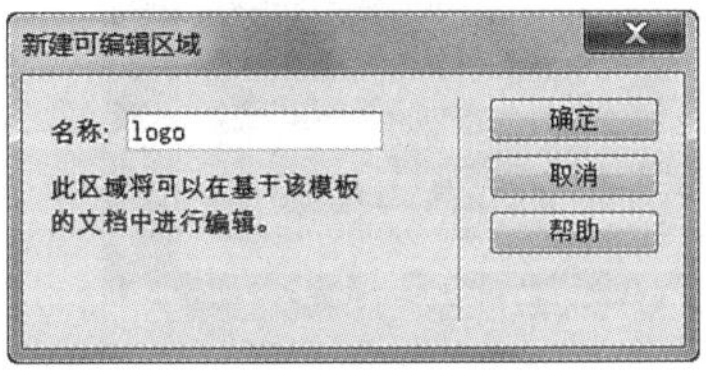

图 9-23

图 9-24

可编辑区域在模板中由高亮显示的矩形边框围绕，该边框使用在“首选参数”对话框中设置的高亮颜色，该区域左上角的选项卡显示该区域的名称。

(4)使用可编辑区域的注意事项。

① 不要在“名称”文本框中使用特殊字符。

② 不能对同一模板中的多个可编辑区域使用相同的名称。

③ 可以将整个表格或单独的表格单元格标志为可编辑的，但不能将多个表格单元格标志为单个可编辑区域。如果选定<td>标签，则可编辑区域中包括单元格周围的区域；如果未选定，则可编辑区域将只影响单元格中的内容。

④ 层和层内容是单独的元素。使层可编辑时，可以更改层的位置及其内容；使层的内容可编辑时，只能更改层的内容，而不能更改其位置。

⑤ 在普通网页文档中插入一个可编辑区域，Dreamweaver CS6 会提示该文档将自动另存为模板。

⑥ 可编辑区域不能嵌套插入。

3)定义可编辑的重复区域

重复区域是可根据需要在基于模板的页面中复制任意次数的模板部分。重复区域通常用于表格，但也可以为其他页面元素定义重复区域。但是重复区域不是可编辑区域，若要使重复区域中的内容可编辑，必须在重复区域内插入可编辑区域。

定义可编辑的重复区域的具体操作步骤如下。

STEP 1 选择区域。

STEP 2 打开“新建重复区域”对话框。

打开“新建重复区域”对话框有以下 3 种方法。

(1)在“插入”面板的“常用”选项卡中，单击“模板”展开式按钮，选择“重复区域”按钮。

(2)选择“插入>模板对象>重复区域”命令。

(3)在文档窗口中右击鼠标,在弹出的快捷菜单中选择“模板>新建重复区域”命令。

STEP 3 定义重复区域。在“名称”文本框中为模板区域输入唯一的名称,如图 9-25 所示。单击“确定”按钮,将重复区域插入模板中。

STEP 4 选择重复区域或其一部分,如表格、行或单元格,定义可编辑区域,如图 9-26 所示。

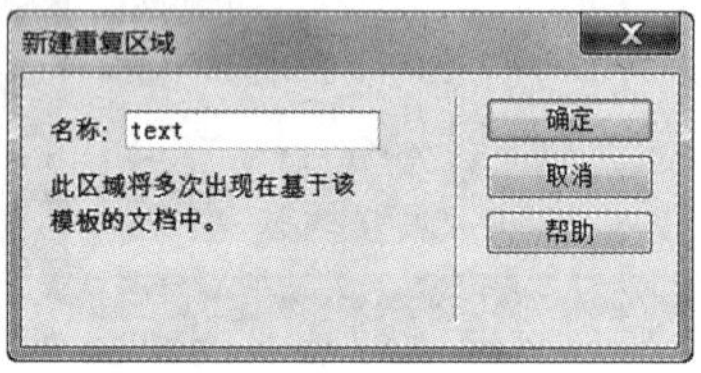

图 9-25

图 9-26

提示

在一个重复区域内可以继续插入另一个重复区域。

4)定义可编辑的重复表格

有时网页的内容会发生变化,此时可使用“重复表格”功能创建模板。利用此模板创建的网页可以方便地增加或减少表格中格式相同的行,满足内容变化的网页布局。要创建包含重复行格式的可编辑区域,使用“重复表格”按钮。用户可以定义表格属性,并设置哪些表格中的单元格可编辑。

定义可编辑的重复表格的具体操作步骤如下。

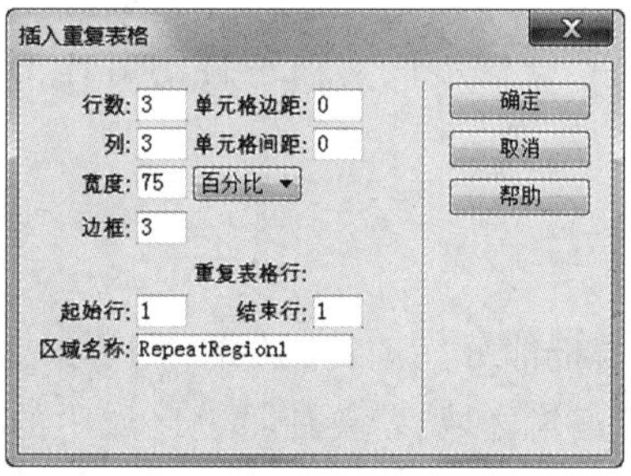

图 9-27

STEP 1 将光标移至文档窗口中要插入重复表格的位置。

STEP 2 打开“插入重复表格”对话框,如图 9-27 所示。

打开“插入重复表格”对话框有以下两种方法。

(1)在“插入”面板的“常用”选项卡中,单击“模板”展开式按钮,选择“重复表格”按钮。

(2)选择“插入>模板对象>重复表格”命令。

“插入重复表格”对话框中各选项的作用如下。

- “行数”选项:设置表格具有的行的数目。
- “列”选项:设置表格具有的列的数目。
- “单元格边距”选项:设置单元格内容和单元格边界之间的像素数。
- “单元格间距”选项:设置相邻的表格单元格之间的像素数。
- “宽度”选项:以像素为单位或以浏览器窗口宽度的百分比设置表格的宽度。
- “边框”选项:以像素为单位设置表格边框的宽度。

● “重复表格行”选项：设置表格中的哪些行包括在重复区域中。
● “起始行”选项：将输入的行号设置为包括在重复区域中的第一行。
● “结束行”选项：将输入的行号设置为包括在重复区域中的最后一行。
● “区域名称”选项：为重复区域设置唯一的名称。

STEP 3 按需要输入新值，单击“确定”按钮，重复表格即出现在模板中，如图 9-28 所示。

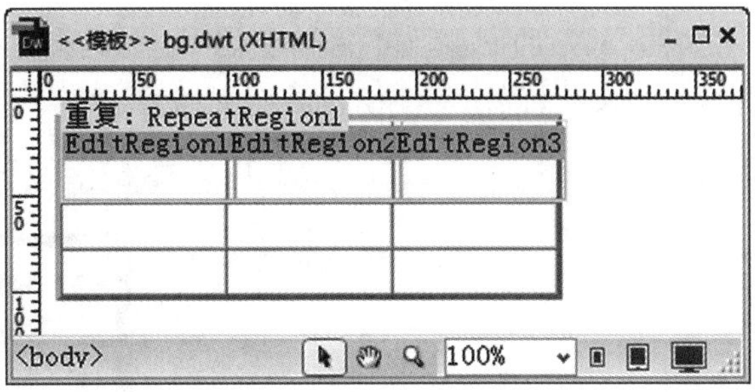

图 9-28

使用重复表格要注意以下几点。

(1)如果没有明确指定单元格边距和单元格间距的值，则大多数浏览器按单元格边距设置为 1、单元格间距设置为 2 来显示表格。若要使浏览器显示的表格没有边距和间距，将“单元格边距”选项和“单元格间距”选项均设置为 0。

(2)如果没有明确指定边框的值，则大多数浏览器按边框设置为 1 显示表格。若要使浏览器显示的表格没有边框，将“边框”设置为 0。在边框设置为 0 时查看单元格和表格边框，则选择“查看>可视化助理>表格边框”命令。

(3)重复表格可以包含在重复区域内，但不能包含在可编辑区域内。

5)取消可编辑区域标记

使用“取消可编辑区域”命令可取消可编辑区域的标记，使之成为不可编辑区域。取消可编辑区域标记有以下两种方法。

(1)首先选择可编辑区域，然后选择“修改>模板>删除模板标记”命令，此时该区域变成不可编辑区域。

(2)首先选择可编辑区域，然后在文档窗口下方的可编辑区域标签上右击，在弹出的快捷菜单中选择“删除标签”命令，如图 9-29 所示。此时该区域变成不可编辑区域。

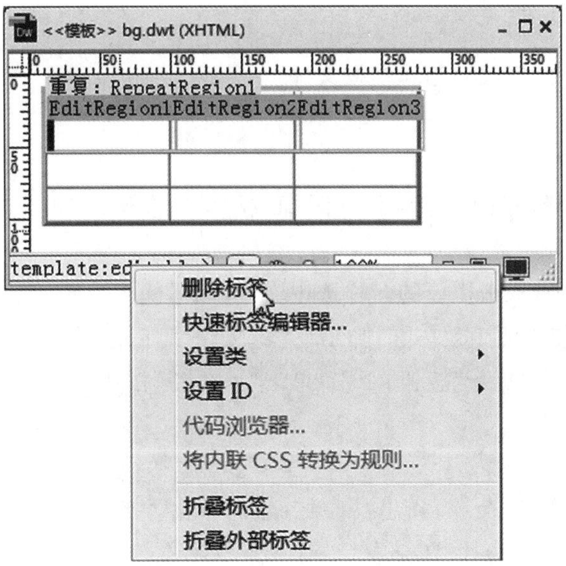

图 9-29

4.创建基于模板的网页

创建基于模板的网页有两种方法：一是使用“新建”命令创建基于模板的新文档；二是应用“资源”面板中的模板来创建基于模板的网页。

1）使用新建命令创建基于模板的新文档

选择“文件>新建”命令，打开“新建文档”对话框，单击“模板中的页”选项，切换到“从模板新建”窗口。在“站点”列表框中选择本网站的站点，如“文稿站点”，再从右侧的列表框中选择一个模板文件，如图 9-30 所示。单击“创建”按钮，创建基于模板的新文档。

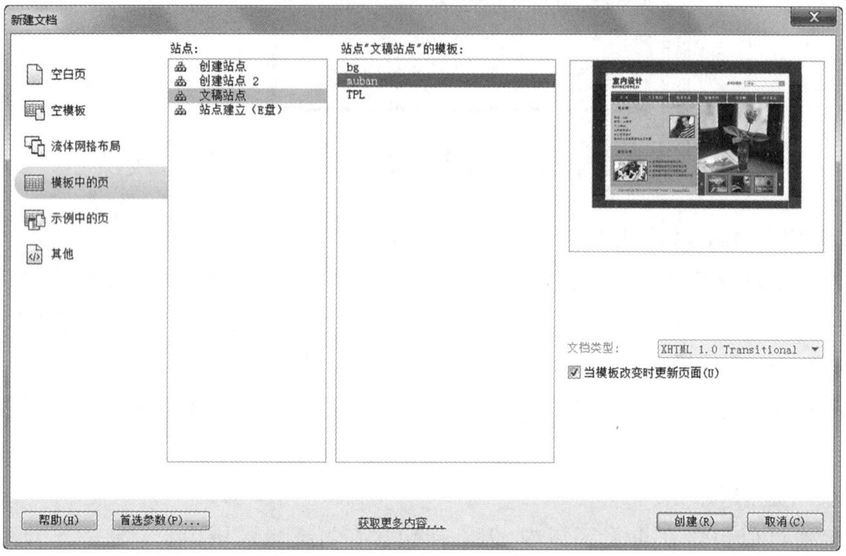

图 9-30

编辑完文档后，选择“文件>保存”命令，保存创建的文档。在文档窗口中按照模板中的设置建立了一个新的页面，并向可编辑区域内添加信息。

2）应用“资源”面板中的模板创建基于模板的网页

新建 HTML 文档，选择“窗口>资源”命令，弹出“资源”面板。单击左侧的“模板”按钮，再从模板列表中选择相应的模板，最后单击面板下方的“应用”按钮，在文档中应用该模板，如图 9-31 所示。

图 9-31

5.管理模板

创建模板后可以重命名、修改和删除模板文件。

1）重命名模板文件

具体操作步骤如下。

STEP 1 选择“窗口>资源”命令，弹出“资源”面板，单击左侧的“模板”按钮，“资源”面板右侧显示本站点的模板列表。

STEP 2 在模板列表中，双击模板的名称选中文本，然后输入一个新名称。

STEP 3 按 Enter 键使更改生效，此时弹出“更新文件”对话框，如图 9-32 所示。若更新网站中所有基于此模板的网页，单击“更新”按钮；否则，单击“不更新”按钮。

2）修改模板文件

具体操作步骤如下。

STEP 1 选择“窗口>资源”命令，弹出“资源”面板，单击左侧的“模板”按钮，“资源”面板右侧显示本站点的模板列表，如图 9-33 所示。

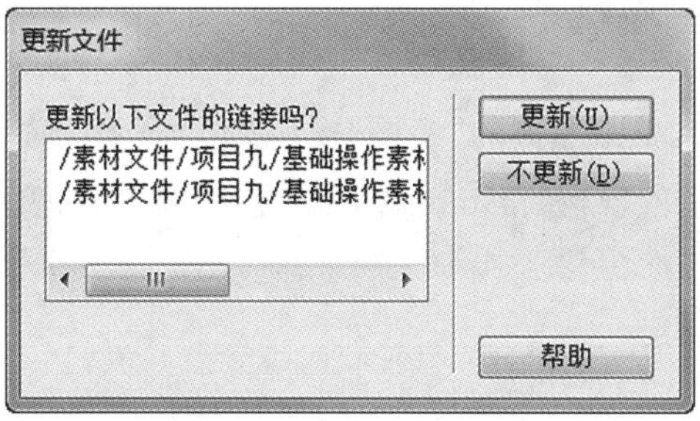

图 9-32

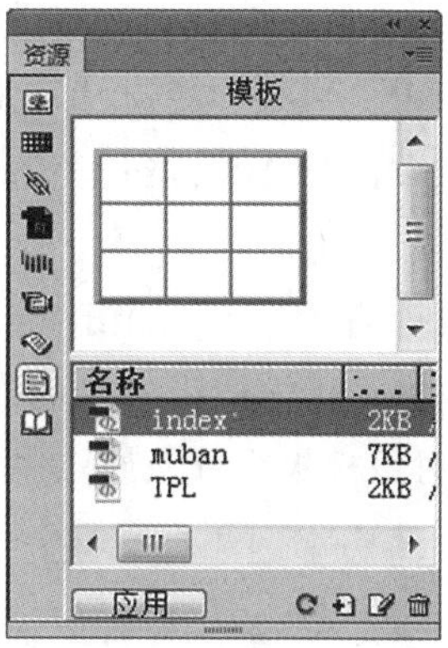

图 9-33

STEP 2 在模板列表中双击要修改的模板文件将其打开，根据需要修改模板内容。例如，将表格第 2 行添加蓝色(#33CCFF)背景，效果如图 9-34 所示。

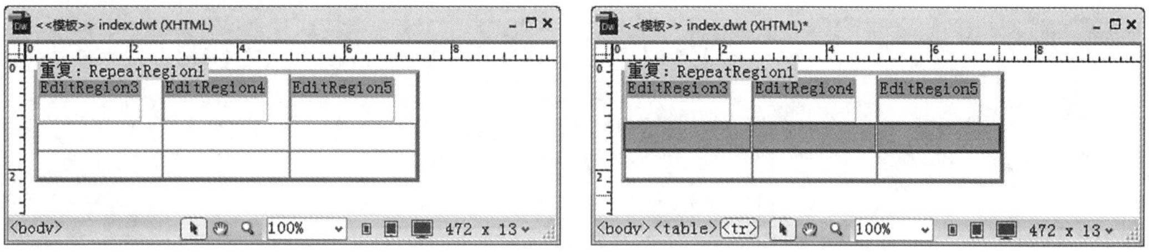

修改前　　　　修改后

图 9-34

3)更新站点

用模板的最新版本更新整个站点或应用特定模板的所有网页，其具体操作步骤如下。

STEP 1 打开“更新页面”对话框。选择“修改>模板>更新页面”命令，弹出“更新页面”对话框，如图 9-35 所示。

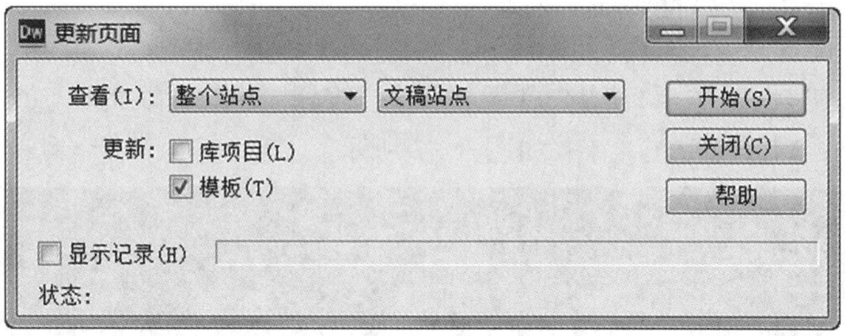

图 9-35

“更新页面”对话框中各选项的作用如下。

- “查看”选项：设置是用模板的最新版本更新整个站点还是更新应用特定模板的所有网页。
- “更新”选项组：设置更新的类别。
- “显示记录”选项：设置是否查看 Dreamweaver CS6 更新文件的记录。如果勾选“显示记录”复选框，则 Dreamweaver CS6 将提供关于其试图更新的文件信息，包括是否成功更新的信息。
- “开始”按钮：单击此按钮，Dreamweaver CS6 按照指示更新文件。
- “关闭”按钮：单击此按钮，关闭“更新页面”对话框。

STEP 2 若用模板的最新版本更新整个站点，则在“查看”选项右侧的第 1 个下拉列表中选择“整个站点”，然后在第 2 个下拉列表中选择站点名称；若更新应用特定模板的所有网页，则在“查看”选项右侧的第 1 个下拉列表中选择“文件使用……”，然后在第 2 个下拉列表中选择相应的网页名称。

STEP 3 在“更新”选项组中选择“模板”复选框。

STEP 4 单击“开始”按钮，即可根据选择更新整个站点或应用特定模板的所有网页。

STEP 5 单击“关闭”按钮，关闭“更新页面”对话框。

4）删除模板文件

选择“窗口>资源”命令，弹出“资源”面板。单击左侧的“模板”按钮，“资源”面板右侧显示本站点的模板列表。单击模板的名称选择要删除的模板，单击面板下方的“删除”按钮，并确认要删除该模板，此时该模板文件从站点中删除。

提示

删除模板后，基于此模板的网页不会与此模板分离，它们还保留被删除模板的结构和可编辑区域。例如，网页文件“Untitled-3.html”应用模板 index，在删除模板文件“index.dwt”后仍保留删除前模板的结构和可编辑区域，如图 9-36 所示。

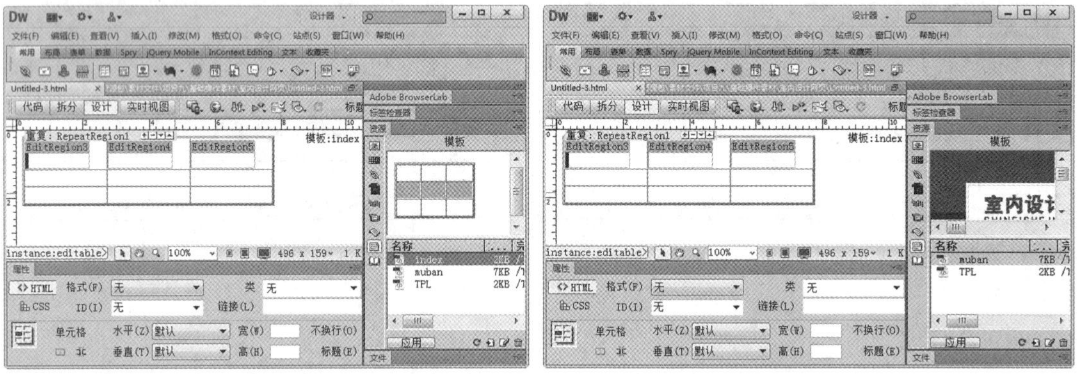

删除前　　删除后

图 9-36

课堂演练——电子吉他网页

用“创建模板”按钮，创建模板；使用“可编辑区域”按钮，制作可编辑区域效果。最终效果参看资源包中的“Templates\JiTa.dwt”文件，如图 9-37 所示。

微视频

电子吉他网页

图 9-37

任务二　老年生活频道网页

任务分析

老年生活频道是指以老年人生活服务资讯、生活服务技巧为主体格局，致力展示老年人生活的时尚感和现代感的生活频道。本任务是为某老年生活频道设计和制作的网站，在设计上要求结构简洁，能突出其主题。

设计理念

在网页设计和制作过程中，使用大幅摄影照片作为背景展示丰富的活动类型；信息栏的设计运用不同的色块，为老年人阅读提供便利；简洁的文字清晰醒目，让人一目了然。最终效果参看资源包中的“源文件\项目九\任务二　老年生活频道网页\index. html”，如图 9-38 所示。

微视频

老年生活频道网页

图 9-38

任务实施

1. 把经常用的图标注册到库中

STEP 1 选择“文件>打开”命令，在弹出的“打开”对话框中，选择资源包中的“素材文件\项目九\任务二　老年生活频道网页\index. html”文件，单击“打开”按钮打开文件，效果如图 9-39 所示。选择“窗口>资源”命令，弹出“资源”面板，在“资源”面板中，单击左侧的“库”按钮，进入“库”面板，选中如图 9-40 所示的图片。

图 9-39

图 9-40

STEP ② 单击并将其拖曳到“库”面板中，如图 9-41 所示。释放鼠标，将选定的图像将添加为库项目，如图 9-42 所示。在可输入状态下，将其重命名为“logo”，按 Enter 键，如图 9-43 所示。

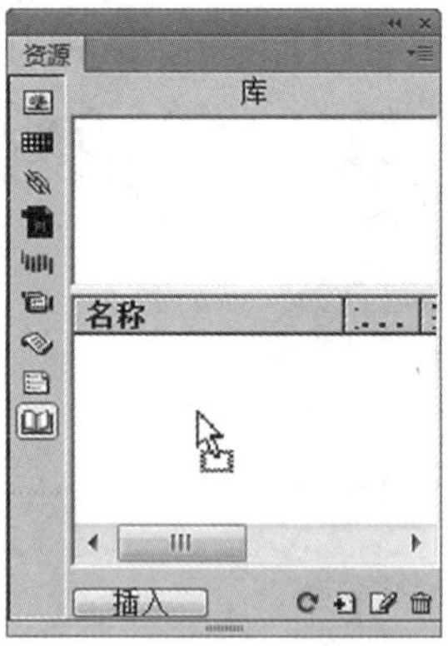

图 9-41

图 9-42

图 9-43

STEP ③ 选中如图 9-44 所示的图片，单击并将其拖曳到“库”面板中，释放鼠标，将选定的图像添加为库项目，将其重命名为“daohang”，并按下 Enter 键，效果如图 9-45 所示。

图 9-44

图 9-45

STEP ④ 选中如图 9-46 所示的表格，单击并将其拖曳到“库”面板中，释放鼠标，将选定的文字添加为库项目，将其重命名为“bottom”，并按下 Enter 键，效果如图 9-47 所示。文档窗口中文本的背景变成黄色，效果如图 9-48 所示。

图 9-46

图 9-47

图 9-48

2.利用库中注册的项目制作网页文档

STEP 1 选择“文件>打开”命令，在弹出的“打开”对话框中，选择资源包中的“素材文件\项目九\任务二　老年生活频道网页\health.html”文件，单击“打开”按钮打开文件，效果如图 9-49 所示。将光标置于如图 9-50 所示的单元格中。

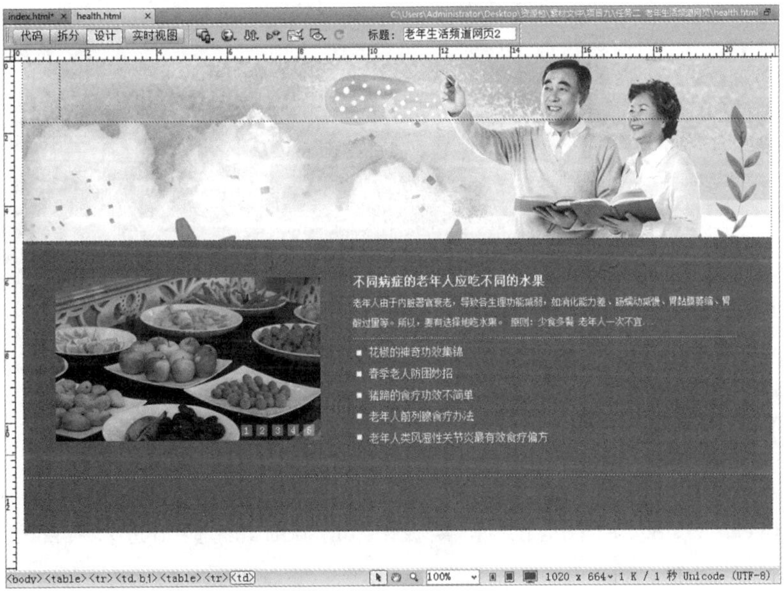

图 9-49

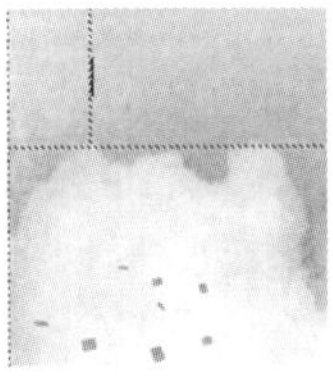

图 9-50

STEP 2 选中“库”面板中的 logo 选项，如图 9-51 所示。单击并将其拖曳到单元格中，如图 9-52 所示。释放鼠标，效果如图 9-53 所示。

图 9-51

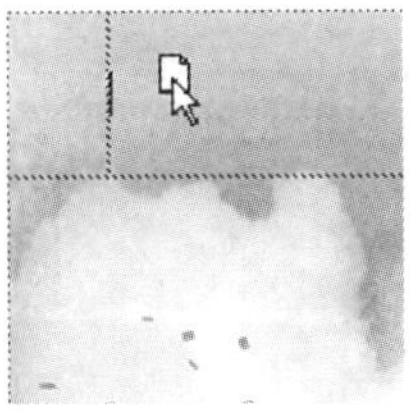

图 9-52

图 9-53

STEP 3 选择“库”面板中的 daohang 选项，如图 9-54 所示。单击并将其拖曳到单元格中，效果如图 9-55 所示。

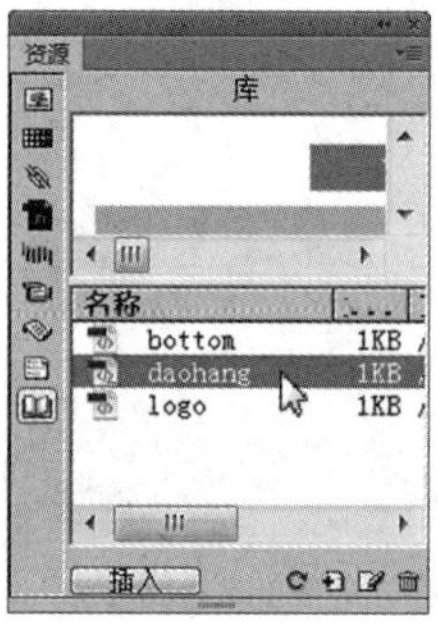

图 9-54

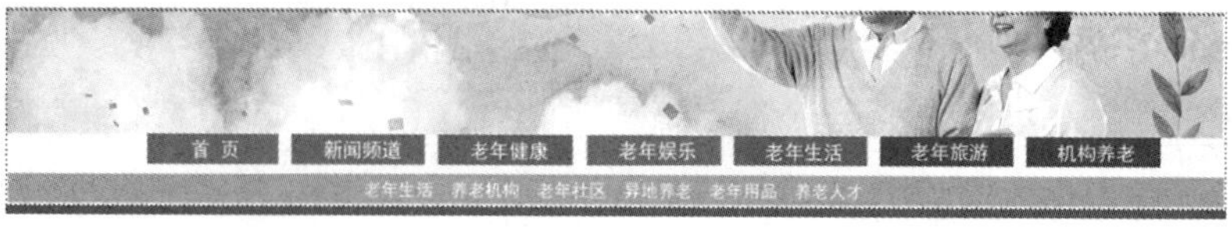

图 9-55

STEP④ 选择“库”面板中的 bottom 选项，如图 9-56 所示。按住鼠标左键将其拖曳到底部的单元格中，效果如图 9-57 所示。保存文档，按 F12 键，预览效果如图 9-58 所示。

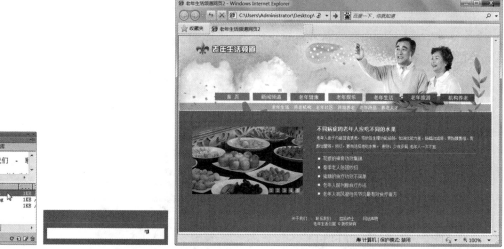

图 9-56

图 9-57

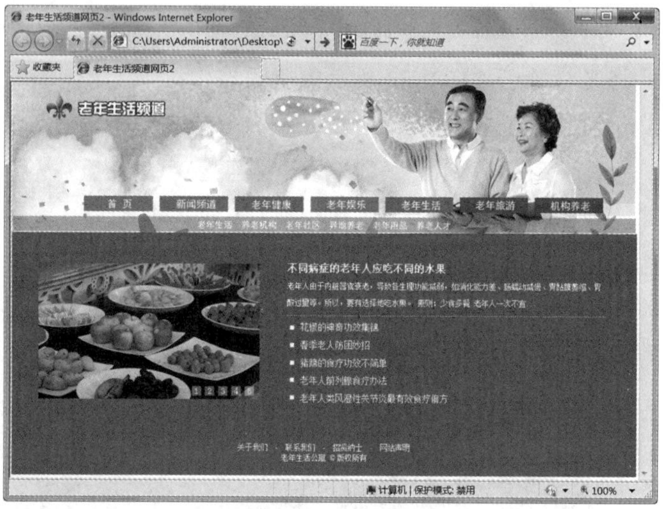

图 9-58

3.修改库中注册的项目

STEP① 返回 Dreamweaver CS6 界面中，在“库”面板中双击 bottom 选项，进入项目的编辑界面中，效果如图 9-59 所示。

STEP② 按 Shift+F11 组合键，弹出“CSS 样式”面板，单击面板下方的“新建 CSS 规则”按钮 ，在弹出的“新建 CSS 规则”对话框中进行设置，如图 9-60 所示。

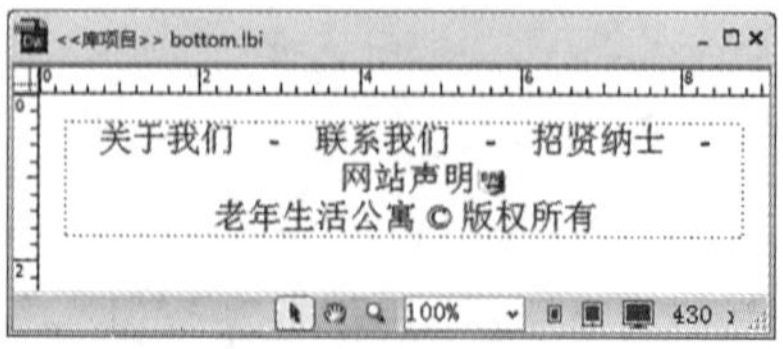

图 9-59

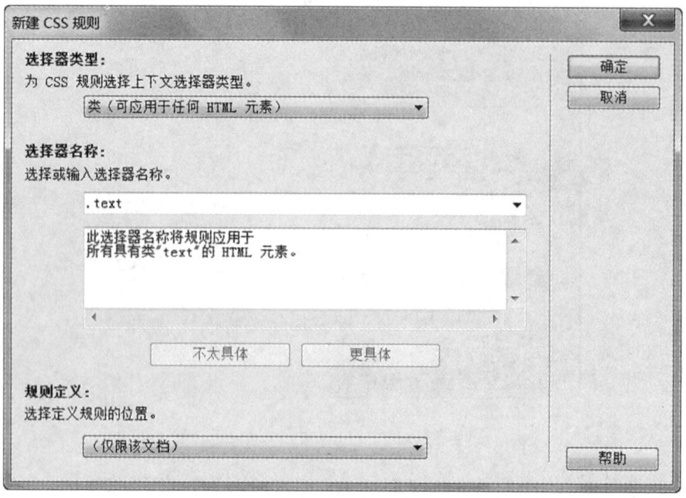

图 9-60

STEP③ 单击“确定”按钮，弹出“.text 的 CSS 规则定义”对话框，在左侧的“分类”列表中选择“类型”选项，将 Font-family 选项设置为“微软雅黑”，Font-size 选项设置为 14，Color 选项设置为黄色（#FF0），如图 9-61 所示。单击“确定”按钮，完成样式的创建。选中如图 9-62 所示的文字，在“属性”面板“类”选项的下拉列表中选择 text 选项，应用样式。

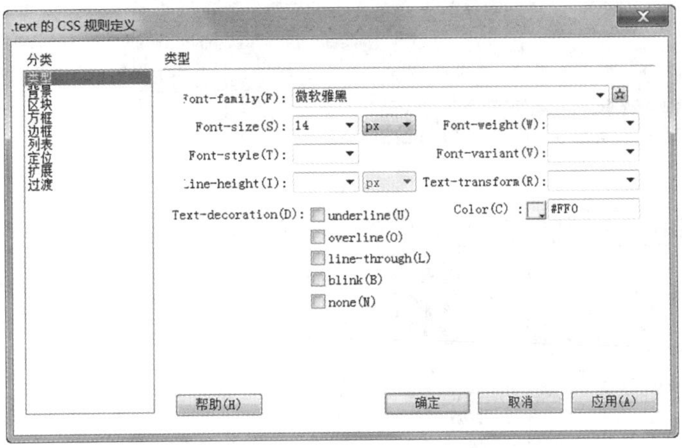

图 9-61

图 9-62

STEP④ 选择“文件>保存”命令，弹出“更新库项目”对话框，单击“更新”按钮，弹出“更新页面”对话框，如图 9-63 所示。单击“关闭”按钮。返回“health.html”编辑窗口中，按 F12 键预览效果，可以看到文字的颜色发生改变，如图 9-64 所示。

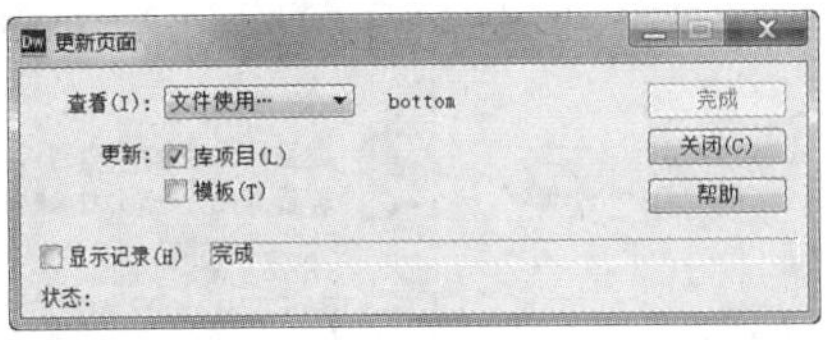

图 9-63

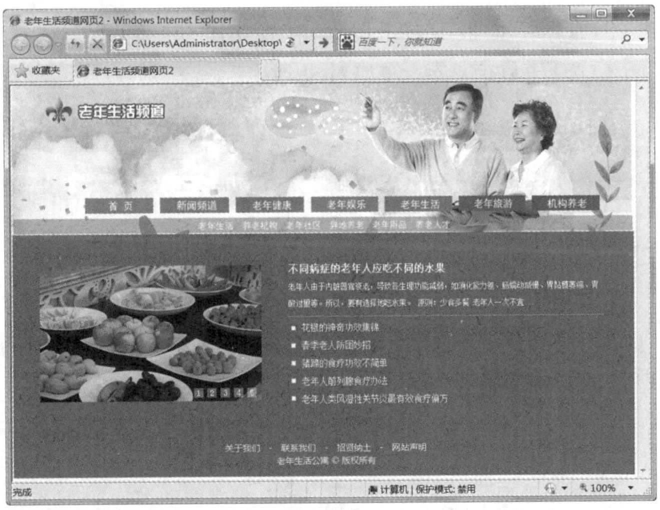

图 9-64

知识讲解

1.创建库文件

库项目可以包含文档<body>部分中的任意元素，包括文本、表格、表单、Java Applet、插件、ActiveX 元素、导航条、图像等。库项目只是对网页元素的引用，原始文件必须保存在指定的位置。

用户可以使用文档<body>部分中的任意元素创建库文件，也可新建一个空白库文件。

1）基于选定内容创建库项目

先在文档窗口中选择要创建为库项目的网页元素，然后创建库项目，并为新的库项目输入一个名称。

创建库项目有以下 4 种方法。

(1)选择“窗口>资源”命令,弹出“资源”面板。单击“库”按钮,进入“库”面板,按住鼠标左键将选定的网页元素拖曳到“资源”面板中,如图 9-65 所示。

图 9-65

(2)单击“库”面板底部的“新建库项目”按钮。

(3)在“库”面板中右击鼠标,在弹出的快捷菜单中选择“新建库项目”命令。

(4)选择“修改>库>增加对象到库”命令。

提示

Dreamweaver CS6 在站点本地根文件夹的“Library”文件夹中,将每个库项目都保存为一个单独的文件(文件扩展名为.lbi)。

2)创建空白库项目

创建空白库项目前要确保没有在文档窗口中选择任何内容。创建空白库项目的具体操作步骤如下。

STEP 1 选择“窗口>资源”命令,弹出“资源”面板。单击“库”按钮,进入“库”面板。

STEP 2 单击“库”面板底部的“新建库项目”按钮,一个新的无标题的库项目被添加到面板的列表中,如图 9-66 所示。

STEP 3 为该项目输入一个名称,并按下 Enter 键确定。

图 9-66

2.向页面添加库项目

当向页面添加库项目时,将把实际内容以及对该库项目的引用一起插入文档中,此时,无须提供原项目就可以正常显示。在页面中插入库项目的具体操作步骤如下。

STEP 1 将光标移至文档窗口中的合适位置。

STEP 2 选择“窗口>资源”命令,弹出“资源”面板。单击“库”按钮,进入“库”面板。将库项目插入网页中,效果如图 9-67 所示。

将库项目插入网页有以下两种方法。

(1)将一个库项目从“库”面板拖曳到文档窗口中。

(2)在“库”面板中选择一个库项目,然后单击面板底部的 插入 按钮。

若要在文档中插入库项目的内容而不包括对该项目的引用，则在从“资源”控制面板向文档中拖曳该项目时按 Ctrl 键，插入的效果如图 9-68 所示。如果用这种方法插入项目，则可以在文档中编辑该项目，但当更新该项目时，使用该库项目的文档不会随之更新。

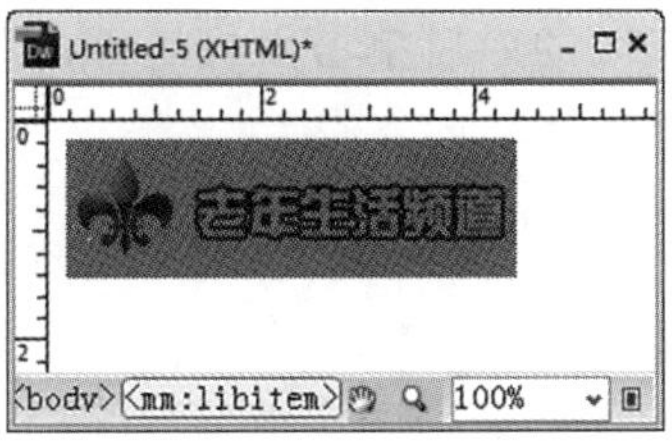

图 9-67

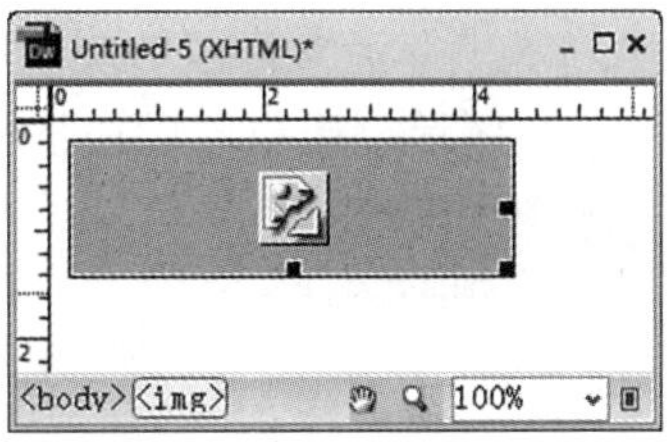

图 9-68

3.更新库文件

当修改库项目时，会更新使用该项目的所有文档。如果选择不更新，那么文档将保持与库项目的关联，可以在以后进行更新。

对库项目的更改包括重命名库项目、删除库项目、重新创建已删除的库项目、修改库项目和更新库项目。

1)重命名库项目

重命名库项目可以断开其与文档或模板的连接。重命名库项目的具体操作步骤如下。

STEP 1 选择“窗口>资源”命令，弹出“资源”面板。单击“库”按钮，进入“库”面板。

STEP 2 在库列表中，双击要重命名的库项目名称，使文本可选，然后输入一个新名称。

STEP 3 按下 Enter 键使更改生效，此时弹出“更新文件”对话框，如图 9-69 所示。若要更新站点中所有使用该项目的文档，单击“更新”按钮；否则，单击“不更新”按钮。

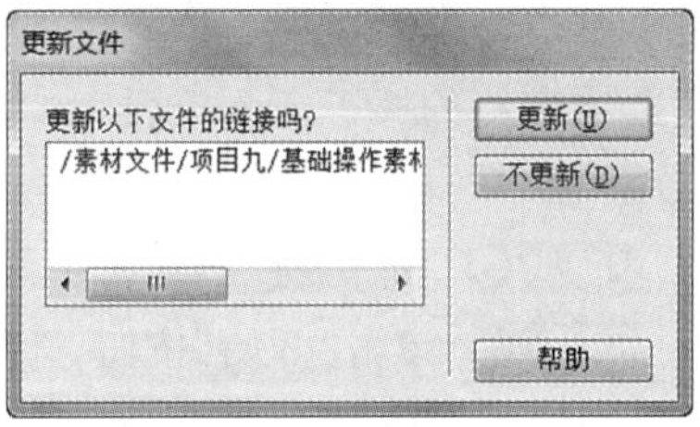

图 9-69

2)删除库项目

先选择“窗口>资源”命令，弹出“资源”面板。单击“库”按钮，进入“库”面板，然后删除选择的库项目。删除库项目有以下两种方法。

(1)在“库”面板中单击选择库项目，单击面板底部的“删除”按钮，然后确认要删除该项目。

(2)在“库”面板中单击选择库项目，然后按 Delete 键并确认要删除该项目。

提示

删除一个库项目后，将无法使用“编辑>撤销”命令来找回，只能重新创建。从库中删除库项目后，不会更改任何使用该项目的文档内容。

3) 重新创建已删除的库项目

若网页中已插入了库项目，但该库项目被误删，此时，可以重新创建库项目。重新创建已删除库项目的具体操作步骤如下。

STEP 1 在网页中选择被删除的库项目的一个实例。

STEP 2 选择“窗口>属性”命令，调出“属性”面板，如图 9-70 所示。单击“重新创建”按钮，则“库”面板中显示该库项目。

图 9-70

4)修改库项目

STEP① 选择“窗口>资源”命令，弹出“资源”面板，单击左侧的“库”按钮，面板右侧显示本站点的库列表，如图 9-71 所示。

STEP② 在库列表中双击要修改的库，或选择要修改的库后单击面板底部的“编辑”按钮来打开库项目，如图 9-72 所示。用户可以根据需要修改库内容。

图 9-71

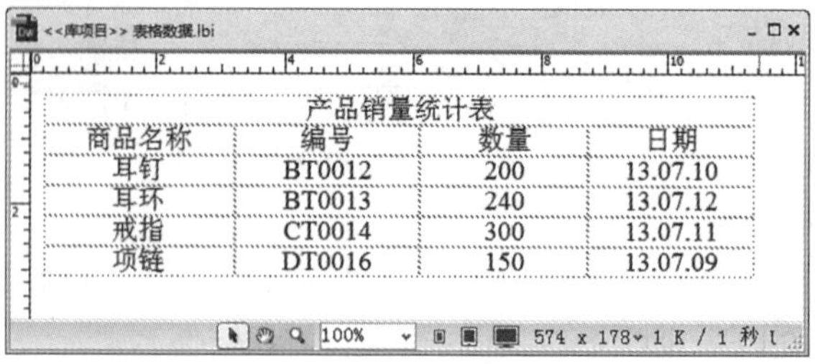
<<库项目>> 表格数据.lbi
产品销量统计表
商品名称
编号
数量
日期
耳钉
BT0012
200
13.07.10
耳环
BT0013
240
13.07.12
戒指
CT0014
300
13.07.11
项链
DT0016
150
13.07.09
100%
574 x 178 1 K / 1 秒

图 9-72

5)更新库项目

用库项目的最新版本更新整个站点或插入该库项目的所有网页的具体操作步骤如下。

STEP① 打开“更新页面”对话框。

STEP② 用库项目的最新版本更新整个站点，则在“查看”选项右侧的第 1 个下拉列表中选择“整个站点”，然后在第 2 个下拉列表中选择站点名称。若更新插入该库项目的所有网页，则在“查看”选项右侧的第 1 个下拉列表中选择“文件使用……”，然后在第 2 个下拉列表中选择相应的网页名称。

STEP③ 在“更新”选项组中勾选“库项目”复选框。

STEP④ 单击“开始”按钮，即可根据选择更新整个站点或应用特定模板的所有网页。

STEP⑤ 单击“关闭”按钮，关闭“更新页面”对话框。

课堂演练——律师事务所网页

微视频

律师事务所网页

使用“库”面板，添加库项目；使用库中注册的项目，制作网页文档。最终效果参看资源包中的“源文件\项目九\课堂演练　律师事务所网页\index. html”，如图 9-73 所示。

图 9-73

实战演练——家居装饰网页

案例分析

在现代城市中，高效建设提升了人们的生活水平，人们不仅要求生活在良好的城市生态环境中，而且对家居环境有了更高的追求。居室与每个人的生活息息相关，人们每天大部分时间是在室内度过的，所以随着人们对物质和精神生活要求不断提高，对审美意识和居住生态环境质量也提出了更高的要求。网页设计要求搭配合理，能吸引浏览者观看。

设计理念

网页以室内摄影图作为背景，带给人温暖、舒适的感觉；网页的页面划分较有特色，灵活多变的页面使内容看起来更加丰富；图文搭配合理，装饰照片丰富，且与主题相呼应，使人一目了然；网页整体设计画面美观，符合家居装饰网页的特色。

微视频

家居装饰网页

制作要点

使用“创建模板”按钮，将文档转换为模板；使用“可编辑区域”按钮，添加可编辑区域。最终效果参看资源包中的“Templates\JiaZ. dwt”，如图 9-74 所示。

图 9-74

实战演练——婚礼策划网页

案例分析

婚礼策划是指为客人量身打造婚礼而进行的策划。需要根据每对新人的不同爱好、追求或诉求点为新人量身定做婚礼，并非简单的流程组合加会场布置。网页设计上要求时尚大气，营造出浪漫、唯美的氛围。

设计理念

网页淡黄色的背景，营造出浪漫、温馨的氛围；美丽的新娘形象和唯美的风景突出了网页的主题和特色；模块的叠加效果增强了画面的层次与质感，凸显网页的时尚大气；明确清晰的网页版式，让人一目了然。

制作要点

使用"库"面板，添加库项目；使用库中注册的项目，制作网页文档。最终效果参看资源包中的"源文件\项目九\实战演练　婚礼策划网页\index. html"，如图 9-75 所示。

图 9-75

微视频

婚礼策划网页

项目十

表单与行为

表单为网站设计者提供了通过网络接收用户数据的平台，如注册会员页、网上订货页、检索页等，都是通过表单来收集用户信息的。因此，表单是网站管理者与浏览者之间沟通的桥梁。Dreamweaver CS6 将内置的 JavaScript 代码放置在文档中，以实现网页的动态效果。

项目目标

- 使用表单和文本域
- 创建列表和菜单
- 应用复选框和单选按钮
- 行为的使用

任务一　人力资源网页

任务分析

人力资源是指一定时期内组织中的人所拥有的能够被企业使用，且对价值创造起贡献作用的教育、能力、技能、经验、体力等的总称。网页设计要求体现出人力资源的概念。

设计理念

在网页设计和制作过程中，将人物实景照片设置为背景，体现出人力资源的主题；网页的布局清新自然，在细节处理上颇为仔细，加强了视觉上的美感；注册表格结构简单、清晰明确，体现出简洁美观的风格；网页的整体设计简单大方，颜色清朗明快。最终效果参看资源包中的“源文件\项目十\任务一　人力资源网页\index. html”，如图 10-1 所示。

微视频

人力资源网页

图 10-1

任务实施

1. 表单与表格

STEP 1 选择“文件>打开”命令，在弹出的“打开”对话框中，选择资源包中的“素材文件\项目十\任务一　人力资源网页\index.html”文件，单击“打开”按钮打开文件，如图 10-2 所示。将光标置于如图 10-3 所示的单元格中。

图 10-2

图 10-3

STEP 2 单击“插入”面板“表单”选项卡中的“表单”按钮，在单元格中插入表单，如图 10-4 所示。单击“插入”面板“常用”选项卡中的“表格”按钮，在弹出的“表格”对话框中进行设置，如图 10-5 所示。单击“确定”按钮，完成表格的插入，效果如图 10-6 所示。

图 10-4

图 10-5

图 10-6

STEP 3 选中如图 10-7 所示的单元格，在“属性”面板“水平”选项的下拉列表中选择“右对齐”选项，将“宽”选项设置为 130，如图 10-8 所示。效果如图 10-9 所示。

图 10-7

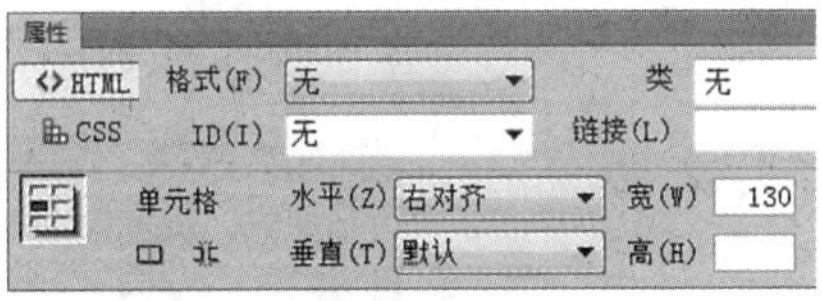

图 10-8

图 10-9

STEP 4 选中如图 10-10 所示的单元格，单击“属性”面板中的“合并所选单元格，使用跨度”按钮，将选中的单元格进行合并，效果如图 10-11 所示。用相同的方法合并其他单元格，制作出如图 10-12 所示的效果。

图 10-10

图 10-11

图 10-12

STEP 5 将光标置于第 1 行第 1 列单元格中，如图 10-13 所示。在单元格中输入文字，效果如图 10-14 所示。用相同的方法分别在相应的单元格中输入文字，效果如图 10-15 所示。

图 10-13

图 10-14

图 10-15

STEP 6 将光标置于“常用邮箱”的左侧，如图 10-16 所示。单击“插入”面板“常用”选项卡中的“图像”按钮，在弹出的“选择图像源文件”对话框中，选择资源包中的“素材文件\项目十\任务一　人力资源网页\images”文件夹中的“hd. png”文件，单击“确定”按钮完成图片的插入，效果如图 10-17 所示。

STEP 7 在图像与文字的中间输入一个空格，效果如图 10-18 所示。用相同的方法在其他文字的左侧插入图像和输入空格，效果如图 10-19 所示。

图 10-16

图 10-17

图 10-18

图 10-19

2. 插入文本字段

STEP 1 选中如图 10-20 所示的单元格，在“属性”面板中，将“高”选项设置为 48，效果如图 10-21 所示。将光标置于第 1 行第 2 列单元格中，单击“插入”面板“表单”选项卡中的“文本字段”按钮，在单元格中插入文本字段，如图 10-22 所示。

图 10-20

图 10-21

图 10-22

STEP 2 选中文本字段，在“属性”面板中将“字符宽度”选项设置为 20，如图 10-23 所示。效果如图 10-24 所示。

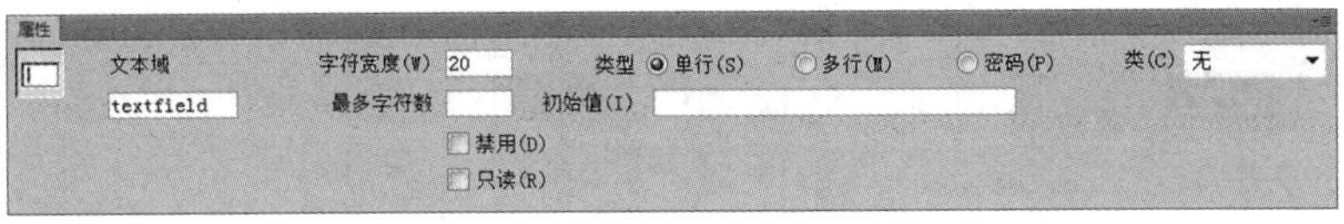

图 10-23

图 10-24

STEP 3 选择“窗口>CSS 样式”命令，弹出“CSS 样式”面板，单击“CSS 样式”面板下方的“新建 CSS 规则”按钮，在弹出的“新建 CSS 规则”对话框中进行设置，如图 10-25 所示。单击“确定”按钮，弹出“.hh 的 CSS 规则定义”对话框，在左侧的“分类”列表中选择“方框”选项，将 Width 选项设置为 150，Height 选项设置为 30，如图 10-26 所示。单击“确定”按钮，完成.hh 样式的创建。

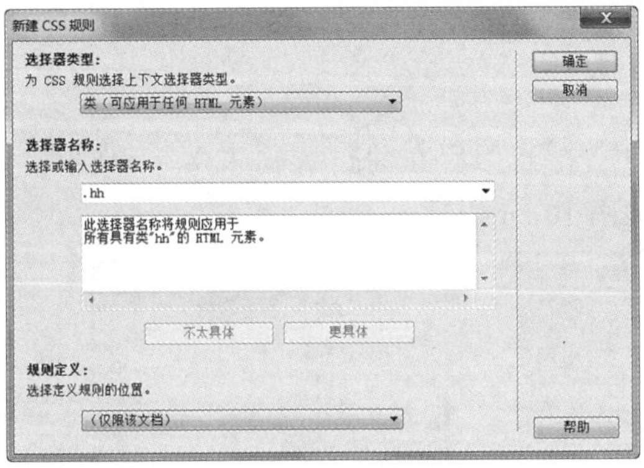

图 10-25

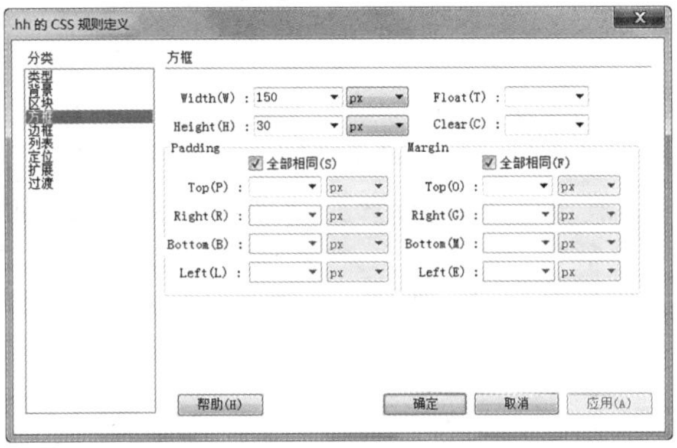

图 10-26

STEP 4 选中文本字段，如图 10-27 所示。在“属性”面板“类”选项的下拉列表中选择 hh 选项，应用样式，效果如图 10-28 所示。

STEP 5 将光标置于如图 10-29 所示单元格中，单击“插入”面板“表单”选项卡中的“文本字段”按钮，在单元格中插入文本字段，如图 10-30 所示。

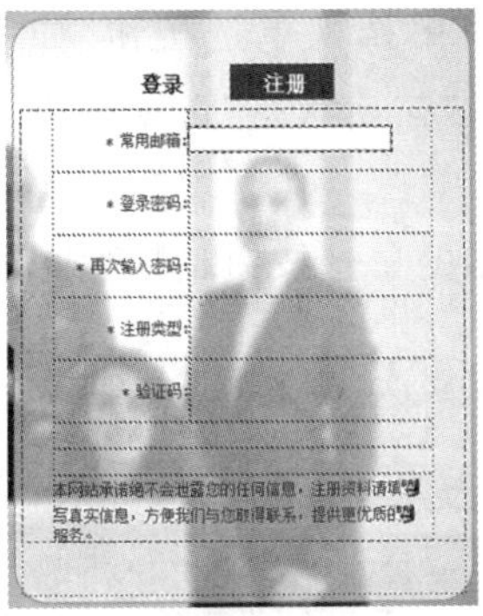

图 10-27

图 10-28

图 10-29

图 10-30

STEP 6 选中刚插入的文本字段，在“属性”面板中，将“字符宽度”选项设置为 20，“类型”选项组中选择“密码”单选按钮，“类”选项的下拉列表中选择 hh 选项，如图 10-31 所示。效果如图 10-32 所示。用相同的方法制作出图 10-33 所示的效果。

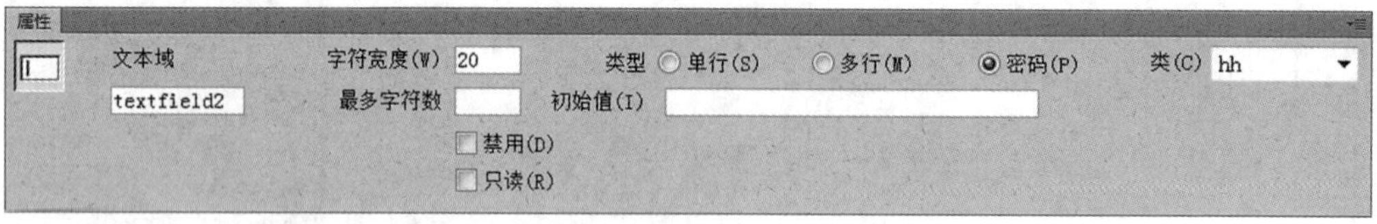

图 10-31

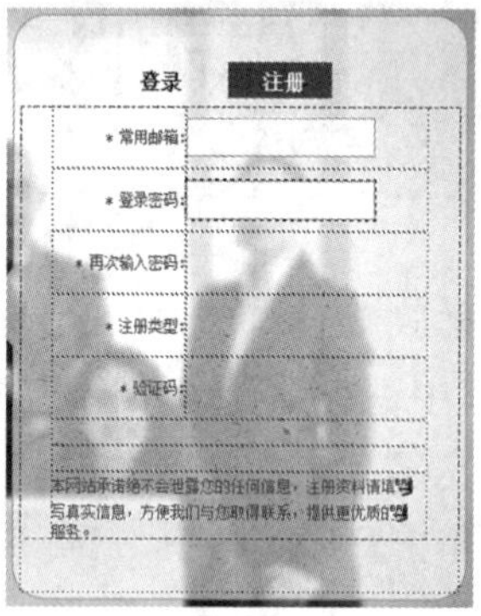

图 10-32

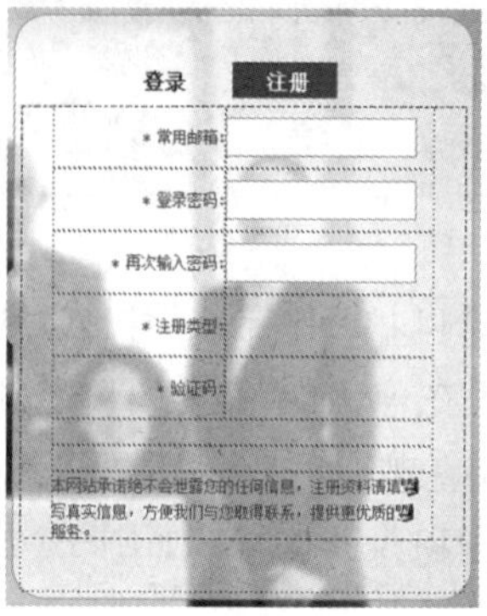

图 10-33

3.插入单选按钮

STEP 1 将光标置于如图 10-34 所示的单元格中，在光标所在的位置输入文字和空格，如图 10-35 所示。将光标置于文字“个人注册”的左侧，如图 10-36 所示。

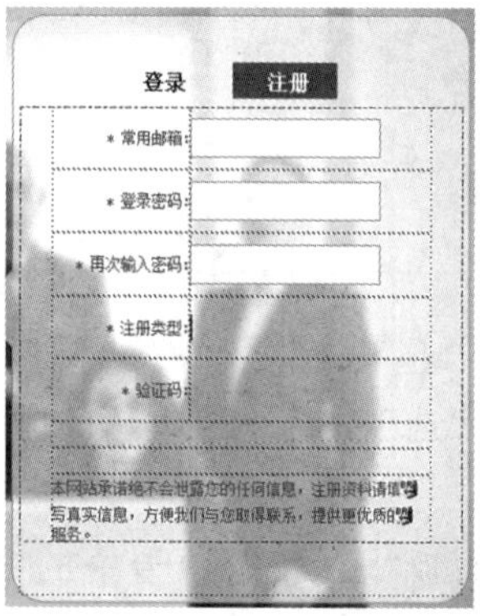

图 10-34

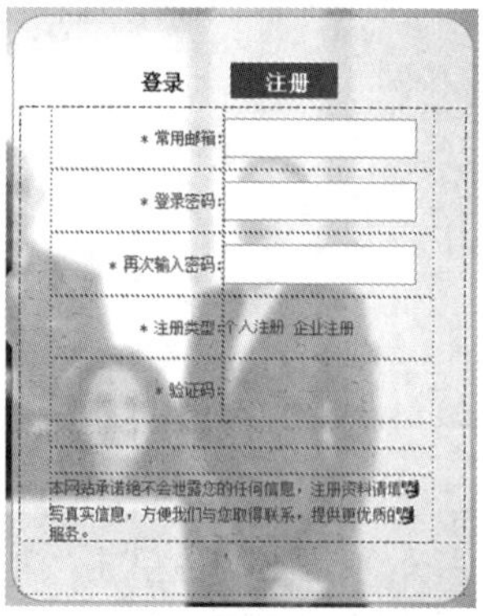

图 10-35

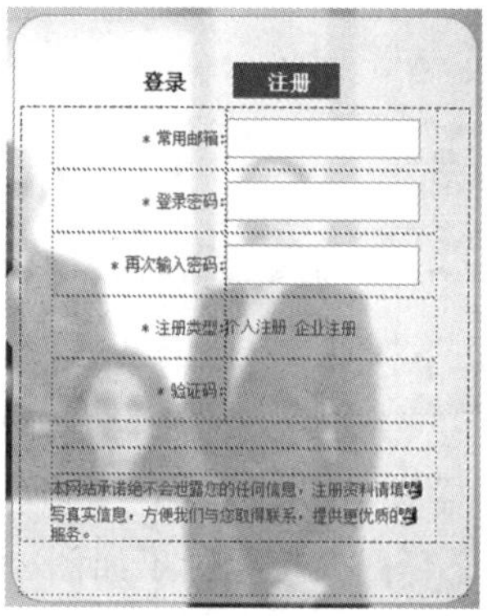

图 10-36

STEP 2 单击“插入”面板“表单”选项卡中的“单选”按钮，在单元格中插入单选按钮，如图 10-37 所示。选中单选按钮，按 Ctrl+C 组合键，将其复制。在“属性”面板“初始状态”选项组中选择“已勾选”单选按钮，如图 10-38 所示。效果如图 10-39 所示。

STEP 3 将光标置于文字“企业注册”的左侧，按 Ctrl+V 组合键，将复制的单选按钮粘贴到光标所在的位置，效果如图 10-40 所示。

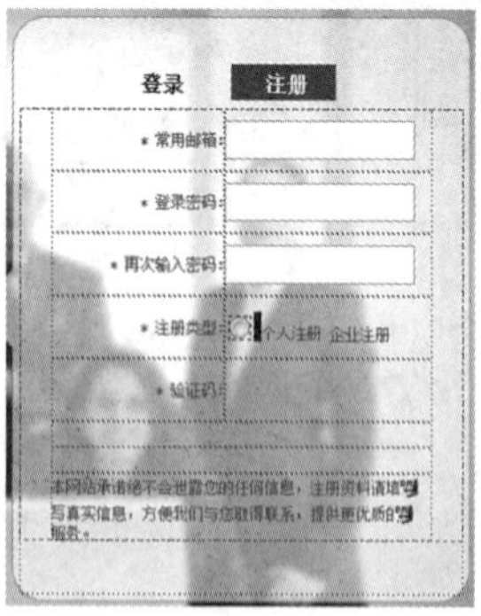

图 10-37

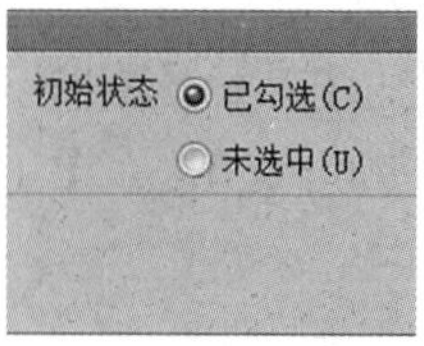

图 10-38

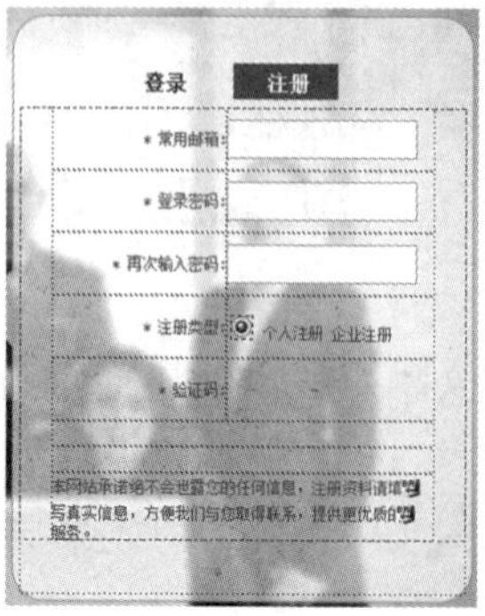

图 10-39

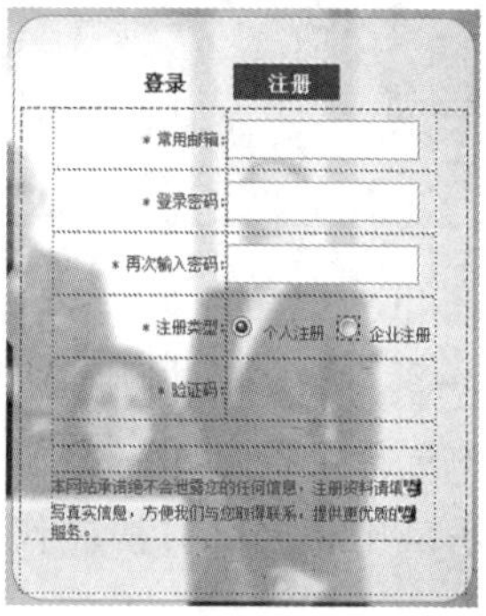

图 10-40

4. 插入图像域

STEP 1 将光标置于如图 10-41 所示的单元格中，单击“插入”面板“表单”选项卡中的“文本字段”按钮，在单元格中插入文本字段，如图 10-42 所示。

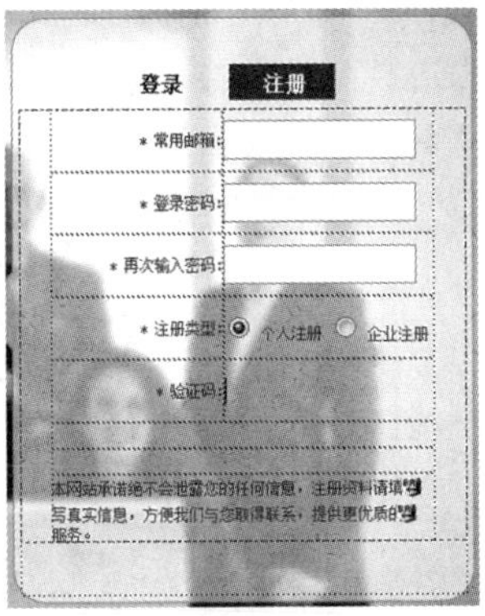

图 10-41

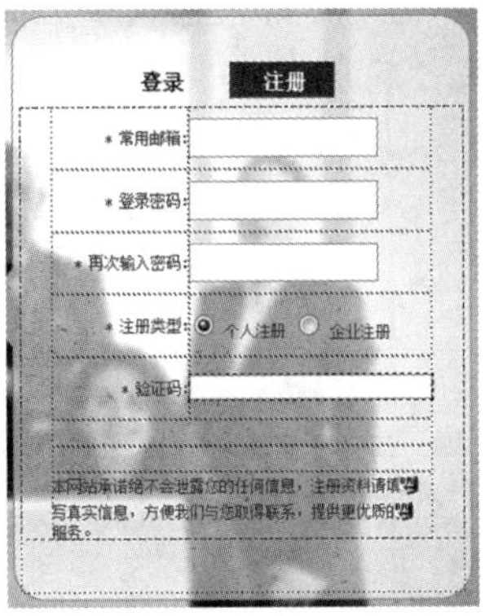

图 10-42

STEP 2 单击“CSS 样式”面板下方的“新建 CSS 规则”按钮，在弹出的“新建 CSS 规则”对话框中进行设置，如图 10-43 所示。单击“确定”按钮，弹出“. yz 的 CSS 规则定义”对话框，在左侧的“分类”列表中选择“方框”选项，将 Width 选项设置为 65，Height 选项设置为 30，如图 10-44 所示。单击“确定”按钮，完成. yz 样式的创建。

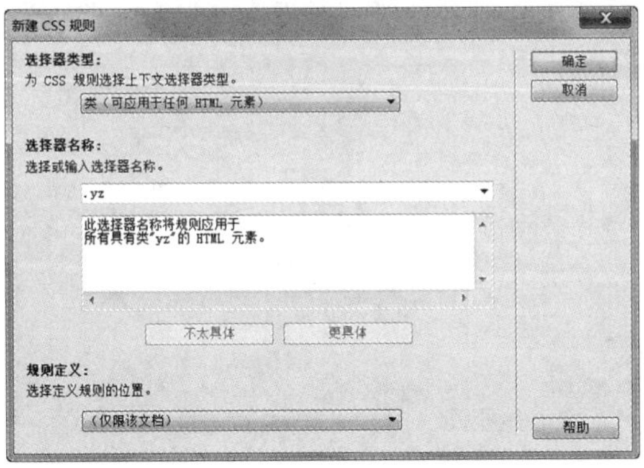

图 10-43

图 10-44

STEP 3 选中如图 10-45 所示的文本字段，在“属性”面板中，将“字符宽度”选项设置为 8，“最多字符数”选项设置为 4，“类”选项的下拉列表中选择 yz 选项，效果如图 10-46 所示。将光标置于文本字段的右侧，输入两个空格，如图 10-47 所示。

STEP 4 单击“插入”面板“表单”选项卡中的“图像域”按钮，在弹出的“选择图像源文件”对话框中，选择资源包中的“素材文件\项目十\任务一　人力资源网页\images”文件夹中的“yzm. jpg”文件，单击“确定”按钮插入图像域，效果如图 10-48 所示。

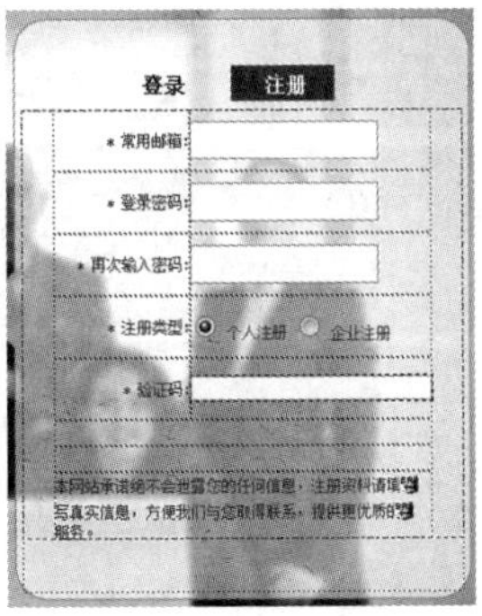
图 10-45

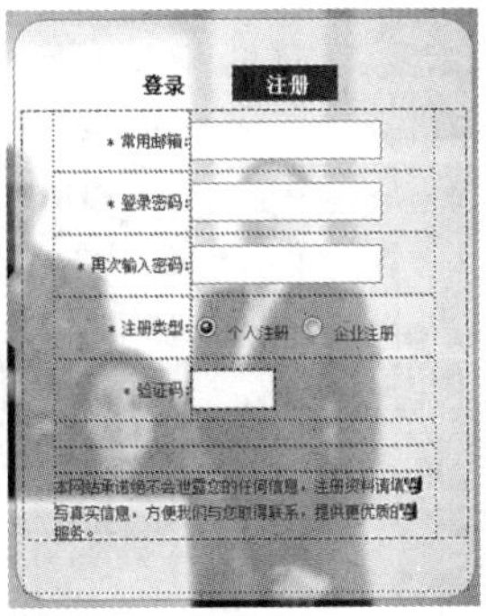
图 10-46

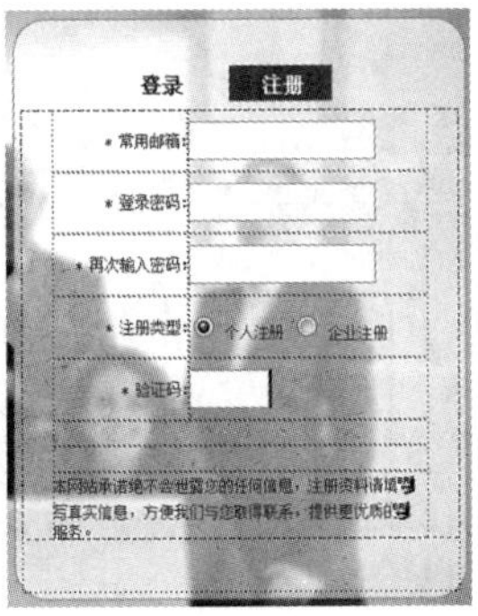
图 10-47

图 10-48

STEP 5　将光标置于如图 10-49 所示的单元格中，在“属性”面板“水平”选项的下拉列表中选择“居中对齐”选项，将“高”选项设置为 50，如图 10-50 所示。效果如图 10-51 所示。

STEP 6　单击“插入”面板“表单”选项卡中的“图像域”按钮，在弹出的“选择图像源文件”对话框中选择资源包中的“素材文件\项目十\任务一　人力资源网页\images”文件夹中的“anniu.jpg”文件，单击“确定”按钮插入图像域，如图 10-52 所示。在“提交注册”的右侧输入文字“返回登录”，如图 10-53 所示。

图 10-49

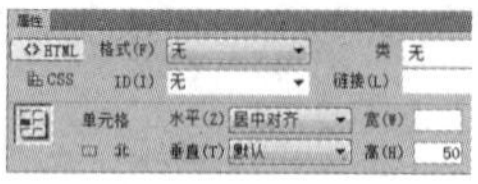

图 10-50

图 10-51

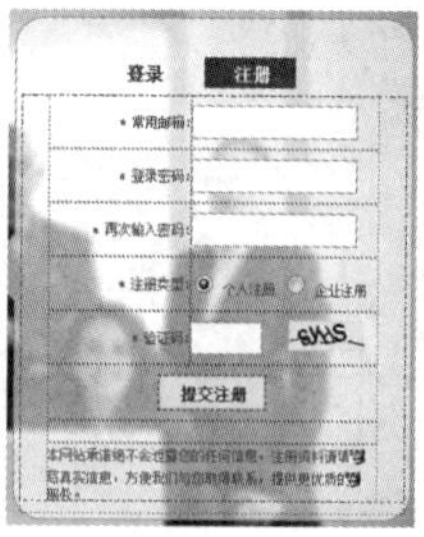

图 10-52

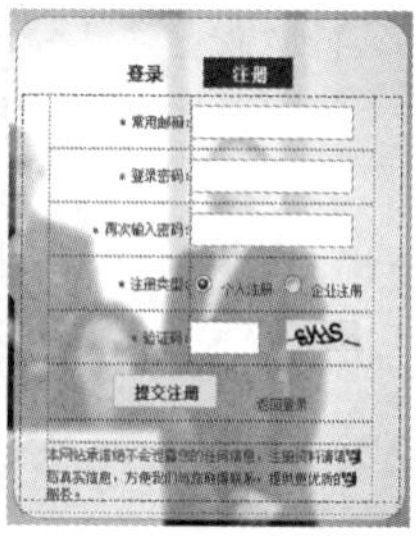

图 10-53

STEP 7　单击“CSS 样式”面板下方的“新建 CSS 规则”按钮，在弹出的“新建 CSS 规则”对话框中进行设置，如图 10-54 所示。单击“确定”按钮，弹出“. text 的 CSS 规则定义”对话框，在左侧的“分类”列表中选择“类型”选项，将 Font-size 选项设置为 14，Color 选项设置为蓝色（#09F），如图 10-55 所示。单击“确定”按钮，完成. text 样式的创建。

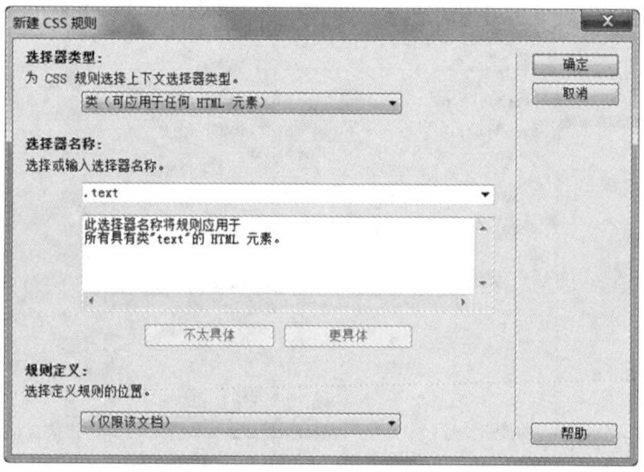

图 10-54

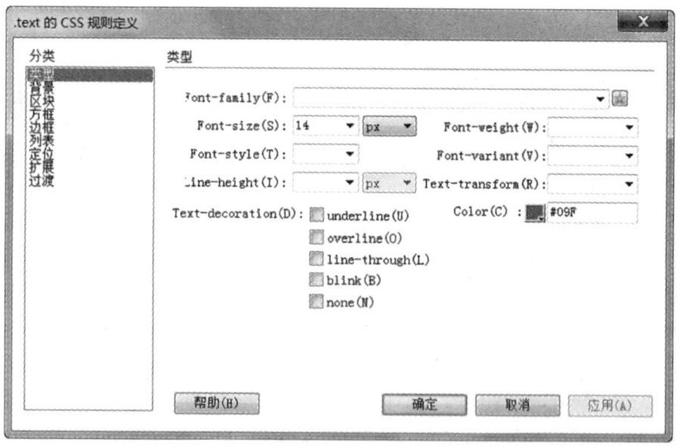

图 10-55

STEP 8　选中如图 10-56 所示的文字，在“属性”面板“类”选项的下拉列表中选择 text 选项，应用样式，效果如图 10-57 所示。

STEP 9　将光标置于如图 10-58 所示的单元格中，在“属性”面板“水平”选项的下拉列表中选择“水平居中”选项，将“高”选项设置为 25，效果如图 10-59 所示。单击“插入”面板“常用”选项卡中的“图像”按钮，在弹出的“选择图像源文件”对话框中，选择资源包中的“素材文件\项目十\任务一　人力资源网页\images”文件夹中的“xian.jpg”文件，单击“确定”按钮完成图片的插入，效果如图 10-60 所示。

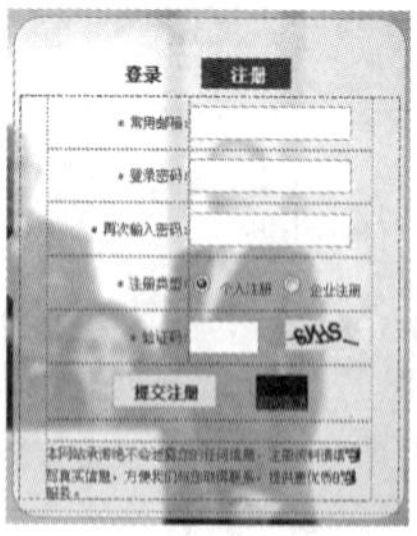

图 10-56

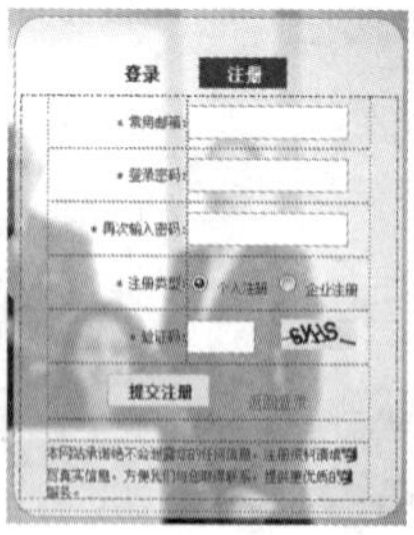

图 10-57

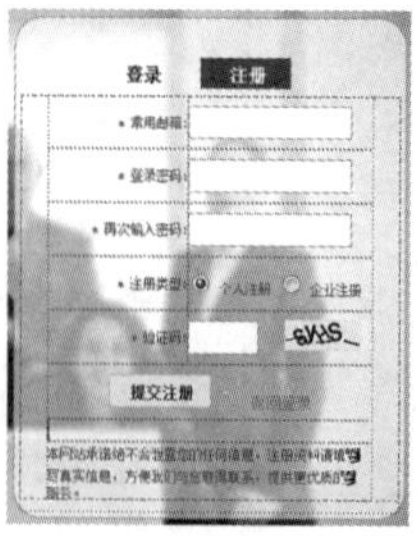

图 10-58

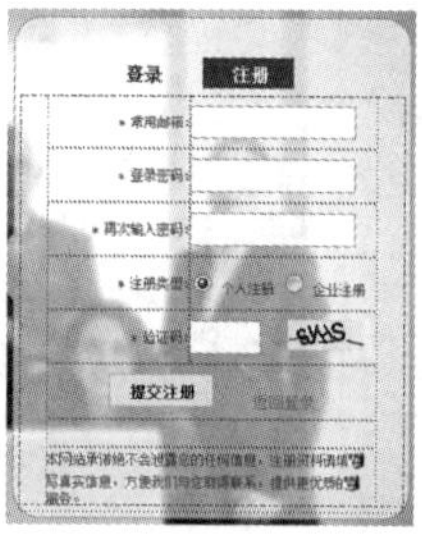

图 10-59

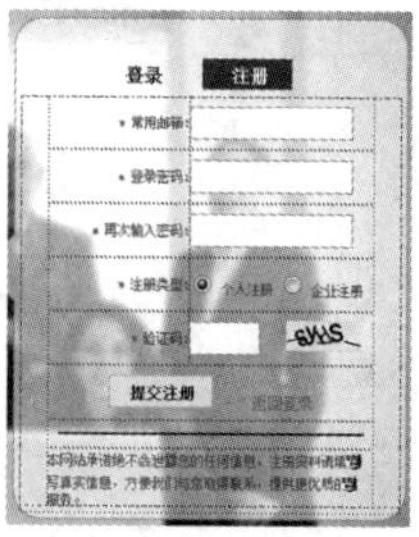

图 10-60

STEP 10 保存文档，按 F12 键预览效果，如图 10-61 所示。

图 10-61

知识讲解

1. 创建表单

在文档中插入表单的具体操作步骤如下。

STEP 1 在文档窗口中，将光标置于要插入表单的位置。

STEP 2 执行“表单”命令，文档窗口中出现一个红色的虚轮廓线来指示表单域，如图 10-62 所示。

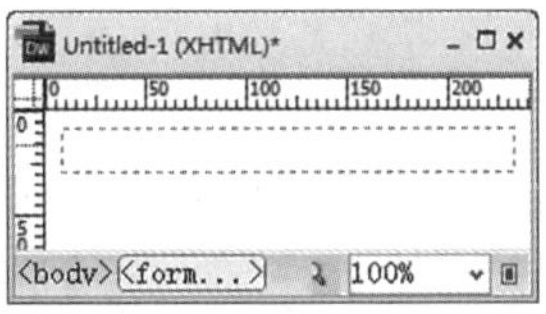

图 10-62

执行“表单”命令有以下两种方法。

(1)单击“插入”面板“表单”选项卡中的“表单”按钮，或直接拖曳“表单”按钮到文档窗口中。

(2)选择“插入>表单”命令。

> **提示**
>
> 一个页面中包含多个表单，每一个表单都是用<form>和</form>标记来标志的。在插入表单后，如果没有看到表单的轮廓线，可选择“查看>可视化助理>不可见元素”命令来显示表单的轮廓线。

2. 表单的属性

在文档窗口中选择表单，“属性”面板中出现如图 10-63 所示的表单属性。

图 10-63

表单“属性”面板中各选项的作用如下。

- “表单 ID”选项：是<form>标记的 name 参数，用于标志表单的名称，每个表单的名称都不能相同。命名表单后，用户就可以使用 JavaScript 或 VBScript 等脚本语言引用或控制该表单。

● “动作”选项：是<form>标记的 action 参数，用于设置处理该表单数据的动态网页路径。用户可以在此文本框中直接输入动态网页的完整路径，也可以单击选项右侧的“浏览文件”按钮，选择处理该表单数据的动态网页。

● “方法”选项：是<form>标记的 method 参数，用于设置将表单数据传输到服务器的方法。可供选择的方法有 POST 方法和 GET 方法两种。POST 方法是在 HTTP 请求中嵌入表单数据，并将其传输到服务器，所以 POST 方法适合于向服务器提交大量数据的情况；GET 方法是将值附加到请求的 URL 中，并将其传输到服务器。GET 方法有 255 个字符的限制，所以适合于向服务器提交少量数据。通常，系统默认为 POST 方法。

● “编码类型”选项：是<form>标记的 enctype 参数，用于设置对提交给服务器处理的数据使用的 MIME 编码类型。MIME 编码类型默认设置为“application/x-www-form-urlencode”，通常与 POST 方法协同使用。如果要创建文件上传域，则指定为“multipart/form-data MIME”类型。

● “目标”选项：是<form>标记的 target 参数，用于设置一个窗口，在该窗口中显示处理表单后返回的数据。目标值有以下几种。

_blank 选项：表示在未命名的新浏览器窗口中打开要链接到的网页。

_parent 选项：表示在上一层框架或包含该链接的框架窗口中打开链接网页。一般使用框架时才选用此选项。如果包含链接的框架不是嵌套的，则链接文件加载到整个浏览器窗口中。

_self 选项：默认选项，表示在当前窗口中打开要链接到的网页。

_top 选项：表示在整个浏览器窗口中打开链接网页并删除所有框架。一般使用多级框架时才选用此选项。

● “类”选项：表示当前表单的样式，默认状态下为“无”。

3.单行文本域

通常使用表单的文本域来接收用户输入的信息。文本域包括单行文本域、多行文本域和密码文本域 3 种。一般情况下，当用户输入较少的信息时，使用单行文本域接收；当用户输入较多的信息时，使用多行文本域接收；当用户输入密码等保密信息时，使用密码文本域接收。

1)插入单行文本域

要在表单域中插入单行文本域，先将光标移至表单轮廓内需要插入单行文本域的位置，然后插入单行文本域，如图 10-64 所示。

插入单行文本域有以下两种方法。

(1)单击“插入”面板“表单”选项卡中的“文本字段”按钮，在文档窗口的表单中出现一个单行文本域。

(2)选择“插入>表单>文本域”命令，在文档窗口的表单中出现一个单行文本域。

在“属性”面板中显示单行文本域的属性，如图 10-65 所示。用户可根据需要设置该单行文本域的各项属性。

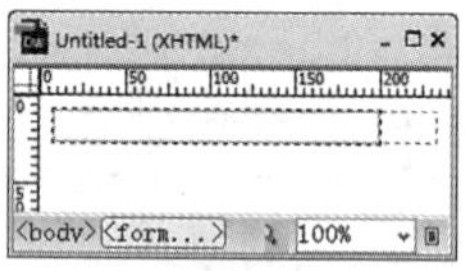

图 10-64

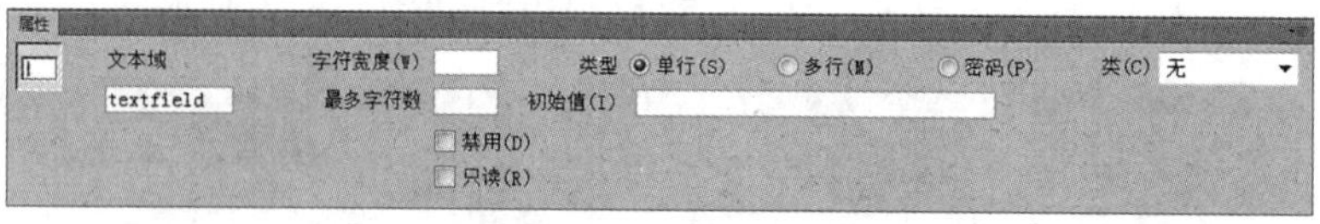

图 10-65

2)插入多行文本域

若要在表单域中插入多行文本域，先将光标移至表单轮廓内需要插入多行文本域的位置，然后插入多行文本域，如图 10-66 所示。

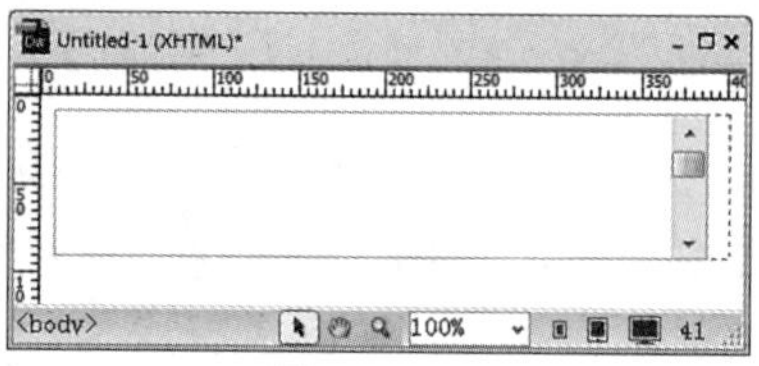

图 10-66

插入多行文本域有以下两种方法。

(1)单击“插入”面板“表单”选项卡中的“文本区域”按钮，在文档窗口的表单中出现一个多行文本域。

(2)选择“插入>表单>文本区域”命令，在文档窗口的表单中出现一个多行文本域。

在“属性”面板中显示多行文本域的属性，用户可根据需要设置该多行文本域的各项属性，如图 10-67 所示。

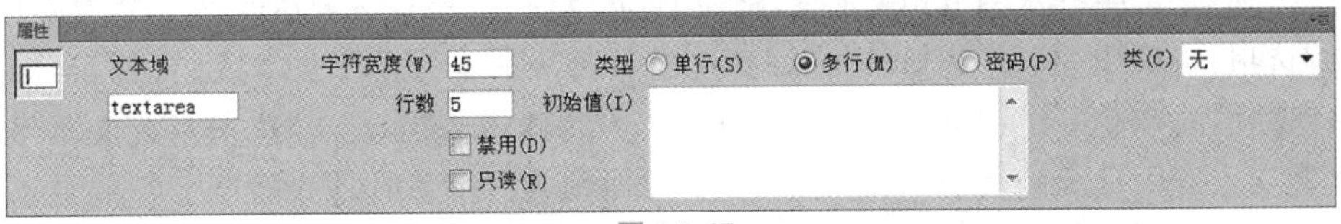

图 10-67

3)插入密码文本域

若要在表单域中插入密码文本域，则只需在表单轮廓内插入一个单行或多行密码文本域，如图 10-68 所示。

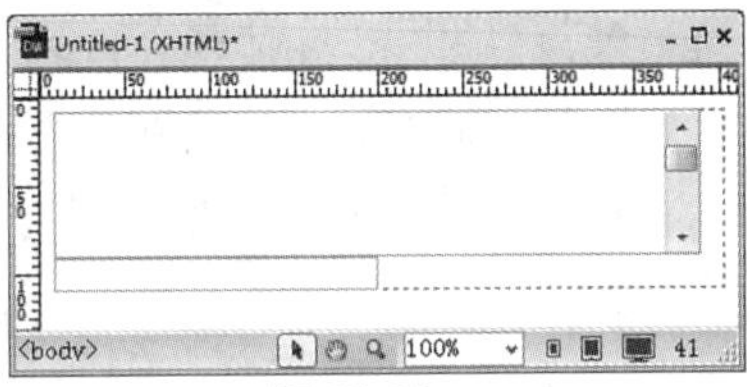

图 10-68

插入密码文本域有以下两种方法。

(1)单击“插入”面板“表单”选项卡中的“文本字段”按钮或“文本区域”按钮，在文档窗口的表单中出现一个单行或多行文本域。

(2)选择“插入>表单>文本域”或“文本区域”命令，在文档窗口的表单中出现一个单行或多行文本域。

在“属性”面板的“类型”选项组中选择“密码”单选按钮，如图 10-69 所示。此时，多行文本域或单行文本域就变成密码文本域。

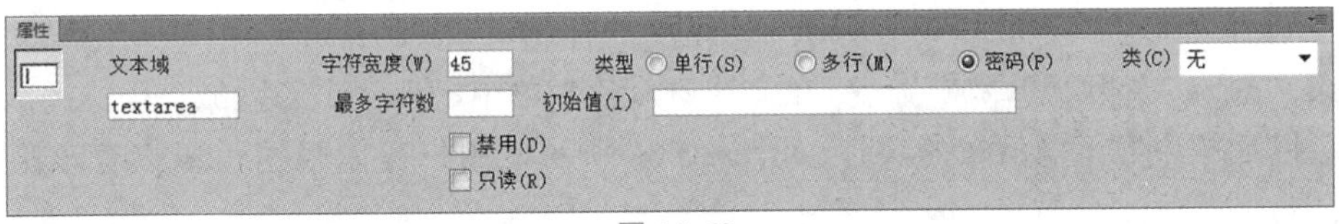

图 10-69

4)文本域属性

选中表单中的文本域，“属性”面板中出现该文本域的属性，当插入的是单行或密码文本域时，“属性”面板如图 10-70 所示；当插入的是多行文本域时，“属性”面板如图 10-71 所示。

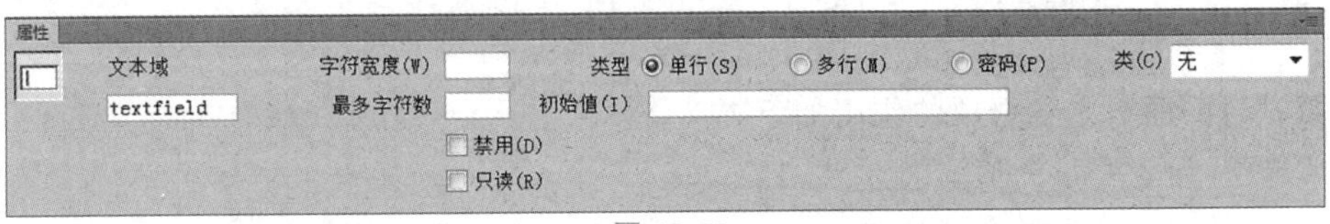

图 10-70

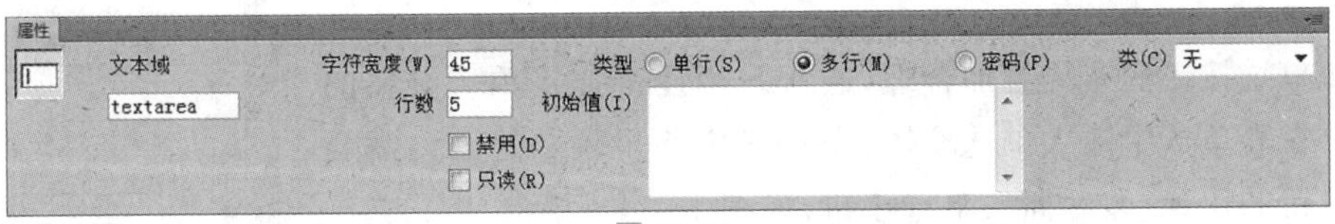

图 10-71

“属性”面板中各选项的作用如下。

● “文本域”选项：用于标志该文本域的名称，每个文本域的名称都不能相同。它相当于表单中的一个变量名，服务器通过这个变量名来处理用户在该文本域中输入的值。

● “字符宽度”选项：设置文本域中最多可显示的字符数。当设置“字符宽度”选项后，若是多行文本域，标签中增加 cols 属性，否则标签增加 size 属性。如果用户输入的字符超过字符宽度，则超出的字符将不被表单指定的处理程序接收。

● “最多字符数”选项：设置单行、密码文本域中最多可输入的字符数。当设置“最多字符数”选项后，标签增加 maxlength 属性。如果用户输入的字符超过最大字符数，表单会发出警告。

● “类型”选项组用于设置域文本的类型，可在单行、多行或密码 3 个类型中任选 1 个。

“单行”选项：将产生一个<input>标签，它的 type 属性为 text，这表示此文本域为单行文本域。

“多行”选项：将产生一个<textarea>标签，这表示此文本域为多行文本域。

“密码”选项：将产生一个<input>标签，它的 type 属性为 password，这表示此文本域为密码文本域，即在此文本域中接收的数据均以“ * ”显示，以保护密码不被其他人看到。

● “行数”选项：设置文本域的域高度。设置后标签中会增加 rows 属性。

● “禁用”选项：设置多行文本域在浏览时的输入状态。

● “只读”选项：设置多行文本域在浏览时的修改情况。

● “初始值”选项：设置文本域的初始值，即在首次载入表单时文本域中显示的值。

● “类”选项：将 CSS 规则应用于文本域对象。

4. 隐藏域

隐藏域在网页中不显示，只是将一些必要的信息存储并提交给服务器。插入隐藏域的操作类似于在高级语言中定义和初始化变量，对于初学者而言，不建议使用隐藏域。

若要在表单域中插入隐藏域，先将光标移至表单轮廓内需要插入隐藏域的位置，然后插入隐藏域，如图 10-72 所示。

插入隐藏域有以下两种方法。

(1)单击“插入”面板“表单”选项卡中的“隐藏域”按钮，在文档窗口的表单中出现一个隐藏域。

(2)选择“插入>表单>隐藏域”命令，在文档窗口的表单中出现一个隐藏域。

在“属性”面板中显示隐藏域的属性，如图 10-73 所示。用户可以根据需要设置该隐藏域的各项属性。

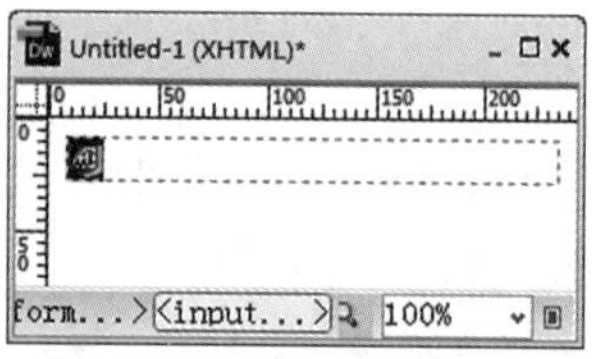

图 10-72

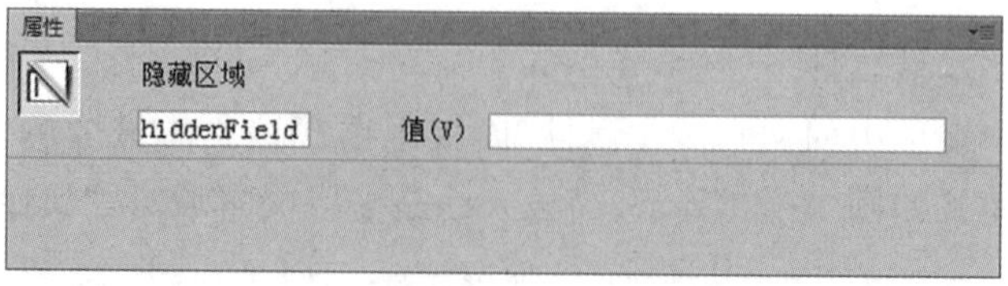

图 10-73

隐藏域“属性”面板中各选项的作用如下。

● “值”选项：设置变量的值。

● “隐藏区域”选项：设置变量的名称。每个变量的名称必须是唯一的。

5. 单选按钮

为了使单选按钮的布局更加合理，通常采用逐个插入单选按钮的方式。若要在表单域中插入单选按钮，先将光标移至表单轮廓内需要插入单选按钮的位置，然后插入单选按钮，如图 10-74 所示。

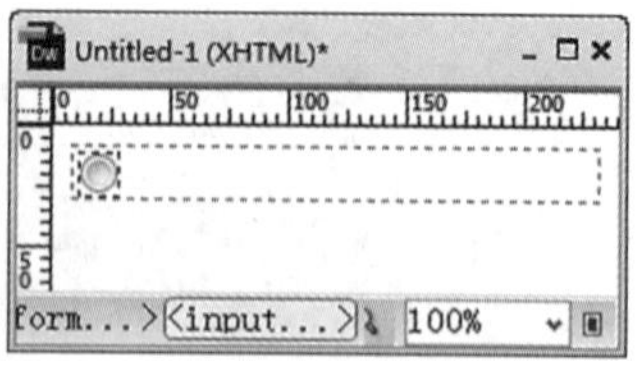

图 10-74

插入单选按钮有以下两种方法。

(1)单击“插入”面板“表单”选项卡中的“单选”按钮，在文档窗口的表单中出现一个单选按钮。

(2)选择“插入>表单>单选按钮”命令，在文档窗口的表单中出现一个单选按钮。

在“属性”面板中显示单选按钮的属性，如图 10-75 所示。用户可以根据需要设置该单选按钮的各项属性。

图 10-75

单选按钮“属性”面板中各选项的作用如下。

- “单选按钮”选项：用于输入该单选按钮的名称。
- “选定值”选项：设置此单选按钮代表的值，一般为字符型数据。当选定该单选按钮时，表单指定的处理程序获得的值。
- “初始状态”选项组：设置该单选按钮的初始状态，即当浏览器中载入表单时，该单选按钮是否处于被选中的状态。一组单选按钮中只能有一个按钮的初始状态被选中。
- “类”选项：将 CSS 规则应用于单选按钮。

6. 单选按钮组

先将光标移至表单轮廓内需要插入单选按钮组的位置，然后打开“单选按钮组”对话框，如图 10-76 所示。

打开“单选按钮组”对话框有以下两种方法。

(1)单击“插入”面板“表单”选项卡中的“单选按钮组”按钮。

(2)选择“插入>表单>单选按钮组”命令。

图 10-76

“单选按钮组”对话框中各选项的作用如下。

- “名称”选项：用于输入该单选按钮组的名称，每个单选按钮组的名称都不能相同。
- “加号”按钮和“减号”按钮：用于向单选按钮组内添加或删除单选按钮。
- “向上”按钮和“向下”按钮：用于重新排序单选按钮。
- “标签”选项：设置单选按钮右侧的提示信息。
- “值”选项：设置此单选按钮代表的值，一般为字符型数据，即当用户选定该单选按钮时，表单指定的处理程序获得的值。
- “换行符”或“表格”选项：使用换行符或表格来设置这些按钮的布局方式。

用户可根据需要设置该按钮组的每个选项，单击“确定”按钮，在文档窗口的表单中出现单选按钮组，如图 10-77 所示。

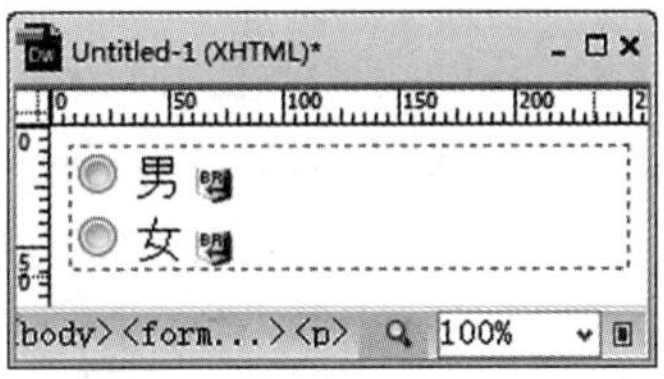

图 10-77

7. 复选框

为了使复选框的布局更加合理，通常采用逐个插入复选框的方式。若要在表单域中插入复选框，先将光标移至表单轮廓内需要插入复选框的位置，然后插入复选框，如图 10-78 所示。

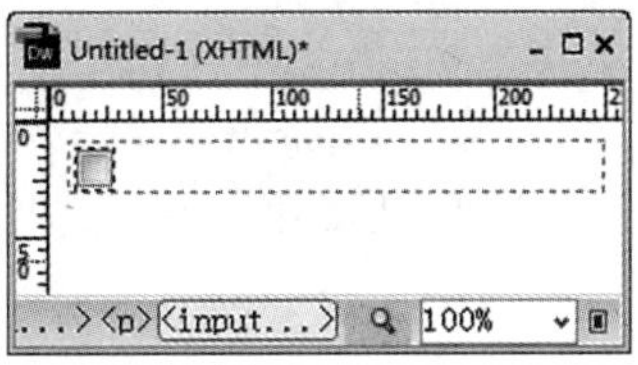

图 10-78

插入复选框有以下两种方法。

(1)单击“插入”面板“表单”选项卡中的“复选框”按钮，在文档窗口的表单中出现一个复选框。

(2)选择“插入>表单>复选框”命令，在文档窗口的表单中出现一个复选框。

在“属性”面板中显示复选框的属性，如图 10-79 所示。用户可以根据需要设置该复选框的各项属性。

图 10-79

“属性”面板中各选项的作用如下。

- “复选框名称”选项：用于输入该复选框组的名称。一组复选框中每个复选框的名称相同。
- “选定值”选项：设置此复选框代表的值，一般为字符型数据，即当选定该复选框时，表单指定的处理程序获得的值。
- “初始状态”选项：设置复选框的初始状态，即当浏览器中载入表单时，该复选框是否处于被选中的状态。一组复选框中可以有多个按钮的初始状态为被选中。
- “类”选项：将 CSS 规则应用于复选框。

8.创建列表和菜单

1)插入下拉菜单

若要在表单域中插入下拉菜单，先将光标移至表单轮廓内需要插入菜单的位置，然后插入下拉菜单，如图 10-80 所示。

插入下拉菜单有以下两种方法。

(1)单击“插入”面板“表单”选项卡中的“列表/菜单”按钮，在文档窗口的表单中出现下拉菜单。

(2)选择“插入>表单>列表/菜单”命令，在文档窗口的表单中出现下拉菜单。

在“属性”面板中显示下拉菜单的属性，如图 10-81 所示。用户可以根据需要设置该下拉菜单。

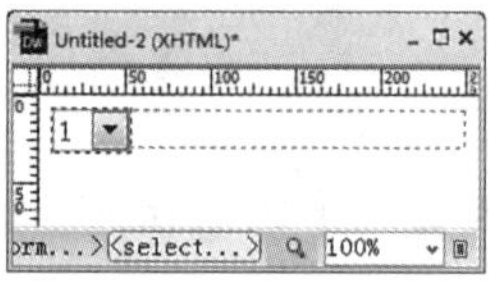

图 10-80

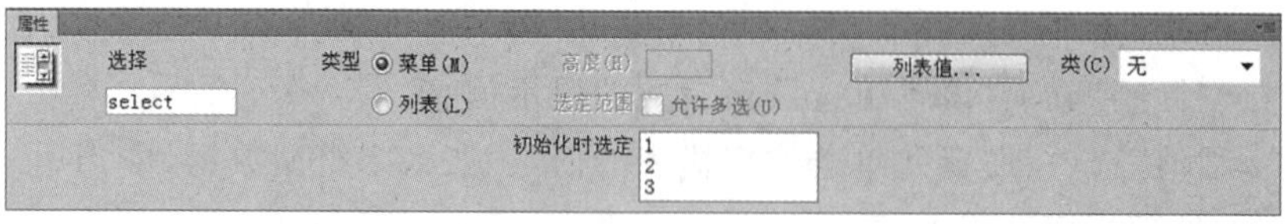

图 10-81

下拉菜单“属性”面板中各选项的作用如下。

- “选择”选项：用于输入该下拉菜单的名称。每个下拉菜单的名称都必须是唯一的。
- “类型”选项：设置菜单的类型。若添加下拉菜单，则选择“菜单”单选按钮；若添加可滚动列表，则选择“列表”单选按钮。
- “列表值”按钮：单击此按钮，弹出图 10-82 所示的“列表值”对话框，在该对话框中单击“加号”按钮或“减号”按钮可以向下拉菜单中添加或删除列表项。菜单项在列表中出现的顺序与在“列表值”对话框中出现的顺序一致。在浏览器载入页面时，列表中的第 1 个选项是默认选项。
- “初始化时选定”选项：设置下拉菜单中默认选择的菜单项。

2)插入滚动列表

若要在表单域中插入滚动列表，先将光标移至表单轮廓内需要插入滚动列表的位置，然后插入滚动列表，如图 10-83 所示。

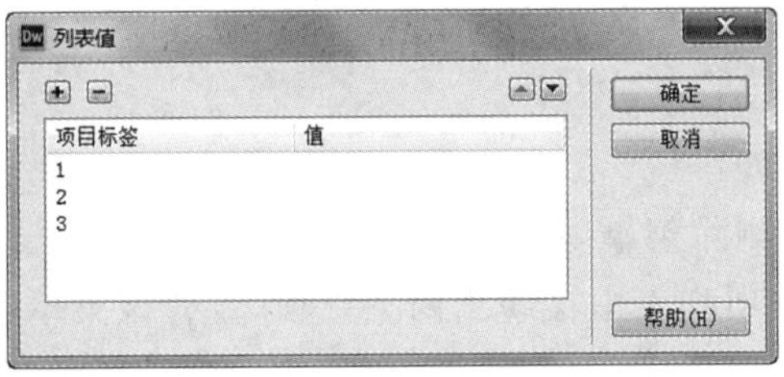

图 10-82

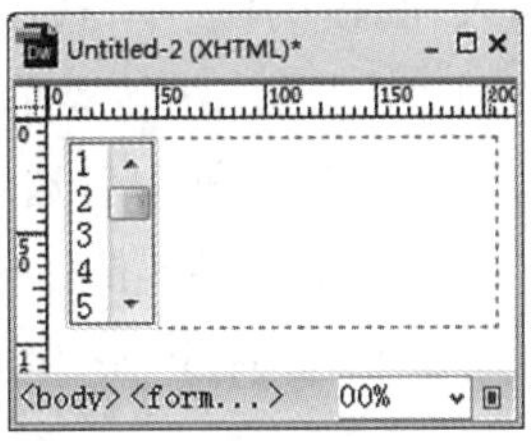

图 10-83

插入滚动列表有以下两种方法。

(1)单击“插入”面板“表单”选项卡中的“列表/菜单”按钮，在文档窗口的表单中出现滚动列表。

(2)选择“插入>表单>列表/菜单”命令，在文档窗口的表单中出现滚动列表。

在“属性”面板中显示滚动列表的属性，如图 10-84 所示。用户可以根据需要设置该滚动列表。

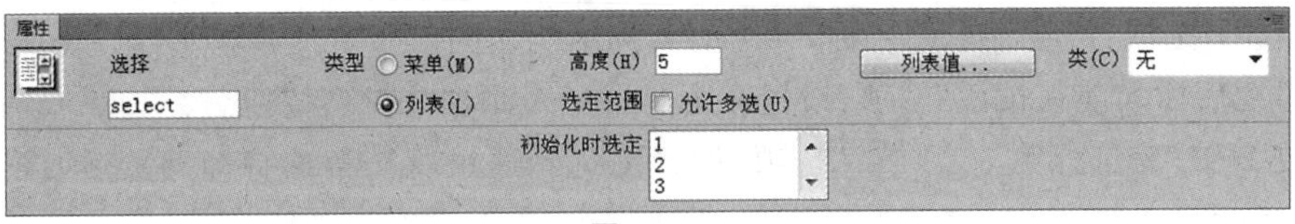

图 10-84

滚动列表“属性”面板中各选项的作用如下。

● “选择”选项：用于输入该滚动列表的名称。每个滚动列表的名称都必须是唯一的。

● “类型”选项：设置菜单的类型。若添加下拉菜单，则选择“菜单”单选按钮；若添加滚动列表，则选择“列表”单选按钮。

● “高度”选项：设置滚动列表的高度，即列表中一次最多可显示的项目数。

● “选定范围”选项：设置用户是否可以从列表中选择多个项目。

● “初始化时选定”选项：设置可滚动列表中默认选择的菜单项。若在“选定范围”选项中勾选“允许多选”复选框，则可在按住 Ctrl 键的同时单击选择“初始化时选定”域中的一个或多个初始化选项。

● “列表值”按钮：单击此按钮，弹出如图 10-85 所示的“列表值”对话框，在该对话框中单击“加号”按钮或“减号”按钮可以向下拉菜单中添加或删除列表项。菜单项在列表中出现的顺序与在“列表值”对话框中出现的顺序一致。在浏览器中载入页面时，列表中的第 1 个选项是默认选项。

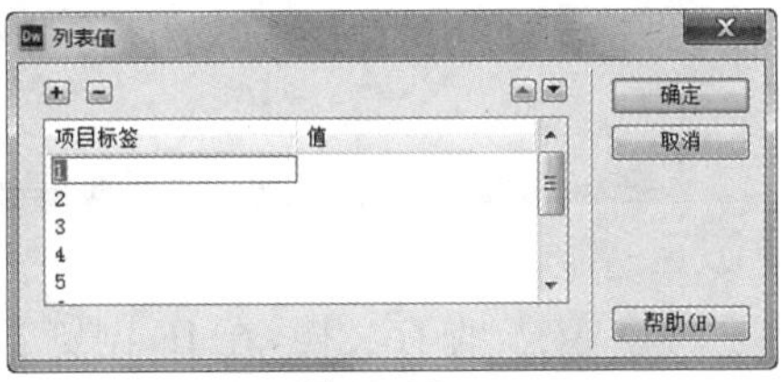

图 10-85

9. 创建跳转菜单

设计者可利用跳转菜单将某个网页的 URL 地址与菜单列表中的选项建立关联。当用户浏览网页时，只要从跳转菜单列表中选择一个菜单项，就会打开相关联的网页。

在网页中插入跳转菜单的具体操作步骤如下。

STEP 1　将光标移至表单轮廓内需要插入跳转菜单的位置。

STEP 2　选择“插入跳转菜单”命令，弹出“插入跳转菜单”对话框，如图 10-86 所示。

打开“插入跳转菜单”对话框有以下两种方法。

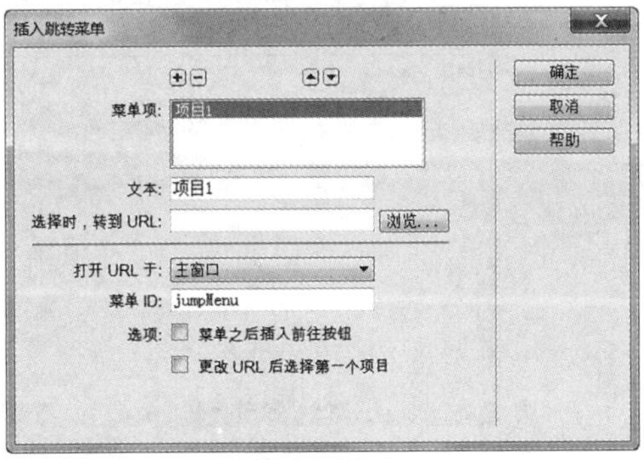

图 10-86

(1)在“插入”面板的“表单”选项卡中单击“跳转菜单”按钮。

(2)选择“插入>表单>跳转菜单”命令。

“插入跳转菜单”对话框中各选项的作用如下。

- “加号”按钮和“减号”按钮:添加或删除菜单项。
- “向上”按钮和“向下”按钮:在菜单项列表中移动当前菜单项,设置该菜单项在菜单列表中的位置。
- “菜单项”选项:显示所有菜单项。
- “文本”选项:设置当前菜单项的显示文字,它会出现在菜单列表中。
- “选择时,转到 URL”选项:为当前菜单项设置浏览者单击它时要打开的网页地址。
- “打开 URL 于”选项:设置打开浏览网页的窗口,包括“主窗口”和“框架”两个选项。“主窗口”选项表示在同一个窗口中打开文件;“框架”选项表示在所选中的框架中打开文件,但选择“框架”选项前应先给框架命名。
- “菜单 ID”选项:设置菜单的名称,菜单的名称不能相同。
- “菜单之后插入前往按钮”选项:设置在菜单后是否添加“前往”按钮。
- “更改 URL 后选择第一个项目”选项:设置浏览者通过跳转菜单打开网页后,该菜单项是否是第一个菜单项目。

在对话框中进行设置,如图 10-87 所示。单击“确定”按钮完成设置,效果如图 10-88 所示。

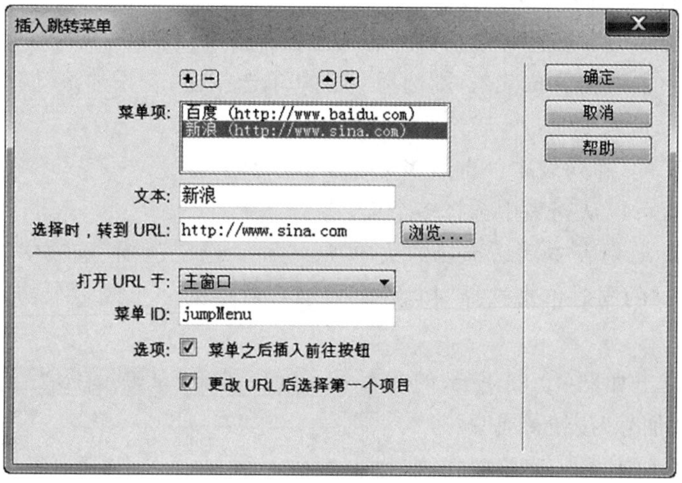

图 10-87

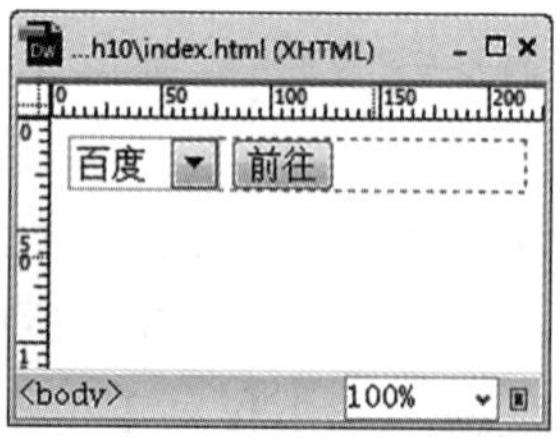

图 10-88

STEP 3 保存文档,在 IE 浏览器中单击“前往”按钮,网页就可以跳转到其关联的网页上,效果如图 10-89 所示。

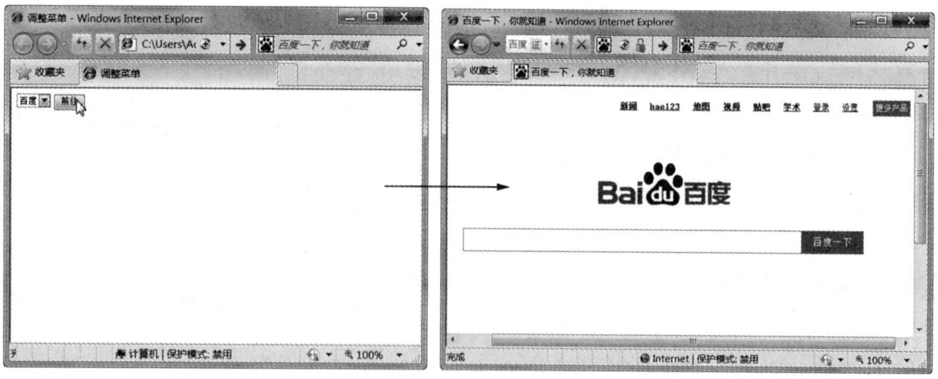

图 10-89

10.创建文件域

网页中要实现上传文件的功能，需要在表单中插入文件域。文件域的外观与其他文本域类似，只是文件域还包含一个“浏览”按钮，如图 10-90 所示。用户浏览时可以手动输入要上传的文件路径，也可以使用“浏览”按钮定位并选择上传的文件。

提示

文件域要求使用 POST 方法将文件从浏览器传输到服务器上，该文件被发送到的服务器地址由表单的“操作”文本框指定。

若要在表单域中插入文件域，则先将光标移至表单轮廓内需要插入文件域的位置，然后插入文件域，如图 10-91 所示。

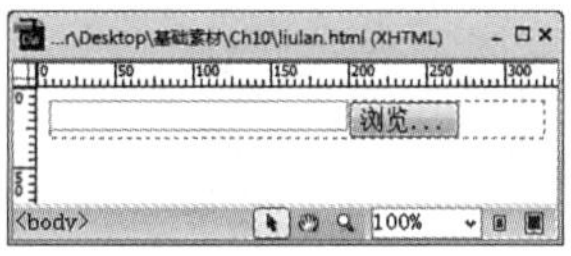

图 10-90

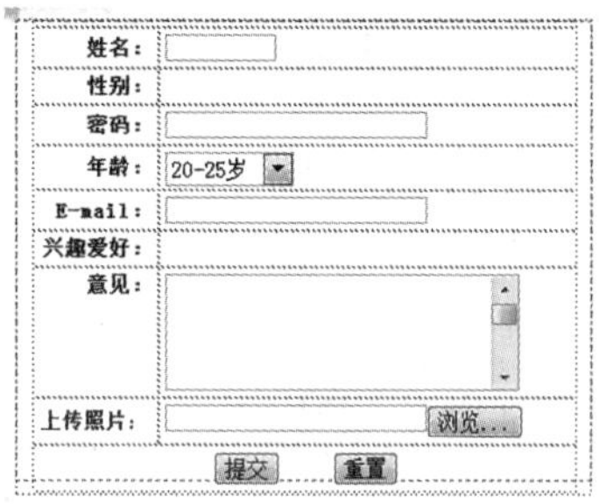

图 10-91

插入文件域有以下两种方法。

(1)将光标置于单元格中，单击“插入”面板“表单”选项卡中的“文件域”按钮，在文档窗口中的单元格中出现一个文件域。

(2)选择“插入>表单>文件域”命令，在文档窗口的表单中出现一个文件域。

在“属性”面板中显示文件域的属性，如图 10-92 所示。用户可以根据需要设置该文件域的各项属性。

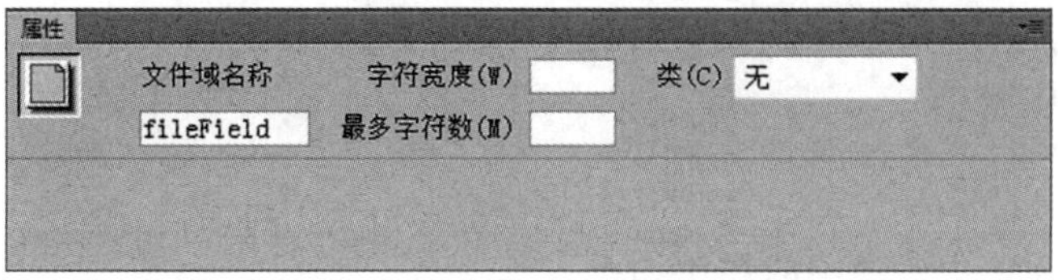

图 10-92

文件域“属性”面板各选项的作用如下。

- “文件域名称”选项：设置文件域对象的名称。
- “字符宽度”选项：设置文件域中最多可输入的字符数。
- “最多字符数”选项：设置文件域中最多可容纳的字符数。如果用户通过“浏览”按钮来定位文件，则文件名和路径可超过指定的“最多字符数”的值。但是，如果用户手动输入文件名和路径，则文件域仅允许键入“最多字符数”值所指定的字符数。
- “类”选项：将 CSS 规则应用于文件域。

提示

在使用文件域之前，要与服务器管理员联系，确认允许使用匿名文件上传，否则此选项无效。

11.创建图像域

普通的按钮很不美观，为了设计需要，常使用图像代替按钮。通常使用图像按钮来提交数据。插入图像按钮的具体操作步骤如下。

STEP 1 将光标移至表单轮廓内需要插入的位置。

STEP 2 打开“选择图像源文件”对话框，选择作为按钮的图像文件，如图 10-93 所示。

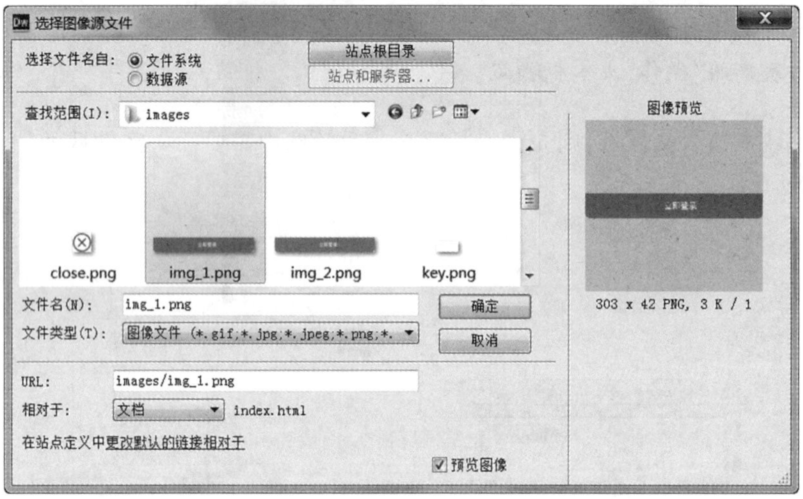

图 10-93

打开“选择图像源文件”对话框有以下两种方法。

(1)单击“插入”面板“表单”选项卡中的“图像域”按钮。

(2)选择“插入>表单>图像域”命令。

STEP 3 在“属性”面板中出现图 10-94 所示的图像按钮的属性，用户可以根据需要设置该图像按钮的各项属性。

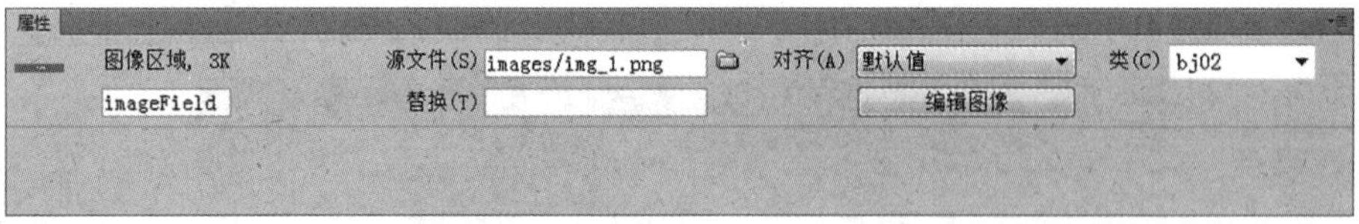

图 10-94

图像按钮“属性”面板中各选项的作用如下。

- “图像区域”选项：为图像按钮指定一个名称。“提交”和“重置”是两个保留名称，“提交”是通知表单将表单数据提交给处理程序或脚本，“重置”是将所有表单域重置为其原始值。
- “源文件”选项：设置要为按钮使用的图像。
- “替换”选项：用于输入描述性文本，一旦图像在浏览器中载入失败，将在图像域的位置显示文本。
- “对齐”选项：设置对象的对齐方式。
- “编辑图像”按钮：启动默认的图像编辑器并打开该图像文件进行编辑。
- “类”选项：将 CSS 规则应用于图像域。

STEP 4 若要将某个 JavaScript 行为附加到该按钮上，则应选择该图像，然后在“行为”面板中选择相应的行为。

STEP 5 完成设置后，保存并预览网页，效果如图 10-95 所示。

图 10-95

12.提交、无、重置按钮

按钮的作用是控制表单的操作。一般情况下，表单中设有“提交”按钮、“重置”按钮和“普通”按钮 3 种按钮。“提交”按钮的作用是将表单数据提交到表单指定的处理程序中进行处理；“重置”按钮的作用是将表单的内容还原为初始状态。

若要在表单域中插入按钮，先将光标移至表单轮廓内需要插入按钮的位置，然后插入按钮，效果如图 10-96 所示。

插入按钮有以下两种方法。

(1)单击“插入”面板“表单”选项卡中的“按钮”按钮，在文档窗口的表单中出现一个按钮。

(2)选择“插入>表单>按钮”命令，在文档窗口的表单中出现一个按钮。

在“属性”面板中显示按钮的属性，如图 10-97 所示。用户可以根据需要设置该按钮的各项属性。

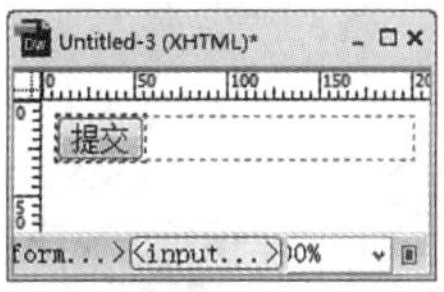

图 10-96

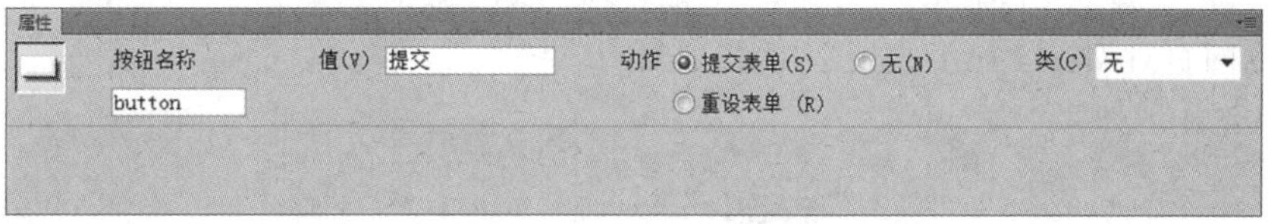

图 10-97

按钮“属性”面板中各选项的作用如下。

- “按钮名称”选项：用于输入该按钮的名称，每个按钮的名称都不能相同。
- “值”选项：设置按钮上显示的文本。
- “动作”选项组：设置用户单击按钮时将发生的操作。有以下 3 个选项。

“提交表单”选项：当用户单击按钮时，将表单数据提交到表单指定的处理程序处理。

“重设表单”选项：当用户单击按钮时，将表单域内的各对象值还原为初始值。

“无”选项：当用户单击按钮时，选择不为该按钮附加行为或脚本。

- “类”选项：将 CSS 规则应用于按钮。

课堂演练——健康测试网页

使用“文本字段”按钮，插入文本域；使用“单选”按钮，插入单选按钮；使用“列表/菜单”按钮，插入列表。最终效果参看资源包中的“源文件\项目十\课堂演练　健康测试网页\index. html”，如图 10-98 所示。

微视频

健康测试网页

图 10-98

任务二　婚戒网页

任务分析

婚戒上多镶嵌宝石等饰物，寓意双方的爱情纯洁坚贞。网页设计要体现出婚戒的特点和寓意。

设计理念

在网页设计和制作过程中，背景采用浅粉色，带给人温馨、甜蜜的感受；信息罗列整齐，给人干净整洁的印象；流动的线条使画面充满灵动性，同时展示出网页宣传的主体；整个页面结构清晰，信息明确，主题突出，能够让浏览者印象深刻。最终效果参看资源包中的“源文件\项目十\任务二　婚戒网页\index. html”，如图 10-99 所示。

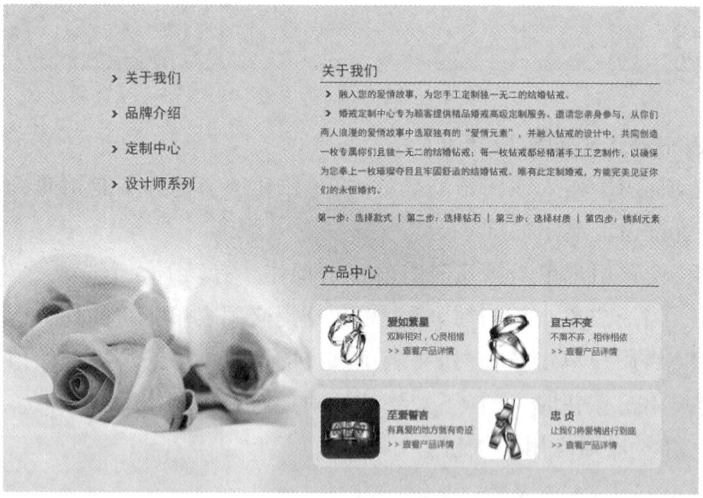

微视频

婚戒网页

图 10-99

任务实施

1. 在网页中显示指定大小的弹出窗口

STEP 1 选择“文件>打开”命令，在弹出的“打开”对话框中，选择资源包中的“素材文件\项目十\任务二　婚戒网页\index. html”文件，单击“打开”按钮打开文件，如图 10-100 所示。

STEP 2 单击窗口下方“标签选择器”中的<body>标签，如图 10-101 所示，选择整个网页文档，如图 10-102 所示。

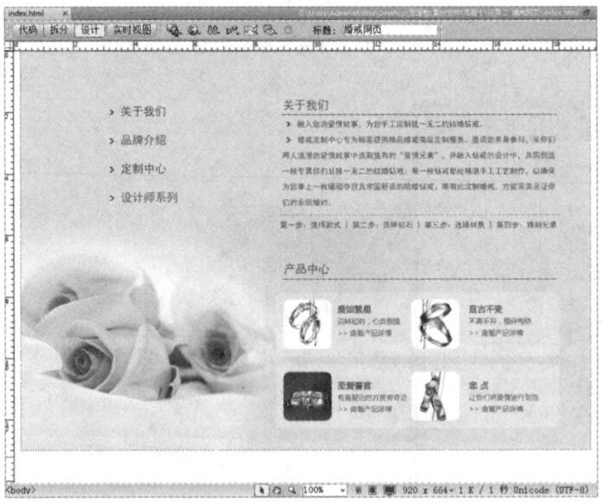

图 10-100

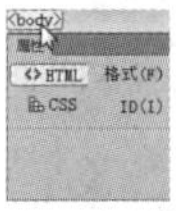

图 10-101

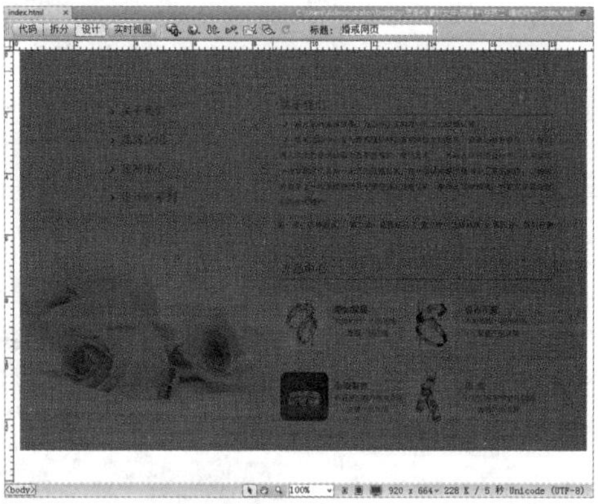

图 10-102

STEP 3 按 Shift+F4 组合键，弹出“行为”面板，单击面板中的“添加行为”按钮 +，在弹出的菜单中选择“打开浏览器窗口”命令，弹出“打开浏览器窗口”对话框，如图 10-103 所示。

STEP 4 单击“要显示的 URL”选项右侧的“浏览”按钮，在弹出的“选择文件”对话框中，选择资源包中的“素材文件\项目十\任务二　婚戒网页”文件夹中的“ziye. html”文件，如图 10-104 所示。

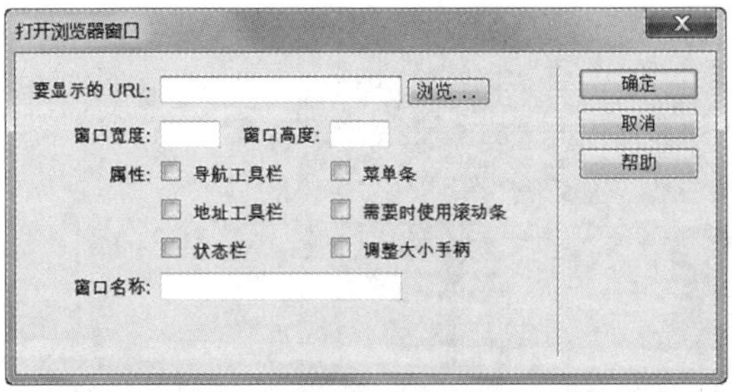

图 10-103

图 10-104

STEP 5 单击“确定”按钮，返回“打开浏览器窗口”对话框，其他选项的设置如图 10-105 所示。单击“确定”按钮，“行为”面板如图 10-106 所示。

STEP 6 保存文档，按 F12 键预览效果，加载网页文档的同时会弹出窗口，如图 10-107 所示。

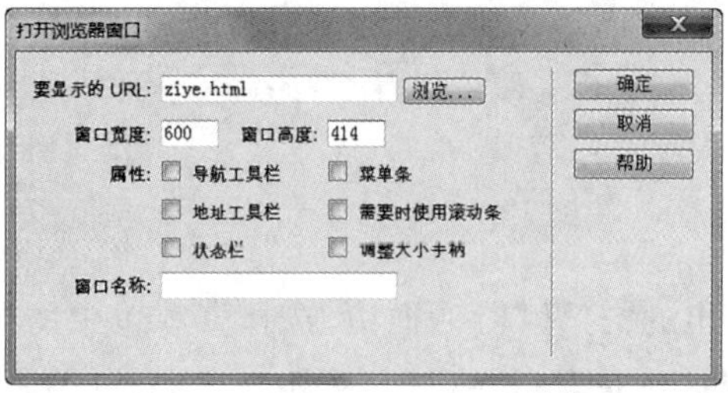

图 10-105

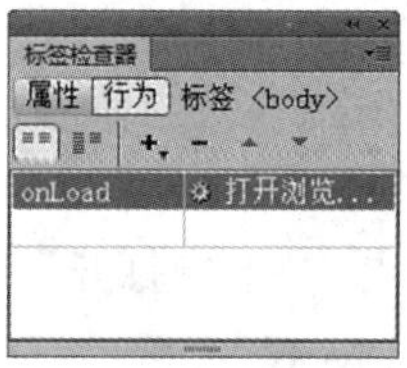

图 10-106

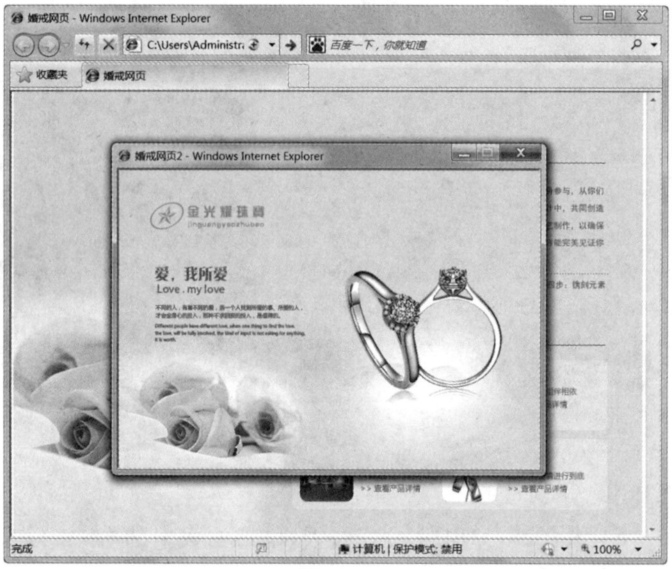

图 10-107

2.添加导航条和菜单栏

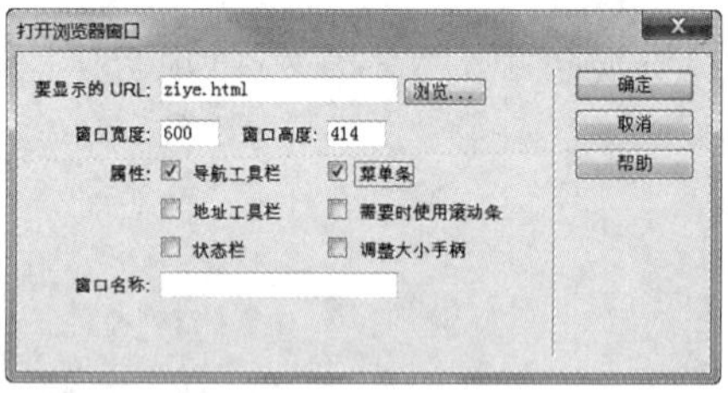

图 10-108

STEP 1 返回 Dreamweaver CS6 界面，双击“打开浏览器窗口”，弹出“打开浏览器窗口”对话框，选择“导航工具栏”和“菜单条”复选框，如图 10-108 所示。单击“确定”按钮完成设置。

STEP 2 保存文档，按 F12 键预览效果，在弹出的窗口中显示所选的导航条和菜单栏，如图 10-109 所示。

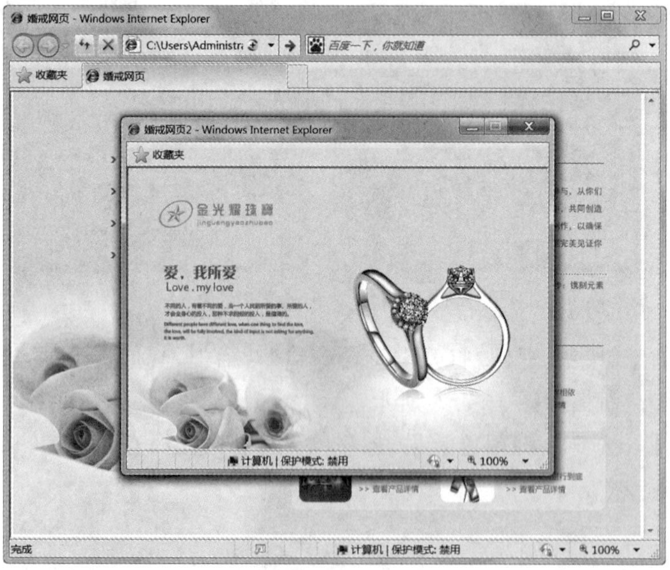

图 10-109

知识讲解

1. “行为”面板

图 10-110

用户习惯于使用“行为”面板为网页元素指定动作和事件。在文档窗口中选择“窗口>行为”命令，或按 Shift＋F4 组合键，弹出“行为”面板，如图 10-110 所示。

“行为”面板由以下几部分组成。

- “添加行为”按钮：单击该按钮，弹出动作菜单，即可添加行为。添加行为时，从动作菜单中选择一个行为即可。
- “删除事件”按钮：在面板中删除所选的事件和动作。
- “增加事件值”按钮、“降低事件值”按钮：通过在面板中上、下移动所选择的动作来调整动作的顺序。在“行为”面板中，所有事件和动作按照它们在面板中的显示顺序实现，设定时要根据实际情况调整动作的顺序。

2. 应用行为

1)将行为附加到网页元素上

具体操作步骤如下。

STEP 1 在文档窗口中选择一个元素，如一个图像或一个链接。若要将行为附加到整个页面，则单击文档窗口左下侧标签选择器中的<body>标签。

STEP 2 选择“窗口>行为”命令，弹出“行为”面板。

STEP 3 单击“添加行为”按钮，并从弹出的菜单中选择一个动作，如图 10-111 所示。系统将弹出相应的参数设置对话框，在其中进行设置后，单击“确定”按钮。

STEP 4 在“行为”面板的“事件”列表中显示动作的默认事件，单击该事件，会出现下拉箭头按钮，单击按钮，弹出包含全部事件的事件列表，如图 10-112 所示。用户可根据需要选择相应的事件。

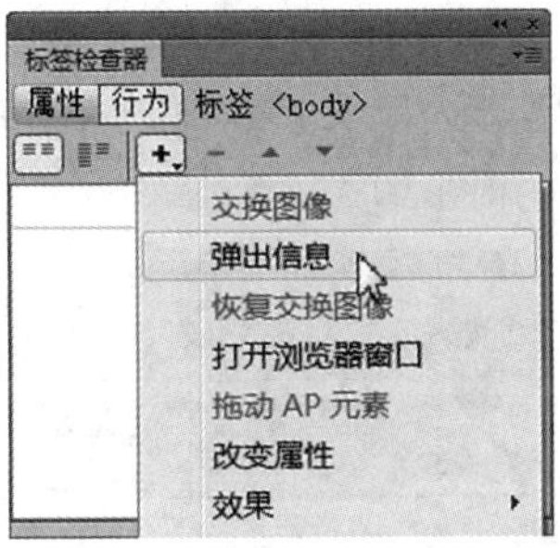

图 10-111

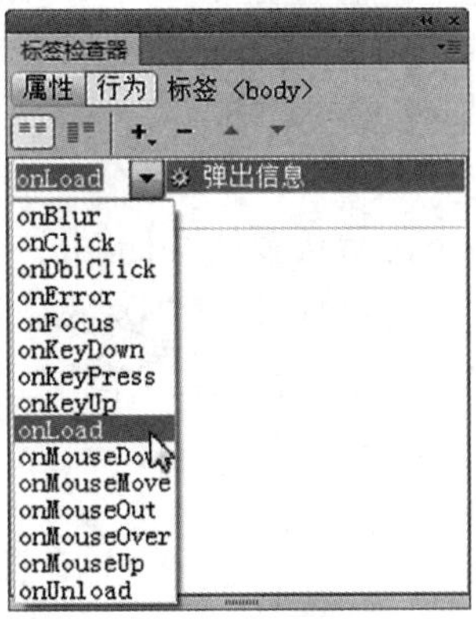

图 10-112

提示

Dreamweaver CS6 提供的所有动作都可以用于 IE 4.0 和更高版本的浏览器中。某些动作不能用于较早版本的浏览器中。

2)将行为附加到文本上

将某个行为附加到所选的文本上,具体操作步骤如下。

STEP 1 为文本添加一个空链接。

STEP 2 选择“窗口>行为”命令,弹出“行为”面板。

STEP 3 选中链接文本,单击“添加行为”按钮,从弹出的菜单中选择一个动作,如选择“弹出信息”动作,并在弹出的对话框中设置该动作的参数,如图 10-113 所示。

STEP 4 在“行为”面板的“事件”列表中显示动作的默认事件,单击该事件,会出现下拉箭头按钮,单击按钮,弹出包含全部事件的事件列表,如图 10-114 所示。用户可根据需要选择相应的事件。

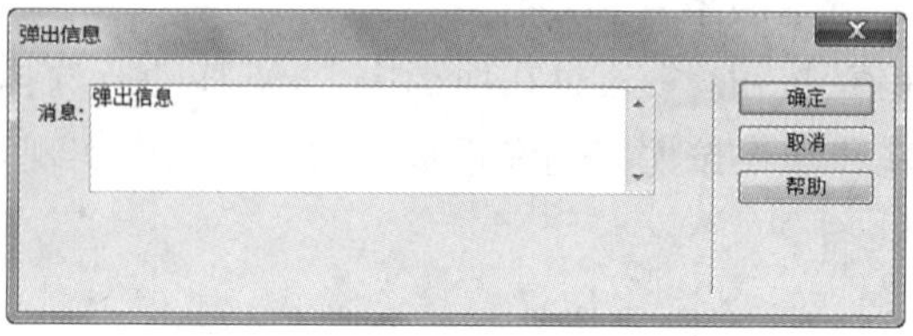

图 10-113

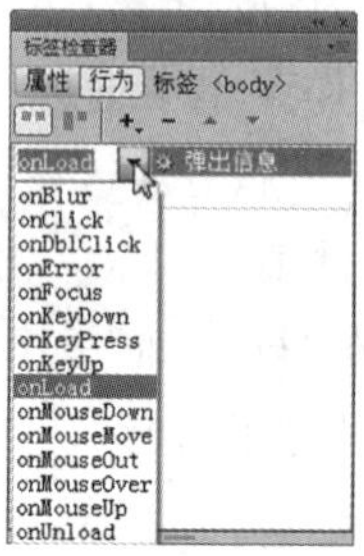

图 10-114

3. 调用 JavaScript

“调用 JavaScript”动作的功能是当发生某个事件时选择自定义函数或 JavaScript 代码行。

使用“调用 JavaScript”动作的具体操作步骤如下。

STEP 1 选择一个网页元素对象,如“刷新”按钮,如图 10-115 所示,调出“行为”面板。

STEP 2 在“行为”面板中,单击“添加行为”按钮,从弹出的菜单中选择“调用 JavaScript”动作,弹出“调用 JavaScript”对话框,如图 10-116 所示。在文本框中输入 JavaScript 代码或用户想要触发的函数名。例如,当用户单击“刷新”按钮时刷新网页,可以输入“window. location. reload()”;当用户单击“关闭”按钮时关闭网页,可以输入“window. close()”。单击“确定”按钮完成设置。

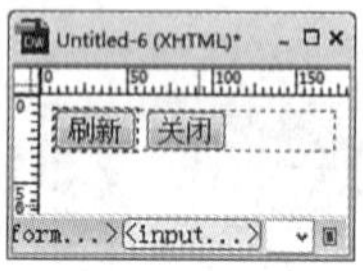

图 10-115

图 10-116

STEP 3 如果不是默认事件,则单击该事件,会出现下拉箭头按钮。单击按钮,弹出包含全部事件的事件列表,用户可根据需要选择相应的事件,如图 10-117 所示。

STEP 4 按 F12 键预览网页,当单击“关闭”按钮时,用户看到的页面如图 10-118 所示。

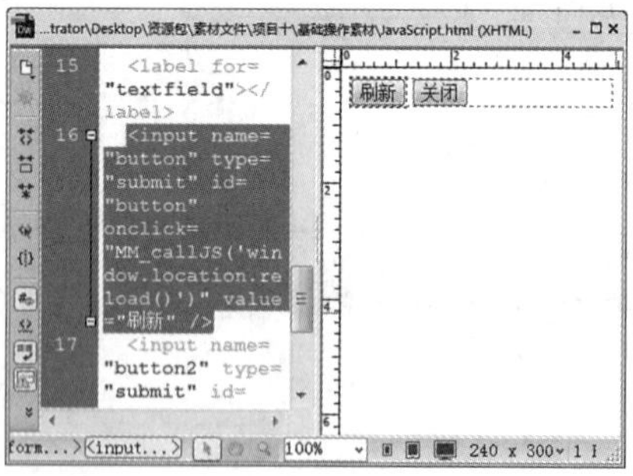

图 10-117

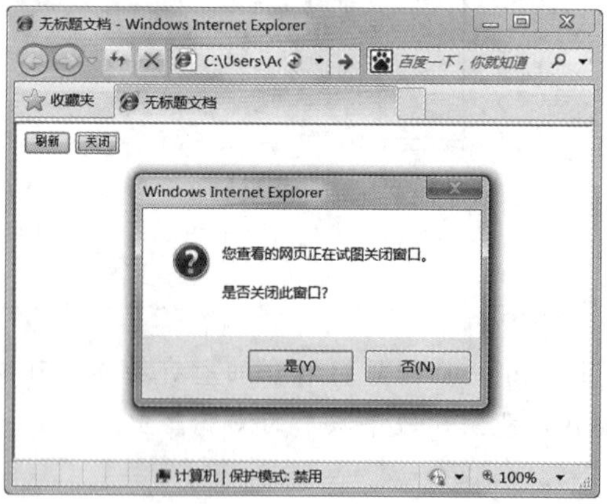

图 10-118

4. 打开浏览器窗口

“打开浏览器窗口”动作的功能是在一个新的窗口中打开指定网页。此行为可以指定新窗口的属性、特性和名称，是否可以调整窗口大小，是否具有菜单栏等。

使用“打开浏览器窗口”动作的具体操作步骤如下。

STEP 1 打开一个网页文件，如图 10-119 所示。选中如图 10-120 所示的图片。

图 10-119

图 10-120

STEP 2 弹出“行为”面板，单击“添加行为”按钮，并从弹出的菜单中选择“打开浏览器窗口”命令，弹出“打开浏览器窗口”对话框。在对话框中根据需要设置相应参数，如图 10-121 所示。单击“确定”按钮完成设置。

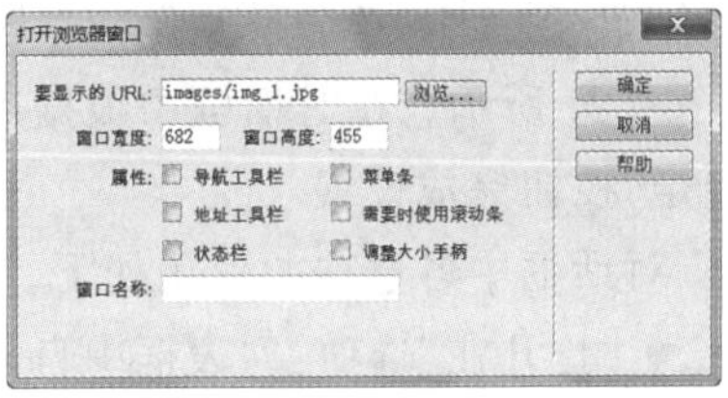

图 10-121

对话框中各选项的作用如下。

(1)“要显示的 URL”选项：是必选项，用于设置要显示网页的地址。

(2)“窗口宽度”和“窗口高度”选项：以像素为单位设置窗口的宽度和高度。

(3)“属性”选项组：根据需要选择下列复选框以设定窗口的外观。

- “导航工具栏”复选框：设置是否在浏览器顶部显示导航工具栏。导航工具栏包括“后退”“前进”“主页”“重新载入”等一组按钮。
- “地址工具栏”复选框：设置是否在浏览器顶部显示地址栏。
- “状态栏”复选框：设置是否在浏览器窗口底部显示状态栏，用以显示提示、状态等信息。
- “菜单条”复选框：设置是否在浏览器顶部显示菜单，包括“文件”“编辑”“查看”“转到”“帮助”等菜单项。
- “需要时使用滚动条”复选框：设置在浏览器的内容超出可视区域时，是否显示滚动条。
- “调整大小手柄”复选框：设置是否能够调整窗口的大小。

(4)“窗口名称”选项：输入新窗口的名称。因为通过 JavaScript 使用链接指向新窗口或控制新窗口时，应该对新窗口进行命名。

STEP 3 添加行为时，系统自动为用户选择了事件“onClick”。若需要调整事件，单击该事件，会出现下拉箭头按钮。单击按钮，选择 onMouseOver 选项，“行为”面板中事件立即改变，如图 10-122 所示。

STEP 4 保存文档，按 F12 键预览网页，当鼠标指针经过小图片时，会弹出一个窗口显示大图片，如图 10-123 所示。

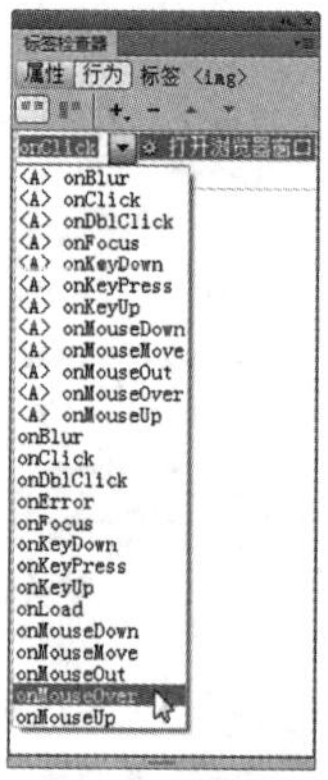

图 10-122

图 10-123

5. 转到 URL

“转到 URL”动作的功能是在当前窗口或指定的框架中打开一个新页。此操作尤其适用于通过一次单击操作更改两个或多个框架的内容。

使用“转到 URL”动作的具体操作步骤如下。

STEP 1 选择一个网页元素对象并调出“行为”面板。

STEP 2 单击“添加行为”按钮，并从弹出的菜单中选择“转到 URL”命令，弹出“转到 URL”对话框，如图 10-124 所示。在对话框中根据需要设置相应选项，单击“确定”按钮完成设置。

图 10-124

对话框中各选项的作用如下。

● “打开在”选项：列表框中自动列出当前框架，集中所有框架的名称以及主窗口。如果没有任何框架，则主窗口是唯一的选项。

● “URL”选项：单击“浏览”按钮选择要打开的文档，或输入网页文件的地址。

STEP 3 如果不是默认事件，则单击该事件，会出现下拉箭头按钮，单击按钮，弹出包含全部事件的事件列表，用户可根据需要选择相应的事件。

STEP 4 按 F12 键预览网页。

6. 检查插件

“检查插件”动作的功能是根据用户是否安装了指定的插件这一情况，将它们转到不同的页。

使用“检查插件”动作的具体操作步骤如下。

STEP 1 选择一个网页元素对象并调出“行为”面板。

STEP 2 单击“添加行为”按钮，并从弹出的菜单中选择“检查插件”命令，弹出“检查插件”对话框，如图 10-125 所示。在对话框中根据需要设置相应选项，单击“确定”按钮完成设置。

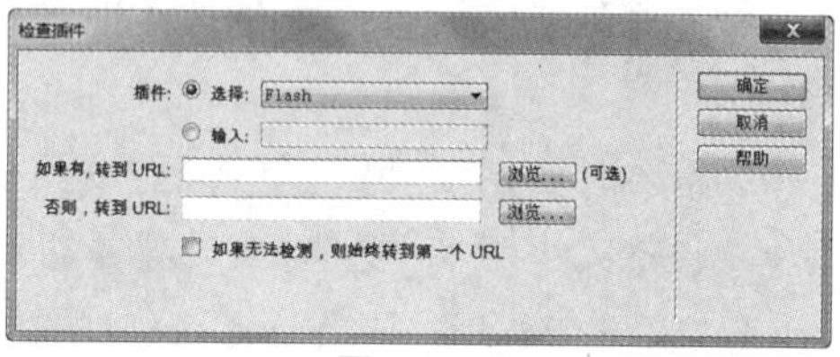

图 10-125

对话框中各选项的作用如下。

● “插件”选项组：设置插件对象，包括选择和输入插件名称两种方式。若选择“选择”单选按钮，则从其右侧的下拉菜单中选择一个插件。若选择“输入”单选按钮，则在其右侧的文本框中输入插件的确切名称。

● “如果有，转到 URL”选项：为具有该插件的浏览者指定一个网页地址。若要让具有该插件的浏览者停留在同一页上，则此选项为空。

●“否则，转到 URL”选项：为不具有该插件的浏览者指定一个替代网页地址。若要让具有和不具有该插件的浏览者停留在同一网页上，则此选项为空。默认情况下，当不能实现检测时，浏览者发送到“否则，转到 URL”文本框中列出的 URL。

●“如果无法检测，则始终转到第一个 URL”选项：当不能实现检测时，想让浏览者被发送到“如果有，转到 URL”选项指定的网页，则勾选此复选框。通常，若插件内容对于用户的网页而言是不必要的，则保留此复选框的未选中状态。

STEP 3 如果不是默认事件，则单击该事件，会出现下拉箭头按钮，单击按钮，弹出包含全部事件的事件列表，用户可根据需要选择相应的事件。

STEP 4 按 F12 键预览网页。

7.检查表单

“检查表单”动作的功能是检查指定文本域的内容，以确保用户输入了正确的数据类型。若使用 onBlur 事件将“检查表单”动作分别附加到各文本域，则在用户填写表单时对域进行检查。若使用 onSubmit 事件将“检查表单”动作附加到表单，则在用户单击“提交”按钮时，同时对多个文本域进行检查。将“检查表单”动作附加到表单，能防止将表单中任何指定文本域内的无效数据提交到服务器。

使用“检查表单”动作的具体操作步骤如下。

STEP 1 选择文档窗口下方的表单<form>标签，调出“行为”面板。

STEP 2 单击“添加行为”按钮，并从弹出的菜单中选择“检查表单”命令，弹出“检查表单”对话框，如图 10-126 所示。在对话框中根据需要设置相应选项，单击“确定”按钮完成设置。

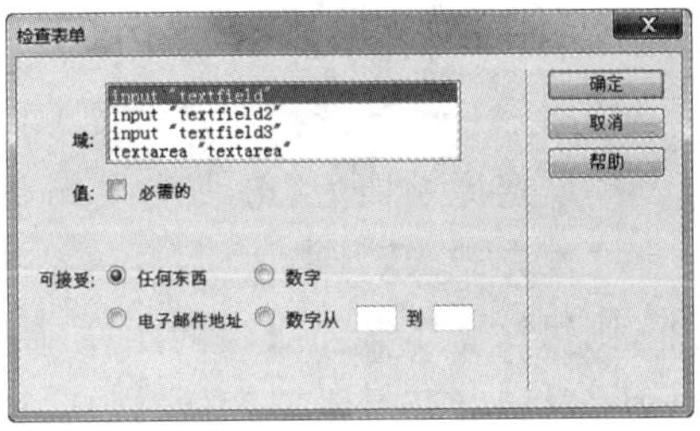

图 10-126

对话框中各选项的作用如下。

●“域”选项：在列表框中选择表单内需要进行检查的其他对象。

●“值”选项：设置在“域”选项中选择的表单对象的值是否在用户浏览表单时必须设置。

●“可接受”选项组：用于设置“域”选项中选择的表单对象允许接受的值，允许接受的值包含以下几种类型。

“任何东西”单选按钮：设置检查的表单对象中可以包含任何特定类型的数据。

“电子邮件地址”单选按钮：设置检查的表单对象中可以包含一个“@”符号。

“数字”单选按钮：设置检查的表单对象中只包含数字。

“数字从…到…”单选按钮：设置检查的表单对象中只包含特定范围内的数字。

STEP 3 如果不是默认事件，则单击该事件，会出现下拉箭头按钮，单击按钮，弹出包含全部事件的事件列表，用户可根据需要选择相应的事件。

STEP 4 按 F12 键预览网页。

在用户提交表单时，如果要检查多个表单对象，则 onSubmit 事件自动出现在“行为”面板控制的“事件”弹出菜单中。如果要分别检查各个表单对象，则检查默认事件是否是 onBlur 或 onChange 事件。当用户从要检查的表单对象移开鼠标指针时，这两个事件都触发“检查表单”动作。它们之间的区别是 onBlur 事件不管用户是否在该表单对象中输入内容都会发生，而 onChange 事件只有在用户更改了该表单对象的内容时才发生。当表单对象是必须检查的表单对象时，最好使用 onBlur 事件。

8.交换图像

“交换图像”动作通过更改<img>标签的 src 属性将一个图像和另一个图像进行交换。“交换图像”动作主要用于创建当鼠标指针经过时产生动态变化的按钮。

使用“交换图像”行为的具体操作步骤如下。

STEP 1 若文档中没有图像，则选择“插入>图像”命令或单击“插入”面板“常用”选项卡中的“图像”按钮来插入一个图像。若当鼠标指针经过一个图像要使多个图像同时变换成相同的图像时，则需要插入多个图像。

STEP 2 选择一个将交换的图像对象，并调出“行为”面板。

STEP 3 在“行为”面板中单击“添加行为”按钮，并从弹出的菜单中选择“交换图像”命令，弹出“交换图像”对话框，如图 10-127 所示。

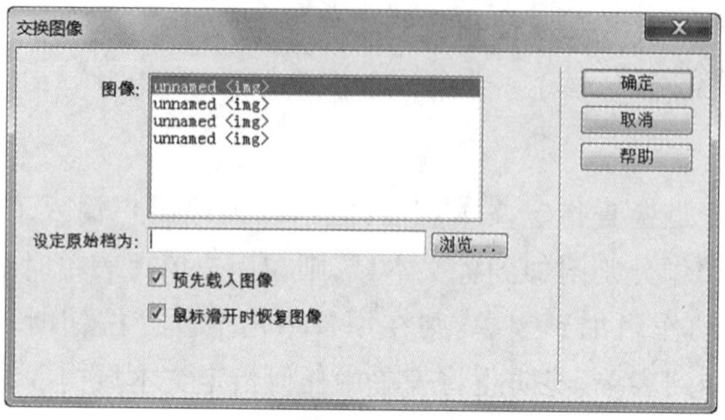

图 10-127

对话框中各选项的作用如下。

- “图像”选项：选择要更改的原图像。
- “设定原始档为”选项：输入新图像的路径和文件名或单击“浏览”按钮选择新图像文件。
- “预先载入图像”选项：设置是否在载入网页时将新图像载入浏览器的缓存中。若勾选此复选框，则可防止下载而导致的图像延迟。
- “鼠标滑开时恢复图像”选项：设置是否在鼠标指针滑开时恢复图像。若勾选此复选框，则会自动添加“恢复交换图像”动作，将最后一组交换的图像恢复为它们初始的源文件，这样就会出现连续的动态效果。

根据需要从“图像”选项框中选择要更改的原图像；在“设定原始档为”文本框中输入新图像的路径和文件名或单击“浏览”按钮选择新图像文件；可选“预先载入图像”和“鼠标滑开时恢复图像”复选框，然后单击“确定”按钮完成设置。

STEP 4 如果不是默认事件，则单击该事件，会出现下拉箭头按钮，单击按钮，弹出包含全部事件的事件列表，用户可根据需要选择相应的事件。

STEP 5 按 F12 键预览网页。

提示

因为只有 src 属性受此动作的影响，所以用户应该换一个与原图像具有相同高度和宽度的图像。否则，换入的图像在显示时会被压缩或扩展，以使其适应原图像的尺寸。

9. 显示-隐藏层

“显示-隐藏层”动作的功能是显示、隐藏或恢复一个或多个层的默认可见性。利用此动作可制作下拉菜单等特殊效果。

使用“显示-隐藏层”动作的具体操作步骤如下。

STEP 1 新建一个空白页面。

STEP 2 在页面中插入一个 3 行 1 列、宽为 180 像素的表格，将插入点置入单元格中。单击“插入”面板“常用”选项卡中的“图像”按钮，弹出如图 10-128 所示的“选择图像源文件”对话框，然后在每个单元格中插入一幅图片。

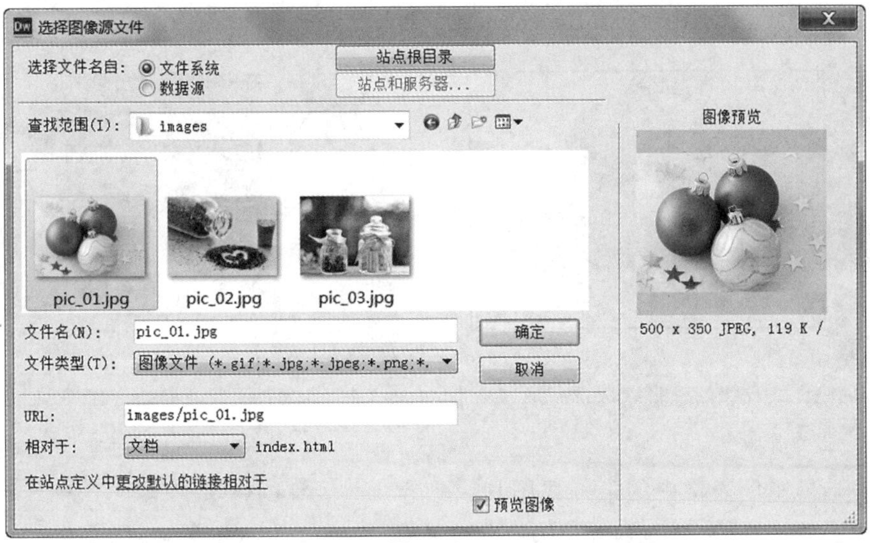

图 10-128

STEP 3 分别选中每个图片，在“属性”面板中将其“宽”“高”选项分别设置为 180、126，为每张图片设置空链接，如图 10-129 所示。

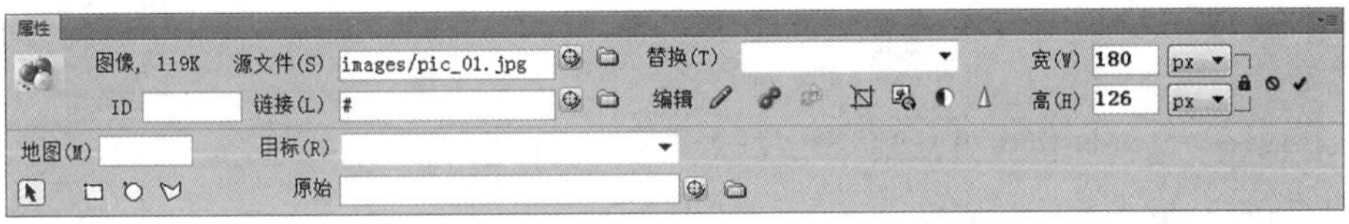

图 10-129

STEP 4 选中表格，在“属性”面板中将“填充”选项设置为 10，如图 10-130 所示。设置完成后表格及页面效果如图 10-131 所示。

图 10-130

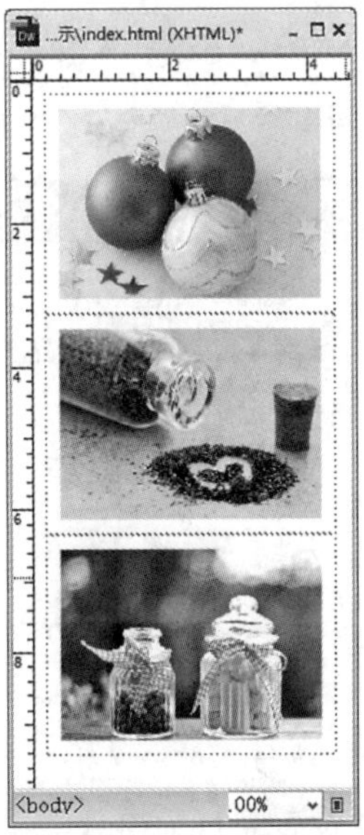

图 10-131

STEP 5 单击“插入”面板“布局”选项卡中的“绘制 AP Div”按钮，在表格的右侧创建一个层，并插入第一幅图片的原图像，效果如图 10-132 所示。

STEP 6 使用相同的方法，在第一个层的位置上再插入两个层，然后分别在这两个层中插入左侧小图的原图像并调整其位置，效果如图 10-133 所示。

图 10-132

图 10-133

STEP 7 选择左侧表格中的第一幅图片，在“行为”面板中，单击“添加行为”按钮+，并从弹出的菜单中选择“显示-隐藏元素”动作，弹出“显示-隐藏元素”对话框，如图 10-134 所示。

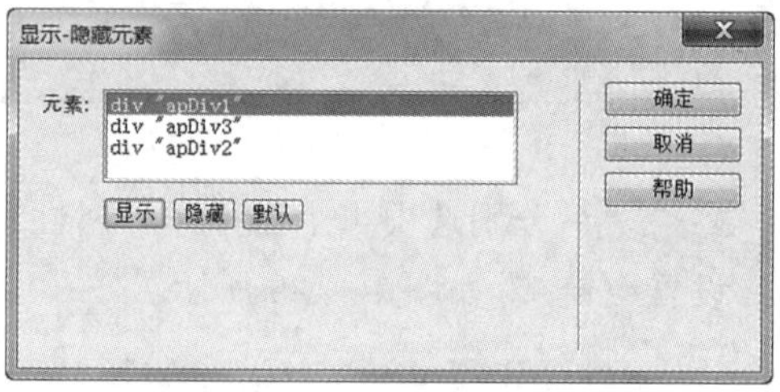

图 10-134

对话框中各选项的作用如下。

- “元素”选项列表框：显示和选择要更改其可见性的层。
- “显示”按钮：单击此按钮以显示在“元素”选项中选择的层。
- “隐藏”按钮：单击此按钮以隐藏在“元素”选项中选择的层。
- “默认”按钮：单击此按钮以恢复层的默认可见性。

STEP 8 选择第一幅图片的大图所在的层，单击“显示”按钮，然后分别选择其他不显示的层并单击“隐藏”按钮将它们设置为隐藏状态，如图 10-135 所示。

STEP 9 单击“确定”按钮，在“行为”面板中即可显示“显示-隐藏层”行为“onClick”事件，如图 10-136 所示。

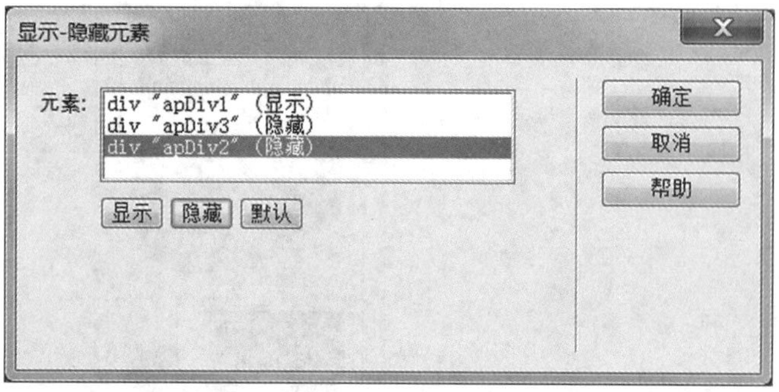

图 10-135

图 10-136

STEP 10 重复步骤 7～步骤 9，将左侧小图片对应的大图片所在的层设置为“显示”，而将其他层“隐藏”，并设置其行为事件。

STEP 11 为了在预览网页时显示基本图片，可选定<body>标记，如图 10-137 所示。

STEP 12 在“行为”面板中打开“显示-隐藏元素”对话框，在对话框中进行设置，如图 10-138 所示。单击“确定”按钮完成设置。

图 10-137

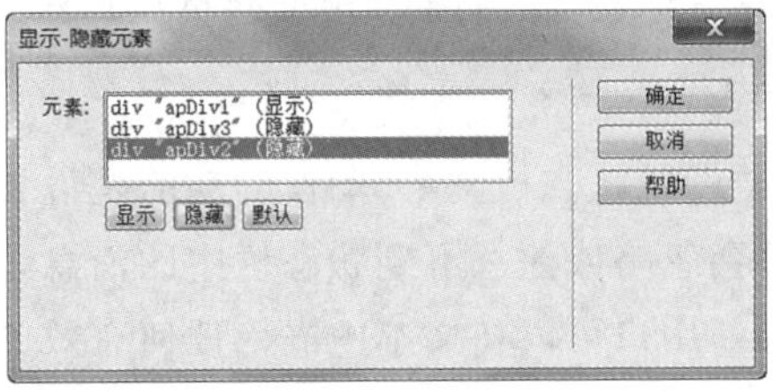

图 10-138

STEP 13 在“行为”面板中的事件为“onload”。

STEP 14 按 F12 键预览效果，这时在浏览器中会显示“Div1”的基本图片，如图 10-139 所示。单击其他小图片则可显示相应的大图片，如图 10-140 所示。

图 10-139

图 10-140

10.设置容器的文本

“设置容器的文本”动作的功能是用指定的内容替换网页上现有层的内容和格式。该内容可以包括任何有效的 HTML 源代码。

虽然“设置容器的文本”将替换层的内容和格式设置，但会保留层的属性，包括颜色。通过在“设置容器的文本”对话框的“新建 HTML”文本框中设置 HTML 标签，可对内容进行格式设置。

使用“设置容器的文本”动作的具体操作步骤如下。

STEP 1 选择“插入”面板“布局”选项卡中的“绘制 AP Div”按钮，在“设计”视图中拖曳出一个图层。在“属性”面板的“层编号”选项中输入层的唯一名称。

STEP 2 在文档窗口中选择一个对象，如文字、图像、按钮等，并调出“行为”面板。

STEP 3 在“行为”面板中单击“添加行为”按钮，并从弹出的菜单中选择“设置文本>设置容器的文本”命令，弹出“设置容器的文本”对话框，如图 10-141 所示。

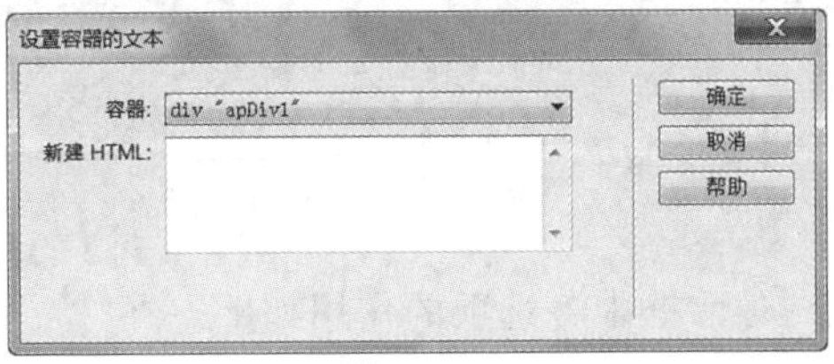

图 10-141

对话框中各选项的作用如下。

● “容器”选项：选择目标层。

● “新建 HTML”选项：输入层内显示的消息或相应的 JavaScript 代码。

在对话框中根据需要选择相应的层，并在“新建 HTML”选项中输入层内显示的消息，单击“确定”按钮完成设置。

STEP 4 如果不是默认事件，则单击该事件，会出现下拉箭头按钮，单击按钮，弹出包含全部事件的事件列表，用户可根据需要选择相应的事件。

STEP 5 按 F12 键预览网页。

11.设置状态栏文本

“设置状态栏文本”动作的功能是设置在浏览器窗口底部左侧的状态栏中显示的消息。访问者常常会忽略或注意不到状态栏中的消息，如果消息非常重要，还是考虑将其显示为弹出式消息或层文本。用户可以在文本中嵌入任何有效的 JavaScript 函数调用、属性、全局变量或其他表达式。若要嵌入一个 JavaScript 表达式，需将其放置在大括号（{}）中。

使用“设置状态栏文本”动作的具体操作步骤如下。

STEP 1 选择一个对象，如文字、图像、按钮等，并调出“行为”面板。

STEP 2 在“行为”面板中单击“添加行为”按钮，并从弹出的菜单中选择“设置文本>设置状态栏文本”命令，弹出“设置状态栏文本”对话框，如图 10-142 所示。对话框中只有一个“消息”选项，其含义是在文本框中输入要在状态栏中显示的消息。消息要简明扼要，否则浏览器将把溢出的消息截断。

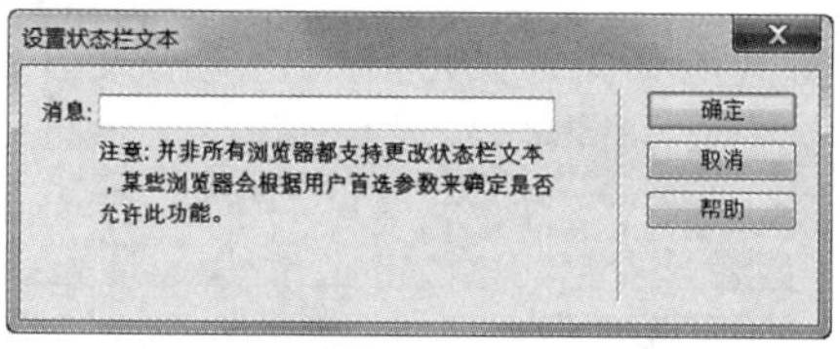

图 10-142

在对话框中根据需要输入状态栏消息或相应的 JavaScript 代码，单击“确定”按钮完成设置。

STEP 3 如果不是默认事件，在“行为”面板中单击该动作前的事件列表，选择相应的事件。

STEP 4 按 F12 键预览网页。

12.设置文本域文字

“设置文本域文字”动作的功能是用指定的内容替换表单文本域的内容。用户可以在文本中嵌入任何有效的 JavaScript 函数调用、属性、全局变量或其他表达式。若要嵌入一个 JavaScript 表达式，将其放置在大括号（{}）中。若要显示大括号，在它前面加一个反斜杠（\{}）。

使用“设置文本域文字”动作的具体操作步骤如下。

STEP 1 若文档中没有“文本域”对象，则要创建命名的文本域。选择“插入>表单>文本域”命令，在表单中创建文本域。然后在“属性”面板的“文本域”选项中输入该文本域的名称，并使该名称在网页中是唯一的，如图 10-143 所示。

STEP 2 选择文本域并调出“行为”面板。

STEP 3 在“行为”面板中单击“添加行为”按钮，并从弹出的菜单中选择“设置文本>设置文本域文字”命令，弹出“设置文本域文字”对话框，如图 10-144 所示。

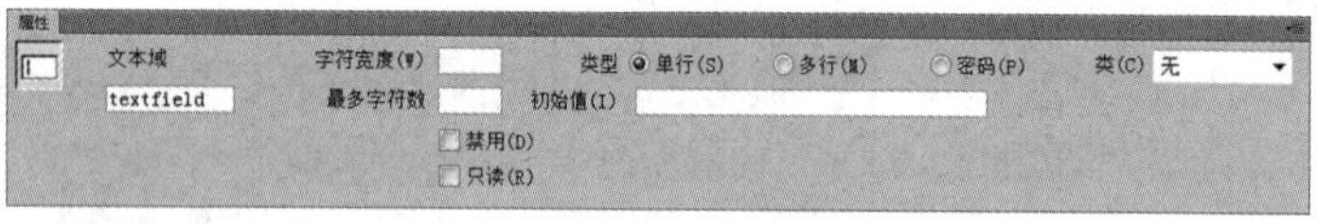

图 10-143

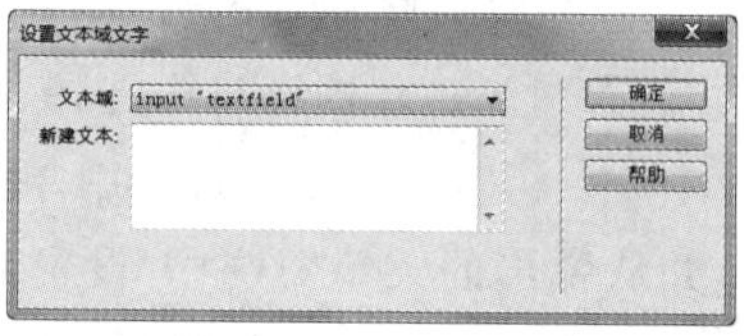

图 10-144

对话框中各选项的作用如下。

● “文本域”选项：选择目标文本域。

● “新建文本”选项：输入要替换的文本信息或相应的 JavaScript 代码。如要在表单文本域中显示网页的地址和当前日期，则在“新建文本”选项中输入“The URL for this page is {window. location}, and today is {new Date()}.”。

在对话框中根据需要选择相应的文本域，并在“新建文本”文本框中输入要替换的文本信息或相应的 JavaScript 代码，单击“确定”按钮完成设置。

STEP 4 如果不是默认事件，则单击该事件，会出现下拉箭头按钮，单击按钮，弹出包含全部事件的事件列表，用户可根据需要选择相应的事件。

STEP 5 按 F12 键预览网页。

13. 设置框架文本

“设置框架文本”动作的功能是用指定的内容替换框架的内容和格式设置。该内容可以是文本，也可以是嵌入任何有效的放置在大括号（{}）中的 JavaScript 表达式，如 JavaScript 函数调用、属性、全局变量或其他表达式等。

使用“设置框架文本”动作的具体操作步骤如下。

STEP 1 若网页不包含框架，则选择“修改>框架集”命令，在其子菜单中选择一个命令，如“拆分左框架”“拆分右框架”“拆分上框架”或“拆分下框架”，创建框架集。

STEP 2 调出“行为”面板。在“行为”面板中单击“添加行为”按钮，并从弹出的菜单中选择“设置文本>设置框架文本”命令，弹出“设置框架文本”对话框，如图 10-145 所示。

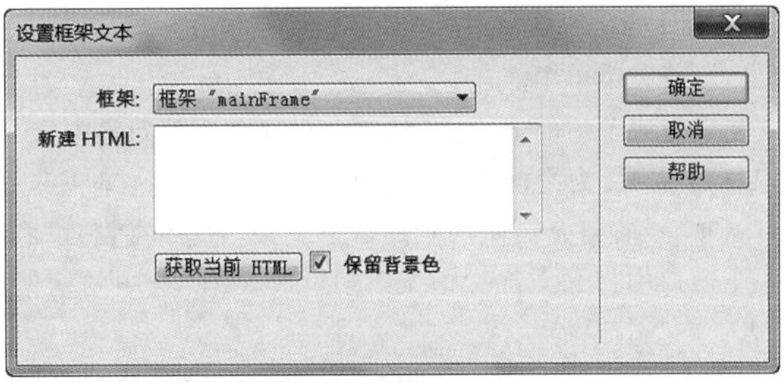

图 10-145

对话框中各选项的作用如下。

- “框架”选项：在其下拉菜单中选择目标框架。
- “新建 HTML”选项：输入替换的文本信息或相应的 JavaScript 代码。如表单文本域中显示网页的地址和当前日期，则在“新建 HTML”选项中输入“The URL for this page is {window. location}, and today is {new Date()}.”。
- “获得当前 HTML”按钮：复制当前目标框架的<body>部分的内容。
- “保留背景色”选项：选择此复选框，则保留网页背景和文本颜色属性，而不替换框架的格式。

用户可根据需要在对话框中设置相应的选项，单击“确定”按钮完成设置。

STEP 3 如果不是默认事件，则单击该事件，会出现下拉箭头按钮，单击按钮，弹出包含全部事件的事件列表，用户可根据需要选择相应的事件。

STEP 4 按 F12 键预览网页。

14. 跳转菜单

当使用“插入>表单>跳转菜单”命令创建跳转菜单时，Dreamweaver CS6 会创建一个菜单对象，并向其附加一个“跳转菜单”或“跳转菜单转到”行为。通常不需要手动将“跳转菜单”动作附加到对象上，但若要修改现有的跳转菜单，则需要使用“跳转菜单”行为。因此，“行为”面板中的“跳转菜单”行为的作用是修改现有的跳转菜单，即编辑和重新排列菜单项、更改要跳转到的文件以及更改这些文件打开的窗口。

使用“跳转菜单”动作的具体操作步骤如下。

STEP 1 若文档中尚无跳转菜单对象，则创建一个跳转菜单对象。

STEP 2 在“行为”面板中单击“添加行为”按钮，并从弹出的菜单中选择“跳转菜单”动作，弹出“跳转菜单”对话框，如图 10-146 所示。

图 10-146

对话框中各选项的作用如下。

- “添加项”按钮和“移除项”按钮：添加或删除菜单项。
- “在列表中下移项”按钮和“在列表中上移项”按钮：在菜单项列表中移动当前菜单项，设置该菜单项在菜单列表中的位置。
- “菜单项”选项：显示所有菜单项。
- “文本”选项：设置当前菜单项的显示文字，它会出现在菜单列表中。
- “选择时，转到 URL”选项：为当前菜单项设置当浏览者单击它时要打开的网页地址。
- “打开 URL 于”选项：设置打开浏览网页的窗口类型，包括“主窗口”和“框架”两个选项。“主窗口”选项表示在同一个窗口中打开文件；“框架”选项表示在所选中的框架中打开文件，但选择该选项前应先给框架命名。
- “更改 URL 后选择第一个项目”选项：设置浏览者通过跳转菜单打开网页后，该菜单项是否是第一个菜单项目。

在对话框中根据需要更改和重新排列菜单项、更改要跳转到的文件以及更改这些文件在其中打开的窗口，然后单击“确定”按钮完成设置。

STEP 3 如果不是默认事件，则单击该事件，会出现下拉箭头按钮，单击，弹出包含全部事件的事件列表，用户可根据需要选择相应的事件。

STEP 4 按 F12 键预览网页。

15. 跳转菜单开始

“跳转菜单开始”动作与“跳转菜单”动作密切关联。“跳转菜单开始”将一个“前往”按钮和一个跳转菜单关联起来，单击“前往”按钮打开在该跳转菜单中选择的链接。通常情况下，跳转菜单不需要一个“前往”按钮，但是如果跳转菜单出现在一个框架中，而跳转菜单项链接到其他框架中的页面，则通常需要使用“前往”按钮，以允许访问者重新选择已在跳转菜单中选择的项。

使用“跳转菜单开始”动作的具体操作步骤如下。

STEP 1 选择表单中的“前往”按钮，或选择一个对象用作“前往”按钮，这个对象通常是一个按钮图像。

STEP 2 打开“行为”面板。在“行为”面板中单击“添加行为”按钮，并从弹出的菜单中选择“跳转菜单开始”动作，弹出“跳转菜单开始”对话框，如图 10-147

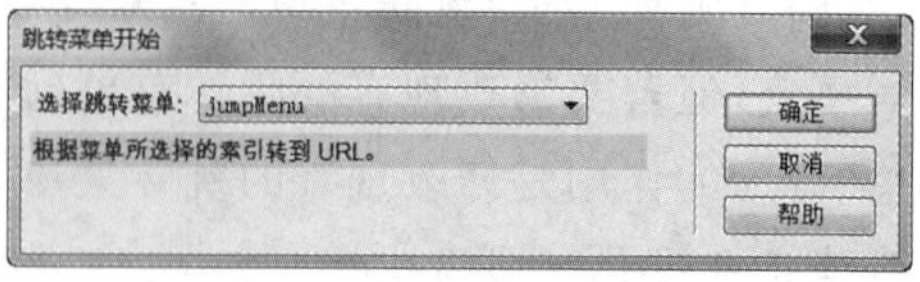

图 10-147

所示。在“选择跳转菜单”选项的下拉列表中，选择“前往”按钮要激活的菜单，然后单击“确定”按钮完成设置。

STEP 3 如果不是默认事件，则单击该事件，会出现下拉箭头按钮，单击，弹出包含全部事件的事件列表，用户可根据需要选择相应的事件。

STEP 4 按 F12 键预览网页。

课堂演练——影像世界网页

使用“弹出信息”命令，制作在浏览器窗口中弹出提示信息效果。最终效果参看资源包中的“源文件\项目十\课堂演练　影像世界网页\index. html”，如图 10-148 所示。

图 10-148

微视频

影像世界网页

实战演练——创新生活网页

案例分析

创新是以新思维、新发明和新描述为特征的一种概念化过程。创新是人类特有的认知能力和实践能力的体现。网页设计要求简单直观，使人印象深刻，带给浏览者轻松愉悦的氛围。

设计理念

在网页设计和制作过程中，背景采用蓝色，看起来干净清爽；可爱清新的卡通图画，使页面看起来活泼轻松；信息排列设计整齐，整体设计简洁清晰，让人一目了然，突出了创新生活的主题。

制作要点

使用“CSS样式”命令，设置文字的大小和行距的显示；使用“单选”按钮，制作单选题；使用“图像域”按钮，插入图像域。最终效果参看资源包中的“源文件\项目十\实战演练 创新生活网页\index.html”，如图10-149所示。

图 10-149

★ 微视频

创新生活网页

实战演练——开心烘焙网页

案例分析

烘焙是面包、蛋糕类产品制作过程中不可缺少的步骤。烘焙食品不仅营养丰富，更具有其他食品难以比拟的加工优势。本案例是为某烘焙店设计网站，网页设计要求简单大方，给浏览者带来不同的观感。

设计理念

在网页设计和制作过程中，褐色的背景将深蓝色的导航栏和网页名称突显出来，给人清晰明快的印象，让人一目了然，宣传性强；页面中心的烘焙食物图片清晰诱人，能够充分调动浏览者的兴趣；便签形式的文字设计独具匠心。

制作要点

使用“交换图像”命令，制作鼠标经过图像发生变化的效果。最终效果参看资源包中的“源文件\项目十\实战演练 开心烘焙网页\index.html”，如图10-150所示。

微视频

开心烘焙网页

图 10-150

项目十一
网页代码

Dreamweaver CS6 提供了代码编辑工具，方便用户直接编写或修改代码，实现网页的交互效果。在 Dreamweaver CS6 中插入的网页内容及动作都会自动转换为代码，因此，只有熟悉查看和编写代码的环境，了解源代码，才能真正懂得网页的内涵。

项目目标

- 网页代码的运用
- 了解脚本语言
- 熟悉常用的 HTML 标签
- 响应 HTML 事件

任务一 商业公司网页

任务分析

商业源于原始社会以物易物的交换行为，它的本质是交换，而且是基于人们对价值的认识的等价交换。商业公司一般是指以盈利为目的，从事商业经营活动或出于某些目的而成立的组织，通常又称为企业或实业。在网页设计上要求结构简洁，主题明确，能突出其商业化的公司形式。

设计理念

在网页设计和制作过程中，页面背景使用大幅风景图片，使画面看起来视野宽广；网页的中心图片显示了公司的科技感和技术能力，并与网页的主题相呼应；整个页面简洁工整。最终效果参看资源包中的"源文件\项目十一\任务一　商业公司网页\index. html"，如图 11-1 所示。

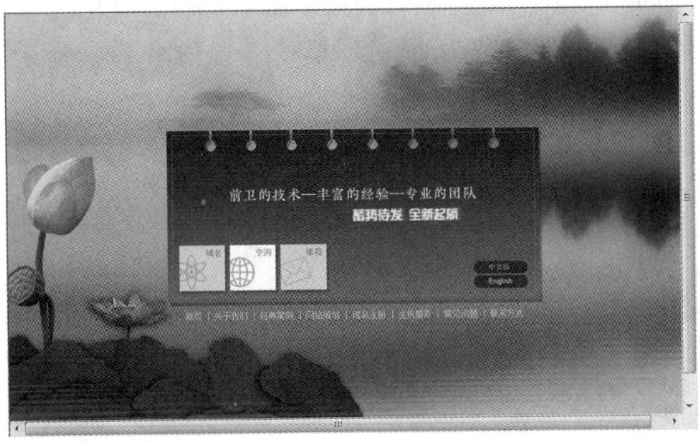

图 11-1

微视频

商业公司网页

任务实施

STEP 1 打开 Dreamweaver CS6 后，新建一个空白文档。新建页面的初始名称为“Untitled-1”。选择“文件>保存”命令，弹出“另存为”对话框。在“保存在”选项的下拉列表中选择当前站点目录保存路径；在“文件名”文本框中输入“index”，如图 11-2 所示。单击“保存”按钮，返回网页编辑窗口。

STEP 2 选择“插入>标签”命令，弹出“标签选择器”对话框，如图 11-3 所示。在对话框中选择“HTML 标签>页面元素>iframe”选项，如图 11-4 所示。

图 11-2

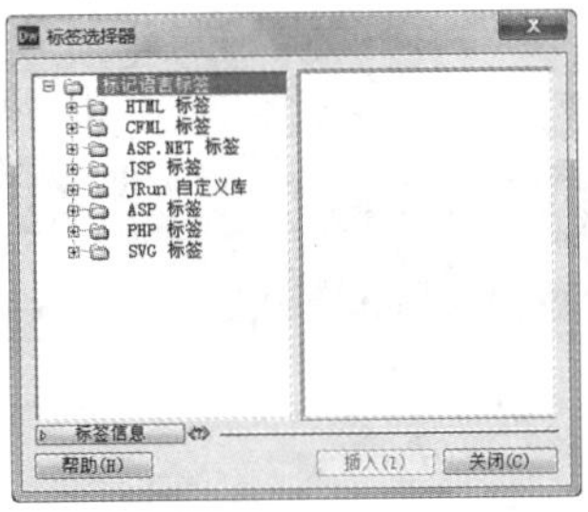

图 11-3

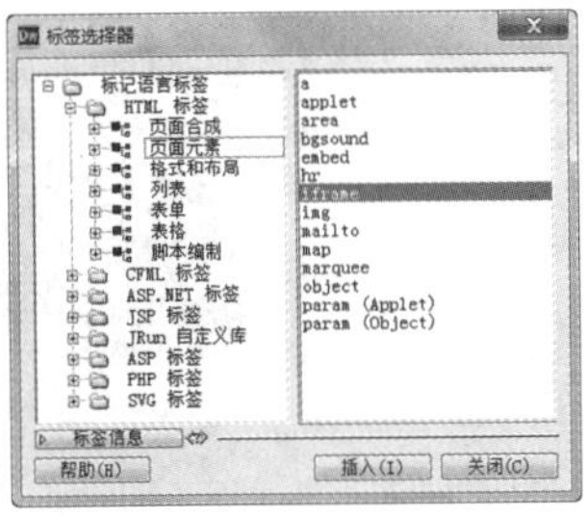

图 11-4

STEP 3 单击“插入”按钮，弹出“标签编辑器-iframe”对话框，如图 11-5 所示。单击“源”选项右侧的“浏览”按钮，在弹出的“选择文件”对话框中，选择资源包中的“素材文件\项目十一\任务一 商业公司网页”文件夹中的“01. html”文件，如图 11-6 所示。

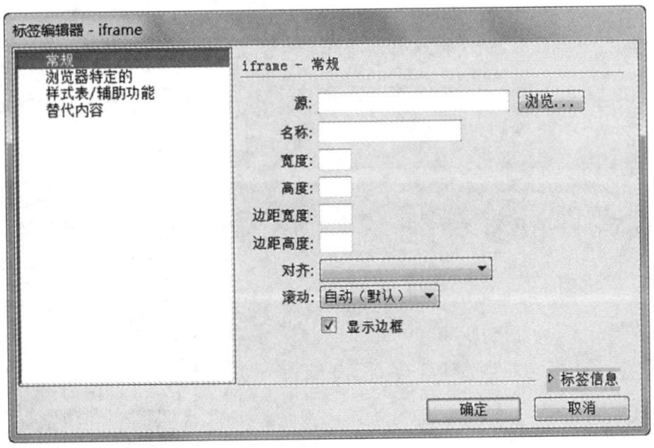

图 11-5

图 11-6

STEP 4 单击“确定”按钮，返回“标签编辑器-iframe”对话框，其他选项的设置如图 11-7 所示。在左侧的列表框中选择“浏览器特定的”选项，对话框的设置如图 11-8 所示。单击“确定”按钮，返回“标签选择器”对话框，单击“关闭”按钮，将其关闭。

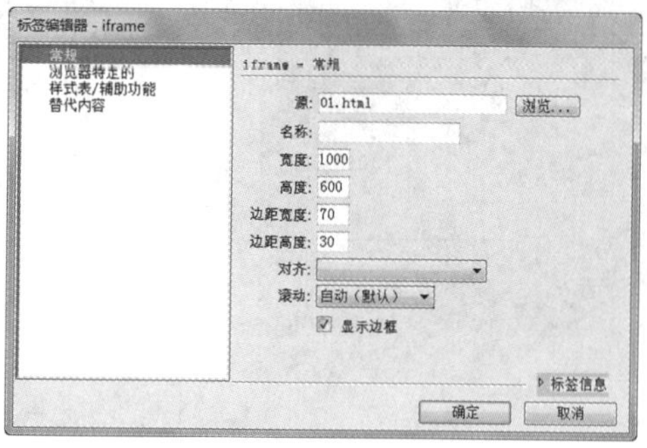

图 11-7

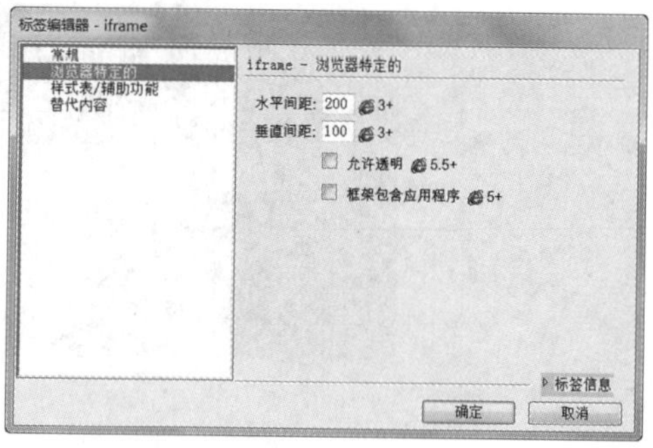

图 11-8

STEP 5 保存文档，按 F12 键预览效果，如图 11-9 所示。

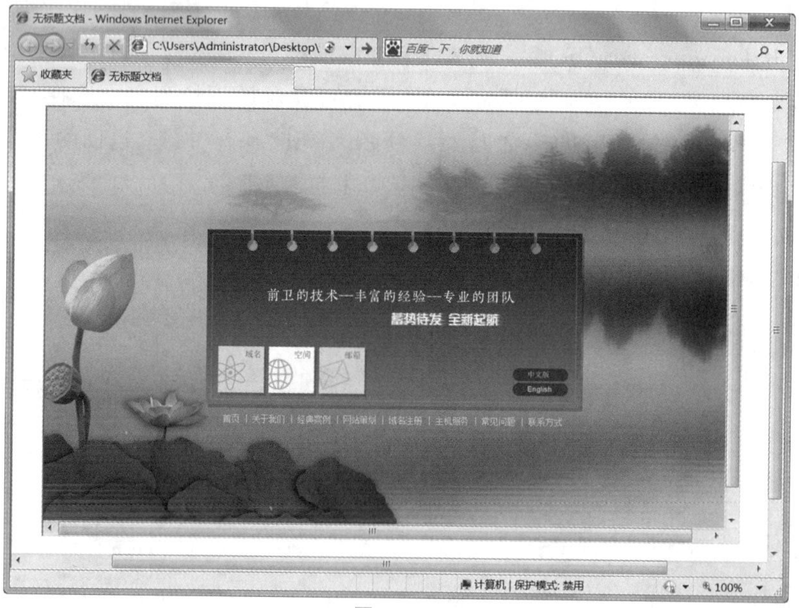

图 11-9

知识讲解

1.使用“参考”面板

“参考”面板为设计者提供了标记语言、编程语言和 CSS 样式的快速参考工具，它提供了在“代码”视图中正在使用的特定标签、对象或样式的信息。

1)弹出“参考”面板的方法

弹出“参考”面板有以下两种方法。

(1)选定标签后，选择“窗口>结果>参考”命令，弹出“参考”面板。

(2)将光标移至标签、属性或关键字中，然后按 Shift+F1 组合键。

2)“参考”面板的参数

“参考”面板显示的内容是与用户单击的标签、属性或关键字有关的信息，如图 11-10 所示。

图 11-10

“参考”面板中各选项的作用如下。

●“书籍”选项：显示或选择参考材料出自的书籍名称。参考材料包括其他书籍的标签、对象或样式等。

● Tag 选项：根据选择书籍的不同，该选项可变成“对象”“样式”或“CFML”选项。用于显示用户在“代码”视图或代码检查器中选择的对象、样式或函数，还可选择新的标签。该选项包含两个下拉列表框，左侧的用于选择标签，右侧的用于选择标签的属性。

● 属性列表：显示所选项目的说明。

3）调整“参考”面板中文本的大小

单击“参考”面板右上方的“菜单”按钮，可选择“大字体”“中等字体”或“小字体”命令，调整“参考”面板中文本的大小。

2. 代码提示功能

代码提示是网页制作者在代码窗口中编写或修改代码的有效工具。只要在“代码”视图的相应标签间按下 Space 键，即会出现关于该标签常用属性、方法、事件的代码提示下拉列表，如图 11-11 所示。

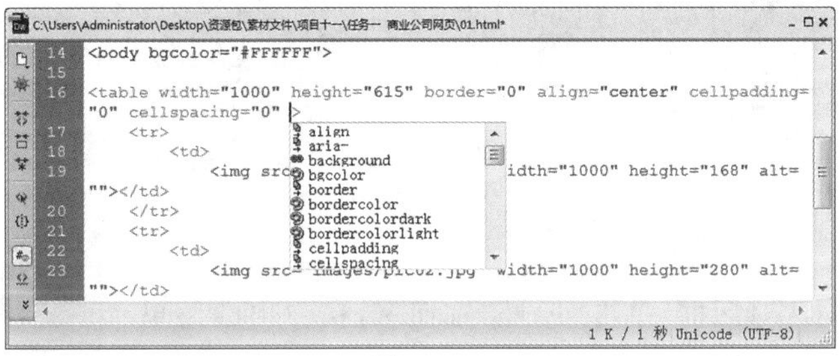

图 11-11

在标签检查器中不能列出所有参数，如 onResize 等，但在代码提示列表中可以一一列出。因此，代码提示功能是网页制作者编写或修改代码的一个方便有效的工具。

3. 使用标签库插入标签

在 Dreamweaver CS6 中，标签库中有一组特定类型的标签，其中还包含 Dreamweaver CS6 应如何设置标签格式的信息。标签库提供了 Dreamweaver CS6 用于代码提示、目标浏览器检查、标签选择器和其他代码功能的标签信息。使用标签库编辑器，可以添加和删除标签库、标签和属性，设置标签库的属性以及编辑标签和属性。

选择“编辑>标签库”命令，弹出“标签库编辑器”对话框，如图 11-12 所示。对话框列出了大部分语言所用到的标签及其属性参数，设计者可以轻松地添加和删除标签库、标签和属性。

1）新建标签库

打开“标签库编辑器”对话框，单击“加号”按钮，在弹出的菜单中选择“新建标签库”命令，弹出“新建标签库”对话框，在“库名称”文本框中输入一个名称，如图 11-13 所示。单击“确定”按钮，完成设置。

2）新建标签

打开“标签库编辑器”对话框，单击“加号”按钮，在弹出的菜单中选择“新建标签”命令，弹出“新建标签”对话框，如图 11-14 所示。在“标签库”下拉列表中选择一个标签库，然后在“标签名称”文本框中输入新标签的名称。若要添加多个标签，则输入这些标签的名称，中间以逗号和空格来分隔标签的名称，如“First Tags，Second Tags”。如果新的标签具有相应的结束标签（</…>），则勾选“具有匹配的结束标签”复选框，单击“确定”按钮完成设置。

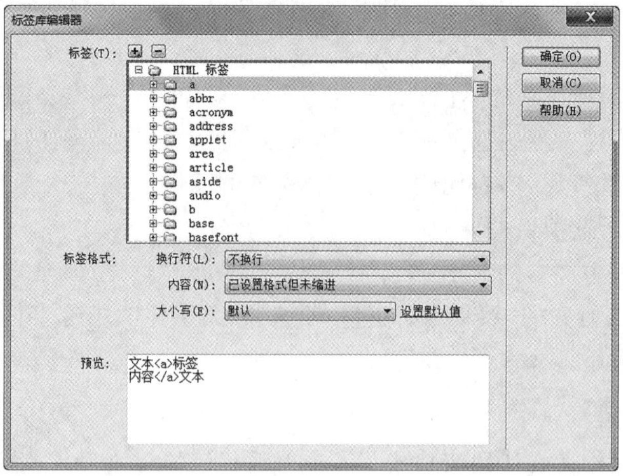

图 11-12

图 11-13

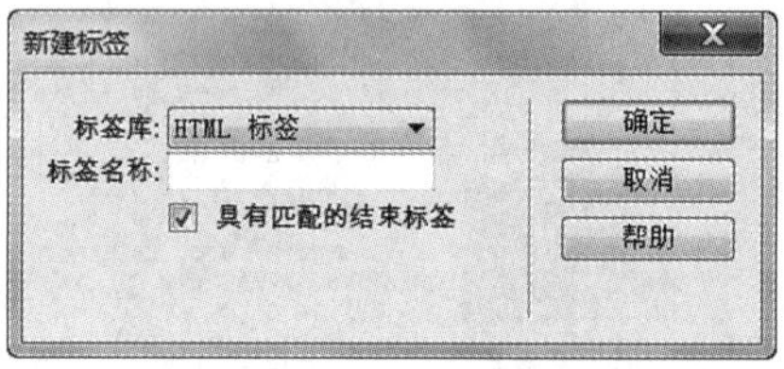

图 11-14

3）新建属性

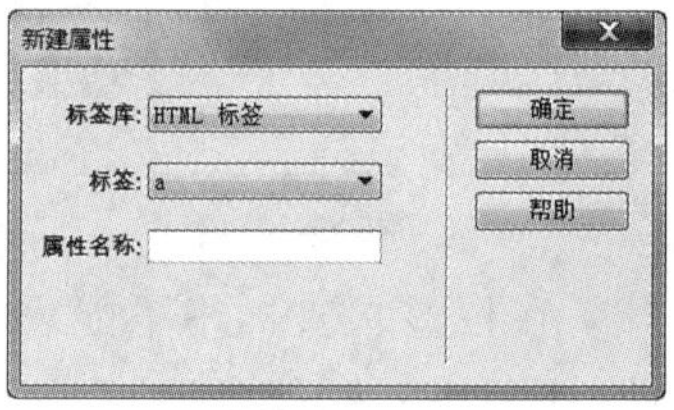

图 11-15

打开“标签库编辑器”对话框，单击“加号”按钮，在弹出的菜单中选择“新建属性”命令，弹出“新建属性”对话框，如图 11-15 所示。一般情况下，在“标签库”下拉列表中选择一个标签库，在“标签”下拉列表中选择一个标签，在“属性名称”文本框中输入新属性的名称。若要添加多个属性，则输入这些属性的名称，中间以逗号和空格来分隔标签的名称，如“width，height”，单击“确定”按钮，完成设置。

4）删除标签库、标签或属性

打开“标签库编辑器”对话框，在“标签”列表框中选择一个标签库、标签或属性，单击“减号”按钮，则将选中的项从“标签”列表框中删除。单击“确定”按钮，关闭“标签库编辑器”对话框。

4. 使用标签选择器插入标签

如果网页制作者对代码不是很熟悉，则可使用 Dreamweaver CS6 提供的另一个实用工具，即标签选择器。标签选择器不仅按类别显示所有标签，还提供该标签格式及功能的解释信息。

在“代码”视图中右击鼠标，在弹出的快捷菜单中选择“插入标签”命令，弹出“标签选择器”对话框，如图 11-16 所示。左侧列表框中包含支持的标签库列表，右侧列表框中显示选定标签库文件夹中的单独标签，下方显示选定标签的详细信息。

使用“标签选择器”对话框插入标签的具体操作步骤如下。

STEP 1 打开“标签选择器”对话框。在左侧列表框中展开标签库，即可从标签库中选择标签类别，或者展开该类别并选择一个子类别，从右侧列表框中选择一个标签。

STEP 2 若要在“标签选择器”对话框中查看该标签的语法和用法信息，则单击“标签信息”按钮[▷ 标签信息]。如果有可用信息，则会显示关于该标签的信息。

STEP 3 若在“参考”面板中查看该标签的相同信息，单击图标，若有可用信息，会显示关于该标签的信息。

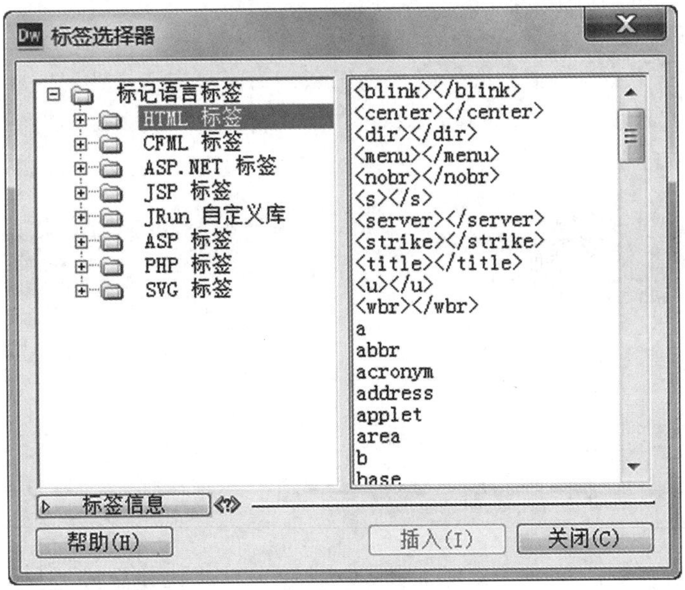

图 11-16

STEP 4 若将选定标签插入代码中，则单击“插入”按钮 插入(I) ，弹出“标签编辑器”对话框。如果该标签出现在右侧选项框中并带有尖括号(如<title></title>)，那么它不会要求其他信息就立即插入文档的插入点，如果该标签不要求其他信息，则会出现标签编辑器。

STEP 5 单击“确定”按钮返回“标签选择器”对话框，单击“关闭”按钮关闭“标签选择器”对话框。

5.使用标签检查器编辑代码

标签检查器列出所选标签的属性表，方便设计者查看和编辑选择的标签对象的各项属性。选择“窗口>标签检查器”命令，弹出“标签检查器”面板。若想查看或修改某标签的属性，只需先在文档窗口中用鼠标选择对象或选择文档窗口下方要选择对象的相应标签，再选择“窗口>标签检查器”命令，弹出“标签检查器”面板，此时，面板将列出该标签的属性，如图 11-17 所示。设计者可以根据需要轻松地找到各属性参数，并方便地修改属性值。

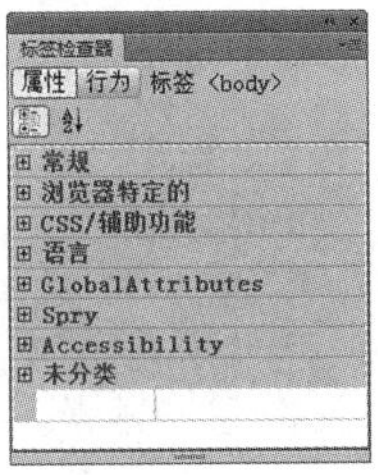

图 11-17

在“标签检查器”面板的“属性”选项卡中，显示所选对象的属性及其当前值。若要查看其中的属性，有以下两种方法。

(1)若要查看按类别组织的属性，则单击“显示类别视图”按钮。

(2)若要在按字母排序的列表中查看属性，则单击“显示列表视图”按钮。

若要更改属性值，则选择该值并进行编辑，具体操作方法如下。

(1)在属性值列(属性名称的右侧)中为该属性输入一个新的值。若要删除一个属性值，则选择该值，然后按 Delete 键。

(2)如果要更改属性的名称，则选择该属性名称，然后进行编辑。

(3)如果该属性采用预定义的值，则从属性值列右侧的下拉列表(或颜色选择器)中选择一个值。

(4)如果属性采用 URL 值作为属性值，则单击“属性”面板中的“浏览文件”按钮或使用“指向文件”图标选择一个文件，或者在文本框中输入 URL。

(5)如果该属性采用来自动态内容来源(如数据库)的值，则单击属性值列右侧的“动态数据”按钮，然后选择一个来源，如图 11-18 所示。

图 11-18

6.使用标签编辑器编辑代码

标签编辑器是另一个编辑标签的方式。首先在文档窗口中选择特定的标签，然后单击“标签检查器”面板右上角的“选项菜单”按钮，在弹出的菜单中选择“编辑标签”命令，打开“标签编辑器-framc”对话框，如图 11 19 所示。

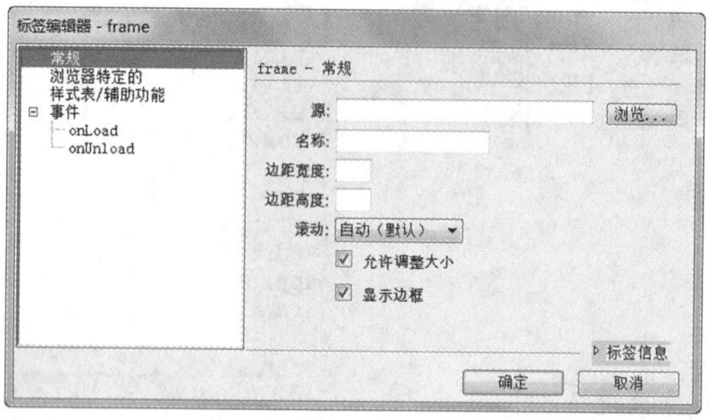

图 11-19

“标签编辑器”对话框中列出了被不同浏览器版本支持的特殊属性、事件和关于该标签的说明信息，用户可以方便地指定或编辑该标签的属性。

课堂演练——安享爱晚网页

使用“插入标签”命令，制作浮动框架效果。最终效果参看资源包中的“源文件\项目十一\课堂演练 安享爱晚网页\index.html”，如图 11-20 所示。

图 11-20

微视频

安享爱晚网页

任务二 土特产网页

任务分析

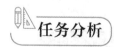

土特产指某地特有的或特别著名的产品。一般而言，土特产来源于特定区域。无论是原料还是制品，其品质与其他地区的同类产品相比，应该是特优的或有特色的。网页的设计要体现出土特产的独特性。

设计理念

在网页设计和制作过程中，将茶叶作为网页展示的主题，页面整体色调优雅舒适。各类不同土特产的展示图代表着特产不同的魅力，网页的上方放置了导航栏，下方展示了特产相关动态以及特产的扩展知识等，方便客户浏览相关信息。最终效果参看资源包中的“源文件\项目十一\任务二　土特产网页\index. html”，如图 11-21 所示。

微视频

土特产网页

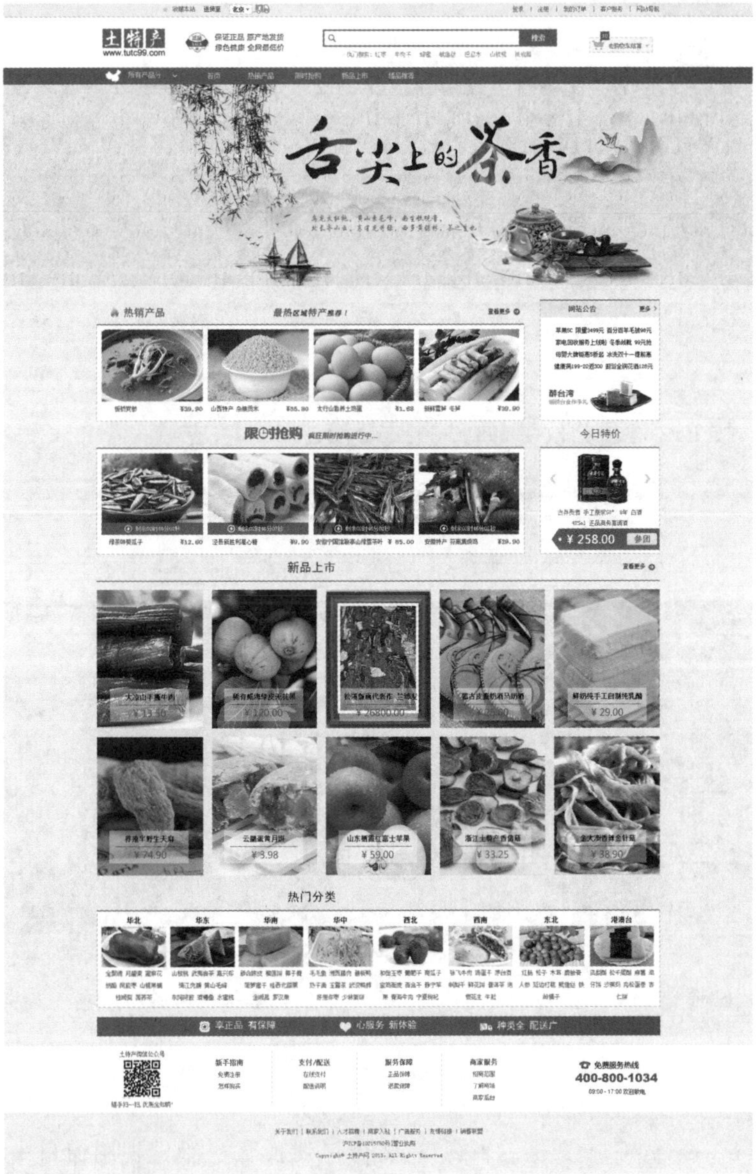

图 11-21

任务实施

1. 制作禁止滚动页面

STEP 1 选择“文件>打开”命令，在弹出的“打开”对话框中，选择资源包中的“素材文件\项目十一\任务二　土特产网页\index. html”文件，单击“打开”按钮打开文件，如图 11-22 所示。

STEP 2 单击文档窗口左上方的“代码”按钮 代码 ，切换至“代码”视图中，在标签<body>里面置入光标，按 Spacebar 键，如图 11-23 所示。输入代码 style="overflow-x:hidden; overflow-y:hidden"，如图 11-24 所示。

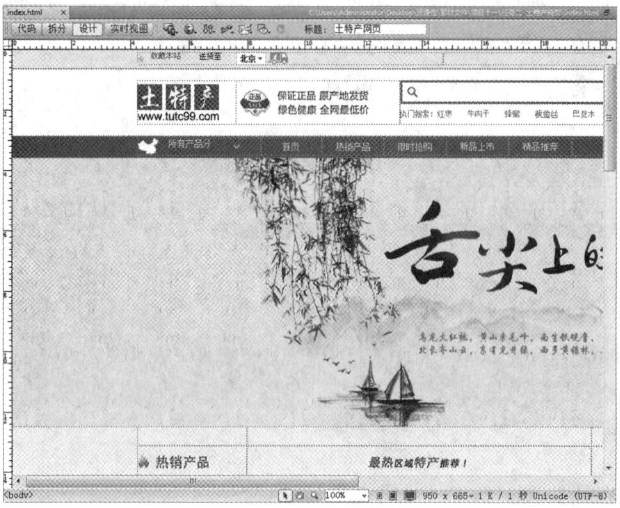

图 11-22

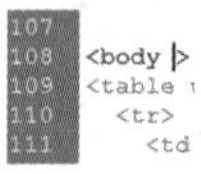

图 11-23

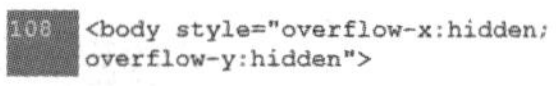

图 11-24

STEP 3 保存文档，按 F12 键预览效果，如图 11-25 所示。

添加代码前

添加代码后

图 11-25

2. 制作禁止使用单击右键

STEP 1 返回 Dreamweaver CS6 文档编辑窗口，将窗口切换至“代码”视图窗口中，在<head>和</head>之间输入以下代码：

```
<script language=javascript>
function click() {
}
function click1() {
if  (event.button==2) {
alert('禁止使用单击右键！') }}
```

```
function  CtrlKeyDown(){
if  (event.ctrlKey) {
alert(' 不当的拷贝将损害您的系统！') }}
document.onkeydown=CtrlKeyDown;
document.onselectstart=click;
document.onmousedown=click1;
</script>
```

如图 11-26 所示。

STEP 2 保存文档，按 F12 键预览效果。右击将弹出提示对话框，如图 11-27 所示。

图 11-26

图 11-27

知识讲解

1. 常用的 HTML 标签

HTML 是一种超文本标志语言，HTML 文件是被网络浏览器读取并产生网页的文件。常用的 HTML 标签有以下几种。

1）文件结构标签

文件结构标签包含<html>、<head>、<title>、<body>等。<html>标签用于标志页面的开始，它由文档头部分和文档体组成。浏览时只有文档体会被显示。<head>标签用于标志网页的开头部分，开头部分用以存放重要信息，如注释、meta、标题等。<title>标签用于标志页面的标题，浏览时在浏览器的标题栏上显示。<body>标签用于标志网页的文档体部分。

2）排版标签

在网页中有 4 种段落对齐方式：左对齐、右对齐、居中对齐和两端对齐。在 HTML 语言中，可以使用 ALIGN 属性来设置段落的对齐方式。

ALIGN 属性可以应用于多种标签，如分段标签<p>、标题标签<hn>以及水平线标签<hr>等。ALIGN 属性的取值可以是 left（左对齐）、center（居中对齐）、right（右对齐）以及 justify（两边对齐）。两边对齐是指将一行中的文本在排满的情况下向左右两个页边对齐，以避免在左右页边出现锯齿状。

对于不同的标签，ALIGN 属性的默认值是有所不同的。对于分段标签和各个标题标签，ALIGN 属性的默认值为 left；对于水平线<hr>标签，ALIGN 属性的默认值为 center。若要将文档中的多个段落设置成相同的对齐方式，可将这些段落置于<div>和</div>标签之间组成一个节，并使用 ALIGN 属性来设置该节的对齐方式。如果要将部分文档内容设置为居中对齐，也可以将这部分内容置于<center>和</center>标签之间。

3)列表标签

列表分为无序列表、有序列表两种。<li>标签标志无序列表，如项目符号；<ol>标签标志有序列表，如标号。

4)表格标签

表格标签包括表格标签<table>、表格标题标签<caption>、表格行标签<tr>、表格字段名标签<th>、列标签<td>等几个标签。

5)框架

框架网页将浏览器上的视窗分成不同区域，在每个区域中都可以独立显示一个网页。框架网页通过一个或多个<frmaeset>和<frame>标签来定义。框架集包含如何组织各个框架的信息，可以通过<frmaeset>标签来定义。框架集<frmaeset>标签置于<head>标签之后，以取代<body>的位置，还可以使用<noframes>标签给出框架不能被显示时的替换内容。框架集<frmaeset>标签中包含多个<frame>标签，用以设置框架的属性。

6)图形标签

图形的标签为<img>，其常用参数是<src>和<alt>属性，用于设置图像的位置和替换文本。SRC 属性给出图像文件的 URL 地址，图像可以是 JPEG 文件、GIF 文件或 PNG 文件。ALT 属性给出图像的简单文本说明，这段文本在浏览器不能显示图像时显示出来，或图像加载时间过长时先显示出来。

<img>标签不仅用于在网页中插入图像，也可以用于播放 Video for Windows 的多媒体文件(*.avi)。若要在网页中播放多媒体文件，应在<img>标签中设置 dynsrc、start、loop、controls 和 loopdelay 属性。

例如，将影片循环播放 3 次，中间延时 250 ms。

<img src="SAMPLE-S. GIF" dynsrc="SAMPLE-S. AVI" loop=3 loopdelay=250>

例如，在鼠标指针移到 AVI 播放区域之上时才开始播放 SAMPLE-S. AVI 影片。

<img src="SAMPLE-S. GIF" dynsrc="SAMPLE-S. AVI" start=mouseover>

7)链接标签

链接标签为<a>，其常用参数有：href 标志目标端点的 URL 地址；target 显示链接文件的一个窗口或框架；title 显示链接文件的标题文字。

8)表单标签

表单在 HTML 页面中起着重要作用，它是与用户交互信息的主要手段。一个表单至少应该包括说明性文字、用户填写的表格、“提交”按钮、“重填”按钮等内容。用户填写了所需的资料之后，单击“提交”按钮，所填资料就会通过专门的 CGI 接口传到 Web 服务器上。网页的设计者随后就能在 Web 服务器上看到用户填写的资料，从而完成了从用户到设计者之间的反馈和交流。

表单中主要包括下列元素：普通按钮、单选按钮、复选框、下拉式菜单、单行文本框、多行文本框、“提交”按钮和“重填”按钮。

9)滚动标签

滚动标签是<marquee>，它会将文字和图像进行滚动，形成滚动字幕的页面效果。

10)载入网页的背景音乐标签

载入网页的背景音乐标签是<bgsound>,它可设定页面载入时的背景音乐。

2.脚本语言

脚本是一个包含源代码的文件,一次只有一行被解释或翻译成为机器语言。在脚本处理过程中,翻译每个代码行,并一次选择一行代码,直到脚本中所有代码都被处理完成。Web 应用程序经常使用客户端脚本以及服务器端的脚本,本章讨论的是客户端脚本。

用脚本创建的应用程序有代码行数的限制,一般小于 100 行。脚本程序较小,一般用“记事本”或在 Dreamweaver CS6 的“代码”视图中编辑创建。

使用脚本语言主要有两个原因:一是创建脚本比创建编译程序快,二是用户可以使用文本编辑器快速,容易修改脚本。而修改编译程序,必须有程序的源代码,而且修改了源代码以后,必须重新编译它,所有这些使得修改编译程序比脚本更加复杂而且耗时。

脚本语言主要包含接收用户数据、处理数据和显示输出结果数据 3 部分语句。计算机中最基本的操作是输入和输出,Dreamweaver CS6 提供了输入和输出函数。InputBox 函数是实现输入效果的函数,它会弹出一个对话框来接收浏览者输入的信息。MsgBox 函数是实现输出效果的函数,它会弹出一个对话框显示输出信息。

有的操作要在一定条件下才能选择,这就需要用条件语句来实现。对于需要重复选择的操作,应该使用循环语句实现。

3.响应 HTML 事件

前面已经介绍了基本的事件及其触发条件,现在讨论在代码中调用事件过程的方法。调用事件过程有 3 种方法,下面以在按钮上单击弹出欢迎对话框为例介绍调用事件过程的方法。

1)通过名称调用事件过程

```
<HTML>
<HEAD>
<TITLE>事件过程调用的实例</TITLE>
<SCRIPT LANGUAGE=vbscript>
<!--
sub bt1_onClick()
msgbox "欢迎使用代码实现浏览器的动态效果!"
end sub
-->
</SCRIPT>
</HEAD>
<BODY>
  <INPUT name=bt1 type="button" value="单击这里">
</BODY>
</HTML>
```

2)通过 FOR/EVENT 属性调用事件过程

```
<HTML>
<HEAD>
<TITLE>事件过程调用的实例</TITLE>
<SCRIPT LANGUAGE=vbscript for="bt1" event="onclick">
<!--
```

```
msgbox "欢迎使用代码实现浏览器的动态效果!"
-->
</SCRIPT>
</HEAD>
<BODY>
  <INPUT name=bt1 type="button" value="单击这里">
</BODY>
</HTML>
```

3)通过控件属性调用事件过程

```
<HTML>
<HEAD>
<TITLE>事件过程调用的实例</TITLE>
<SCRIPT LANGUAGE=vbscript>
<!--
  submsg()
  msgbox "欢迎使用代码实现浏览器的动态效果!"
end sub
-->
</SCRIPT>
</HEAD>
<BODY>
<INPUT name=bt1 type="button" value="单击这里"onclick="msg">
</BODY>
</HTML>
<HTML>
<HEAD>
<TITLE>事件过程调用的实例</TITLE>
</HEAD>
<BODY>
<INPUT name=bt1 type="button" value="单击这里"onclick=' msgbox "欢迎使用代码实现浏览器的动态效果!"' language="vbscript">
</BODY>
</HTML>
```

课堂演练——爱家橱柜网页

使用"项目符号"按钮，将段落文字转为无序列表；使用"CSS 样式"命令，控制超链接样式效果。最终效果参看资源包中的"源文件\项目十一\课堂演练　爱家橱柜网页\index.html"，如图 11-28 所示。

★ 微视频

爱家橱柜网页

图 11-28

实战演练——爱心救助网页

案例分析

爱心救助，意指在力所能及的范围内帮助需要帮助的人，使其获得一定的物资上的支援或精神上的慰藉。网页设计应结构简洁，主题明确，能突出其爱心和温暖的特点。

设计理念

在网页设计和制作过程中，使用粉色的渐变背景展示出爱心的主题；网页的装饰图片显示了网站的爱心和救助的特点，独具创意，并与网页的主题相呼应；简洁明确的白色文字清晰醒目，让人一目了然；整个页面设计独特，主题明确。

制作要点

使用“页面属性”命令，添加页面标题；使用“插入标签”命令，制作浮动框架效果。最终效果参看资源包中的“源文件\项目十一\实战演练　爱心救助网页\index. html”，如图 11-29 所示。

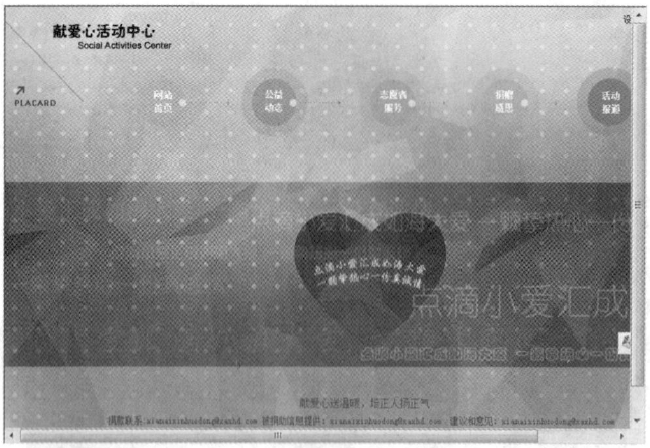

图 11-29

微视频

爱心救助网页

实战演练——美味蛋糕网页

案例分析

蛋糕是用鸡蛋、白糖、小麦粉等经过搅拌、调制、烘烤后制成一种点心，美味可口。页面设计要求表现出产品特色。

设计理念

在网页设计和制作过程中，将页面的背景设计为米黄色，搭配色彩柔和、舒适的摄影照片，衬托出蛋糕的特色，网页设计添加可爱的卡通图案作为装饰，体现出餐厅简单、舒适的特点；页面左侧的导航栏，简洁时尚，与整个画面的搭配相得益彰，更加提升了整个画面的档次；网页整体设计充满复古风格，体现出了蛋糕精致、美味的特点。

制作要点

使用“页面属性”命令，添加页面标题；使用“插入标签”命令，制作浮动框架效果。最终效果参看资源包中的“源文件\项目十一\实战演练　美味蛋糕网页\index. html”，如图 11-30 所示。

微视频

美味蛋糕网页

图 11-30